吉林省职业教育“十四五”规划教材

高等职业教育规划教材

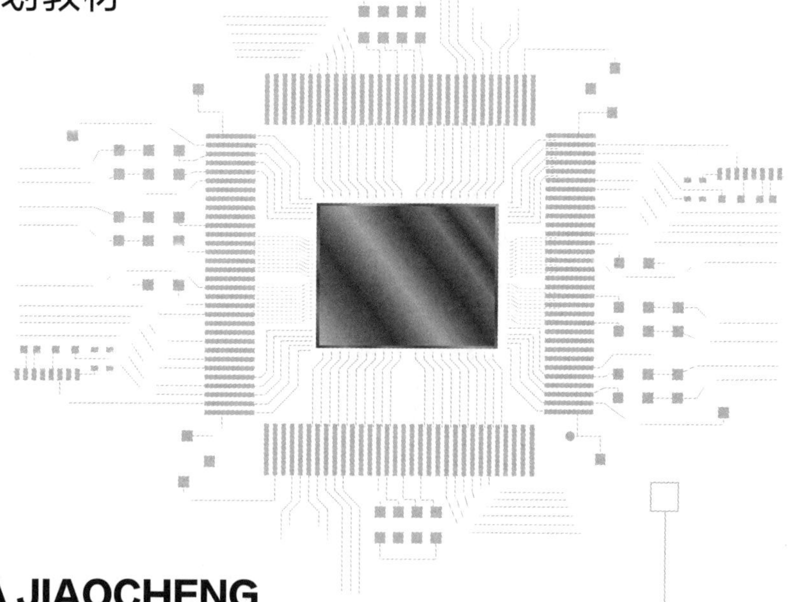

DIANQI CAD
XIANGMUHUA JIAOCHENG

电气CAD项目化教程

杨云龙　孙学智　主编
陈　静　主审

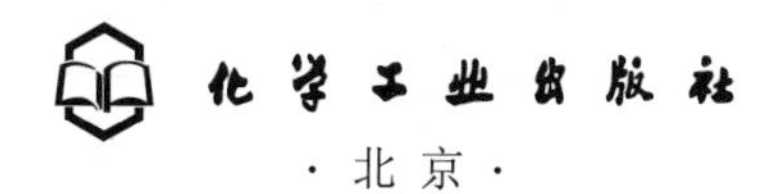

·北京·

内容简介

本书依据高职高专教学改革精神编写，以工程项目为载体让学生掌握知识和技能。全书共9个项目，每个项目分为若干个任务。项目1简单介绍CAD软件，绘制图纸以及电气制图的国家规范；项目2～5均以电机控制为例，学习图纸规则、元件绘制、线路布局、优化连接，完成项目；项目6从电气控制过渡到PLC控制，学习绘制PLC；项目7以家装制图为基础，让学生学习绘制建筑图；项目8绘制液压动力滑台系统图，介绍液压器件及液压线路图绘制；项目9从最简单的三视图开始介绍，以简单的装配图结束。每个项目还配套有微课课程，同学们只需扫描二维码即可进行直观学习。

本书可用作机电一体化技术、电气自动化技术、工业过程自动化技术、工业机器人技术、机电设备维修与管理等专业“电气工程制图”课程配套教材，也可作为自动化工程技术人员的自学教材。

图书在版编目（CIP）数据

电气CAD项目化教程 / 杨云龙，孙学智主编. —北京：化学工业出版社，2021.11 （2024. 8重印）
高等职业教育规划教材
ISBN 978-7-122-39903-8

Ⅰ. ①电… Ⅱ. ①杨… ②孙… Ⅲ. ①电气设备-计算机辅助设计-AutoCAD软件-高等职业教育-教材 Ⅳ. ①TM02-39

中国版本图书馆CIP数据核字（2021）第185730号

责任编辑：廉　静　　文字编辑：宋　旋　陈小滔
责任校对：田睿涵　　装帧设计：王晓宇

出版发行：化学工业出版社（北京市东城区青年湖南街13号　邮政编码100011）
印　　装：三河市双峰印刷装订有限公司
787mm×1092mm　1/16　印张12¾　字数297千字　　2024年8月北京第1版第4次印刷

购书咨询：010-64518888　　售后服务：010-64518899
网　　址：http：//www.cip.com.cn
凡购买本书，如有缺损质量问题，本社销售中心负责调换。

定　　价：46.00元

前言

本书依据高职高专教学改革精神编写,以工程项目为载体使学生掌握知识和技能。将电气制图国家标准与 AutoCAD 软件技术相结合，基于工作过程导向的项目化教学方法和学习方法。项目全部采用企业典型、实用的工程案例，把理论知识融入工程设计与制图的过程中，激发学生的学习兴趣和学习积极性，具有较强的实用性和可读性。根据立体化教材的需要，每个项目还配套有微课课程，同学们只需扫码即可进行观看。可用作机电一体化技术、电气自动化技术、工业过程自动化技术、工业机器人技术、机电设备维修与管理等专业电气工程制图课程的教材，也可作为自动化工程技术人员的自学教材。

本书共 9 个项目，每个项目分为若干个任务。项目 1 简单介绍 CAD 软件，绘制图纸以及电气制图的国家规范。项目 2~项目 5 均以电机控制为例，学习图纸规则、元件绘制、线路布局、优化连接，完成项目。项目 6 从电气控制过渡到 PLC 控制，学习绘制 PLC。项目 7 以家装制图为基础，让学生学习绘制建筑图。项目 8 绘制液压动力滑台系统图，介绍液压器件及液压线路图绘制。项目 9 从最简单的三视图开始介绍，以简单的装配图结束。

本书除项目 1 外，没有固定的学习顺序。授课教师和学生可以根据实际情况进行学习，这样做的好处就是想学画什么图就做什么项目。本书遵从一线电气工程师绘图规律编写，并兼顾电子设计、机械设计、建筑设计，更全面地提升电气工程师制图水平。通过本书的学习，同学们可以建立一套完整的电气元件库，应用各种场合。

本书的出版要感谢吉林工业职业技术学院的相关领导给予编写组的大力支持。同时也要感谢吉林电子信息职业技术学院的相关老师参与编写。本书由吉林工业职业技术学院杨云龙和孙学智主编。参加编写的还有吉林电子信息职业技术学院的张丽娟、马莹莹、杨欣慧、高艳春。孙学智编写项目 1、项目 9 及 50 个教材配套微课；高艳春编写项目 2；杨欣慧编写项目 3；杨云龙编写项目 4~项目 6；张丽娟编写项目 7；马莹莹编写项目 8。全书由吉林电子信息职业技术学院陈静教授进行审阅，并提出很多宝贵意见，在此表示衷心感谢。

由于编者水平有限，不足之处在所难免，欢迎读者批评指正。

编　者

2021 年 5 月

目录

项目 9
电气控制柜与标准件设计基础 /165

项目1

电气工程制图基础

本项目旨在学习电气工程图的分类、规范以及基本表示方法，了解制图软件，使学生能够对电气工程图有一个宏观的认识。详细介绍了电气图主要分类，即系统图、电路图、接线图、位置图等6大类，描述了电气图关于简图、表示符号、主要表现符号、布局等的特点，列出了电气图关于图幅、图线、标题框、字体比例等规范的主要内容，简单介绍了国家相关的电气制图标准，对电气图形符号的组成、分类进行了说明，给出了电气制图文字符号和项目代号表示方法。

任务 1.1 AutoCAD 2013 的基本操作

1.1.1 AutoCAD 简介

AutoCAD 简介

计算机辅助设计（Computer Aided Design），简称 CAD，是设计人员借助计算机软、硬件进行设计的方法。通过 CAD 技术，设计人员将人的创造力和计算机的高速运算能力、巨大存储能力、逻辑判断能力充分结合，减轻了设计劳动强度，缩短了设计周期，更重要的是极大地提高了设计质量。

第一台计算机绘图系统诞生于 20 世纪 50 年代的美国，具有简单绘图输出功能。70 年代，完整的 CAD 系统开始形成，后期出现了能产生逼真图形的光栅扫描显示器，并推出了手动游标、图形输入板等多种形式的图形输入设备。80 年代起，随着超大规模集成电路技术的出现，工程工作站问世，CAD 技术在中小型企业逐步普及，并逐步向标准化、集成化、智能化方向发展，现已广泛应用于电子和电气、科学研究、机械设计、软件开发、工厂自动化、土木建筑等各个领域。AutoCAD 是美国 Autodesk 公司于 20 世纪 80 年代初开发的绘图程序软件，是电气工程领域中常用的工程设计及绘图软件，也是目前国际上最流行的绘图工具。

（1）电气图概念

电气图是用电气图形符号、带注释的围框或简化外形来表示电气系统或设备中组成部分之间相互关系及其连接关系的一种图，是电气工程领域中提供信息的最主要方式，提供的信息内容可以是功能、位置、设备制造及接线等，也可以是工作参数表格、文字等。

一个工程项目的电气图通常包括图册目录和前言、电气系统图、电路图、接线图、位置图、项目表、说明文件等，有时还要使用一些特殊的电气图，如逻辑图、功能表图、程序图、印制电路图等，以对必要的局部工程做细节补充和说明。

（2）电气图分类

电气图根据其所表达信息类型和表达方式，主要有以下几类：系统图或框图、电路图、接线图与接线表、位置图、逻辑图、功能表图等。

① 系统图或框图　系统图或框图是一种用符号或带注释的框，概略表示系统的基本组成、相互关系及其主要特征的简图，如图 1-1 所示。系统图通常用于表示系统或成套装置，而框图通常用于表示分系统或设备；系统图若标注项目代号，一般为高层代号，框图若标注项目代号，一般为种类代号。

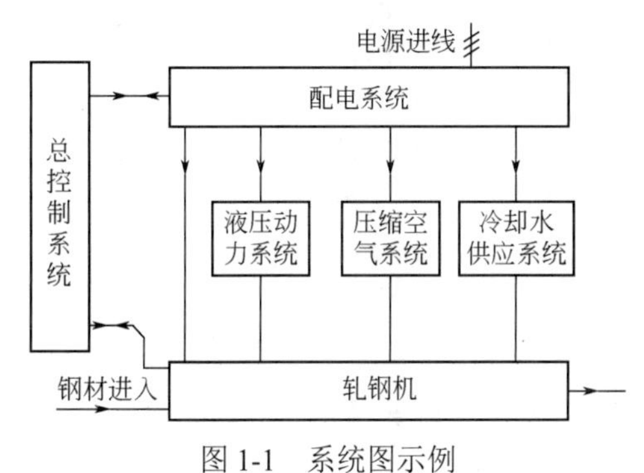

图 1-1　系统图示例

② 电路图　电路图也叫作电气原理图，是用图形符号按照电路工作原理顺序排列，详细表示电路、设备或成套装置的全部组成和连接关系，采用展开形式绘制的一种简图。电路图主要用于分析研究系统的组成和工作原理，为寻找电气故障提供帮助，同时也是编制电气接线图/表的依据。

③ 接线图或接线表　接线图或接线表是表示成套装置、设备或装置的连接关系的一种简图或表格，包含电气设备和电气元件的相对位置、项目代号、端子号、导线号、导线类型、导线截面积、屏蔽和导线绞合等情况，用于电气设备安装接线、电路检查、电路维修和故障处理等。

④ 位置图　位置图表示成套装置、设备或装置中各个项目的具体位置的一种简图。常见的是电气平面图、设备布置图、电气元件布置图。电气平面图是在建筑平面图上绘制而成的，表示电气设备、装置及线路的平面布置情况，提供建筑物施工时预留管线、设备安装的位置。设备布置图是表示工程项目中各类电气设备及装置的布置、安装方式和相互位置关系的示意图，尺寸数据是主要信息。电气元件布置图用图形符号绘制，表明成套电气设备中一个区域内所有电气元件和用电设备的实际位置及其连接布线，是电气控制设备制造、装配、调试和维护必不可少的技术文件，如电气控制柜与操作台（箱）内部布置图，电气控制柜与操作台（箱）面板布置图，如图 1-2 所示。

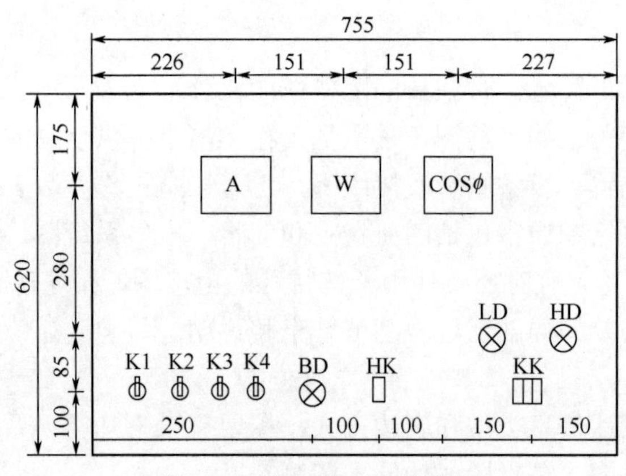

图 1-2　继电器外门正面图

⑤ 逻辑图　逻辑图是用线条把二进制逻辑（与、或、异或等）单元图形符号按逻辑关系连接起来而绘制成的一种简图，用来说明各个逻辑单元之间的逻辑关系和逻辑功能，如图 1-3 所示。

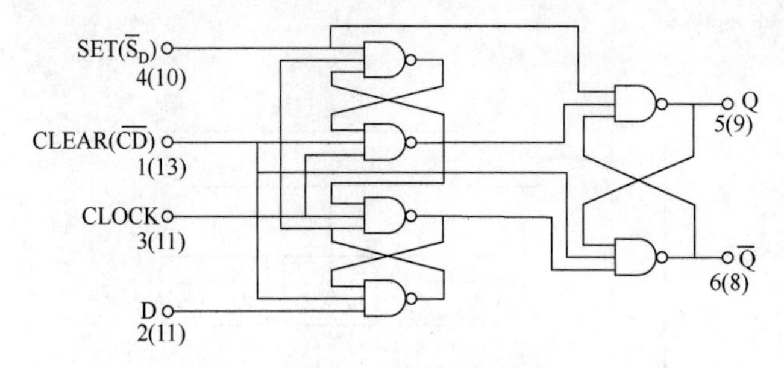

图 1-3　逻辑图示例

⑥ 功能表图　功能表图是表示控制系统的作用和状态的一种图，如图 1-4 所示。

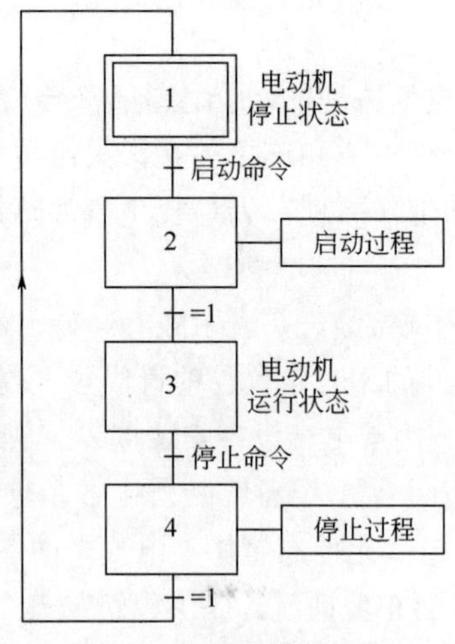

图 1-4　功能表图示例

（3）电气图规范

① 图幅尺寸　为了图纸的规范统一、便于装订和管理，应优先选择表 1-1 中所列的幅面尺寸，并在满足设计规模和复杂程度的前提下，尽量选用较小的幅面，其中 A0～A2 号

图纸一般不得加长。

表 1-1　幅面尺寸及代号　　单位：mm

幅面代号	A0	A1	A2	A3	A4
宽×长	841×1189	594×841	420×594	297×420	210×297
留装订边的边宽	10			5	
不留装订边的边宽	20			10	
装订侧边宽	25				

② 图框线　图框线表示绘图的区域，必须用粗实线画出，其格式分为留装订线边和不留装订线边两种。外框线为 0.25 的实线，内框线根据图幅由小到大可以选择 0.5、0.7、1.0 的实线。

留装订线边的图框格式如图 1-5（a）所示，边线距离口（包含装订尺寸）为 25mm，*c* 的尺寸在 A0、A1、A2 图纸中为 10mm，在其他尺寸图纸中为 5mm。不留装订线边的图框格式如图 1-5（b）所示，四边边线距离一样，在 A0、A1 图纸中 *e* 为 20mm，其他尺寸图纸中 *e* 为 10mm。

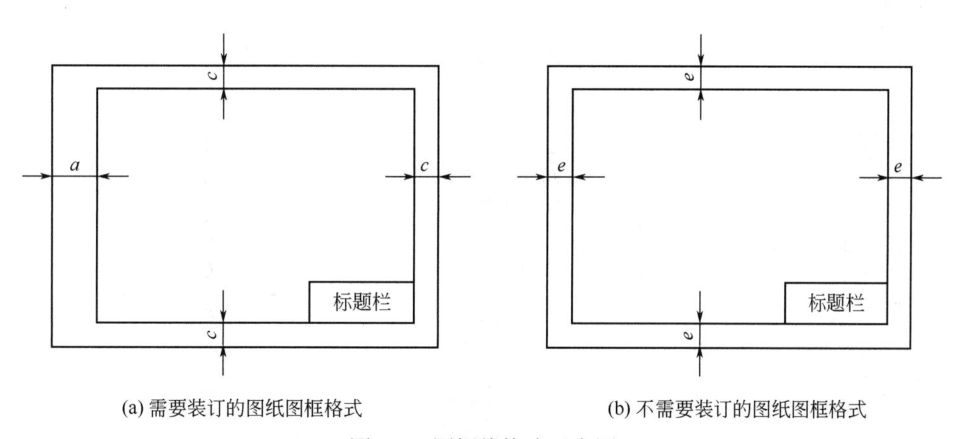

(a) 需要装订的图纸图框格式　　(b) 不需要装订的图纸图框格式

图 1-5　图框线格式示意图

③ 图幅分区　图幅分区是为了快速查找图纸信息而为图纸建立索引的方法，在地图、建筑图等的绘制中常见。图幅分区用分区代号的方法来表示，采用行与列两个编号组合而成，编号从图纸的左上角开始，如图 1-6 所示。分区数一般为偶数，每一分区的长度为 25～75mm。分区在水平和垂直两个方向的长度可以不同；分区的编号，水平方向用阿拉伯数字，垂直方向用大写英文字母。区代号表示方法为字母+数字，如 B3 表示 B 行和第 3 列所形成的矩形区域，结合图纸编号信息则可以表示某图中的制定区域信息，如 22/C6 表示图纸编号为 22 的单张图中 C6 区域。

④ 标题栏　一张完整的图纸还应包括标题栏项。标题栏是用来反映设计名称、图号、张次、设计者等相关设计信息的，位于内框的右下角，方向与看图方向一致，格式没有统一的规定，一般长 120～180mm，宽 30～40mm。通常包括设计单位名称、用户单位名称、设计阶段、比例尺、设计人、审核人、图纸名称、图纸编号、日期、页次等。图 1-7 提供了两种标题栏供读者参考。

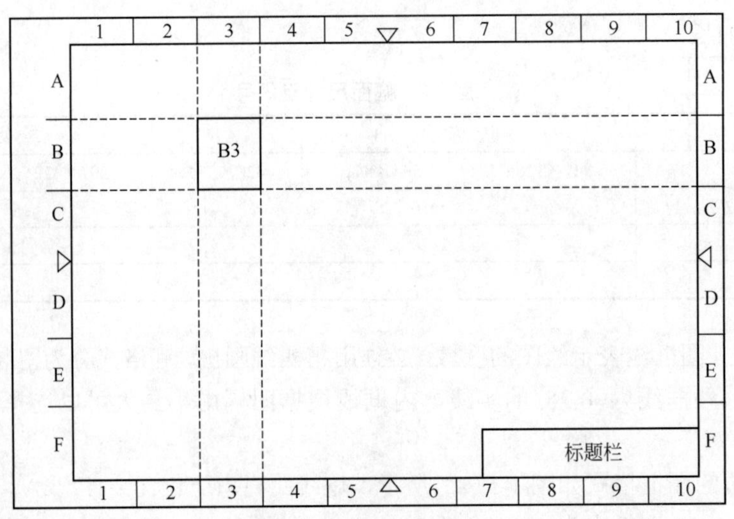

图 1-6 带有分区的图幅

<table>
<tr><td colspan="4">（设计单位名称）</td><td>使用单位</td><td></td></tr>
<tr><td>设计</td><td></td><td>组长</td><td></td><td colspan="2" rowspan="2">（图名）</td></tr>
<tr><td>校对</td><td></td><td>审核</td><td></td></tr>
<tr><td>制图</td><td></td><td>批准</td><td></td><td>图号</td><td></td></tr>
<tr><td>日期</td><td></td><td>比例</td><td></td><td></td><td></td></tr>
</table>

(a) 一般标题栏的格式

<table>
<tr><td>设计</td><td>（学生姓名）</td><td>单位</td><td>（专业、班级信息）</td></tr>
<tr><td>审核</td><td></td><td>图号</td><td></td></tr>
<tr><td>日期</td><td></td><td colspan="2" rowspan="2">（图名）</td></tr>
<tr><td>比例</td><td></td></tr>
</table>

(b) 简单标题栏格式（可用于学生课程/毕业设计）

图 1-7 标题栏格式

⑤ 图线 电气图中绘图所用的各种线条统称为图线，图线的宽度按照图样的类型和尺寸大小在 0.13、0.18、0.25、0.35、0.5、0.7、1、1.4、2 中选择，同一图样中粗线、中粗线、细线的比例为 4∶2∶1。根据 GB/T 17450—1998《技术制图 图线》，有实线、虚线、点画线等 16 种基本线型，波浪线、锯齿线等 4 种变形，使用时依据图样的需要，对基本图线进行变形或组合。表 1-2 仅列出了电气制图中常用的图线形式及应用说明。

表 1-2 常用图线形式及应用说明

序号	图线名称	图线形式	图线宽度	应用说明
1	粗实线	————	b=0.5～2mm	电气线路（主回路、干线、母线）
2	细实线	————	约 b/3	一般线路、控制线

续表

序号	图线名称	图线形式	图线宽度	应用说明
3	虚线	----------	约 $b/3$	屏蔽线、机械连线、电气暗敷线、事故照明线等
4	点画线	—·——·—	约 $b/3$	控制线、信号线、边界线等
5	双点画线	—··——··—	约 $b/3$	辅助边界线、36V 以下线路等
6	加粗实线	━━━━	约 2～3b	汇流排（母线）
7	较细实线	————	约 $b/4$	轮廓线、尺寸线等
8	波浪线	—∧∧∧—	约 $b/3$	视图与剖视的分界线等
9	双折线	—∧∨—	约 $b/3$	断开处的边界线

⑥ 字体　汉字应采用长仿宋体简化汉字字体，高度不小于 3.5mm；字母和数字应采用罗马体单线字体，高度不小于 2.5mm。汉字、字母和数字通常写成正体，也可写成斜体。斜体字字头向右倾斜，与水平线成 75° 角。字体大小视图纸幅面大小而定，其最小高度详见表 1-3 中的规定。

表 1-3　最小字符高度

字符高度	图幅/mm				
	A0	A1	A2	A3	A4
汉字	5	5	3.5	3.5	3.5
数字和字母	3.5	3.5	2.5	2.5	2.5

⑦ 比例　比例是指所绘图形与实物大小的比值，通常使用缩小比例系列，前面的数字为 1，后面的数字为实物尺寸与图形尺寸的比例倍数，电气工程图常用比例有 1∶10、1∶20、1∶50、1∶100、1∶200、1∶500 等。需要注意的是，不论采用何种比例，图样所标注的尺寸数值必须是实物的实际大小尺寸，而与图形比例无关。

设备布置图、平面图、结构详图按比例绘制，而系统图、电路图、接线图等多不按比例画出，因为这些图是关于系统功能、电路原理、电气元件功能、接线关系等信息的，绘制的是电气图形符号，而非电气元件、设备的实际形状与尺寸。

⑧ 图样文件（.dwg 文件）的命名规则

命令规则：图号_ 页码_图幅_版本.dwg。

例如：图号 R030.05.06　单页　A2　新图　　命名为：R030.05.06_1_A2_-. dwg。

⑨ 其他

箭头和指引线。箭头有开口箭头和实心箭头两种。开口箭头用于电气能量、电气信号的传递方向（能量流、信息流流向）；实心箭头用于可变性、力或运动方向，以及指引线方向。

围框。当需要在图上显示出图的某一部分，如功能单元、结构单元、项目组时，可用点画线围框表示。如在图上含有安装在别处而功能与本图相关的部分，这部分可加双点画线。

注释。当图示不够清楚时，注释可以用来进行补充解释。注释通过两种方式实现，一是直接放在说明对象附近，通常在注释文字较少时使用；二是加标记，注释放在图面的适当位置，通常在注释文字较多时使用。

尺寸标记。尺寸标注是设备制造加工和工程施工的重要依据，包括尺寸线、尺寸界线、尺寸起止点（实心箭头或 45° 斜短画线构成）及尺寸数字。电气图中设备、装置及元器件的真实尺寸以图样上的尺寸数据为准，而与图形大小和绘制准确度无关；其次图样中的默认尺寸单位为 mm；同一物体尺寸一般只标注一次。

技术数据。电气图经常牵涉各种技术数据，即关于元器件、设备等的技术参数。这些技术数据在图纸上有 3 种表示方式：一是标注在图形侧；二是标注在图形内；三是加序号以表格的形式列出。

详图。详图是指电气设备或装置中的部分结构、做法、安装措施的单独局部放大图，详图置于被放大部分的原图上，并在被放大部分上加以索引标志。

安装标高。电气工程中设备和线路在平面图中用图例表示，其安装高度不用立体图表示，而是在平面图上用标高来说明。安装标高有绝对标高和相对标高两种方式。我国绝对标高是以黄海平均海平面为零点而确定的高度尺寸；相对标高是选定某一参考面或参考点为零点而确定的高度尺寸。电气位置图均采用相对标高法来确定安装标高。

1.1.2 电气图绘制国家标准

电气图中图形符号、文字符号必须统一才具备通用性，才能被技术人员识读，并有利于技术交流，这种“统一”就是国家标准。我国现行的主要相关标准有 GB/T 6988—2008《电气技术用文件的编制》、GB/T 4728—2008《电气简图用图形符号》、GB/T 18135—2008《电气工程 CAD 制图规则》、GB/T 19045—2003《明细表的编制》、GB/T 19678.1—2018《使用说明的编制 构成、内容和表示方法 第一部分：通则和详细要求》、GB/T 4026—2019《人机界面标志标识的基本和安全规则设备端子、导线终端和导体的标识》等。

（1）电气图形符号

图形符号是用于图样或其他文件以表示一个设备或概念的图形、标记或字符，是一种以简明易懂的方式来传递一种信息，表示一个实物或概念，并可提供有关条件、相关性及动作信息的工业语言。电气图中用以表示电气元器件、设备及线路等的图形符号就称为电气图形符号。

表 1-4 给出了部分常用的电气图形符号和文字符号，更加详细的资料可以查阅相关的国家最新标准。

表 1-4　常用电器的电气图形符号及其文字符号

名称	图形符号	文字符号	名称		图形符号	文字符号
三级电源开关		QS	熔断器			FU
低压断路器		QF	位置开关	常开触头		SQ

续表

名称		图形符号	文字符号
位置开关	常闭触头		SQ
	复合触头		
接触器	线圈		KM
	主触头		
	常开辅助触头		
	常闭辅助触头		
继电器	中间继电器线圈		KA
	欠电压继电器线圈	U<	KV
	过电流继电器线圈	I>	KI
	欠电流继电器线圈	I>	
	常开触头		与对应继电器线圈符号一致
	常闭触头		
热继电器	热继电器线圈		FR
	热继电器触点		

名称		图形符号	文字符号
电阻器			R
电位器			RP
照明灯			EL
信号灯			HL
接插器			X
速度继电器	常开触头	n	KS
	常闭触头	n	
按钮	启动	E	SB
	停止	E	
	复合	E	
时间继电器	线圈		KT
	常开延时闭合触头		
	常闭延时打开触头		
	常闭延时闭合触头		
	常开延时打开触头		
万能转换开关			SA

续表

名称	图形符号	文字符号	名称	图形符号	文字符号
电磁铁		YA	串励直流发电机	M	
制动电磁铁		YB	并励直流发电机	M	
电磁离合器		YC	他励直流发电机	M	
电磁吸盘		YR	复励直流发电机	M	M
桥式整流装置		VC	三相笼型异步电动机	M 3~	
直流发电机	Ω	G	三相绕线式异步电动机	M 3~	

（2）文字符号和项目代号

文字符号是由电气设备、装置和元器件的种类（名称）字母代码和功能（与状态、特征）字母代码组成，以表示名称、功能、状态和特征。此外，还可与基本图形符号和一般图形符号组合使用，以派生新的图形符号。

文字符号应按有关电气名词术语国家标准或专业标准中规定的英文术语缩写而成。当设备名称、功能、状态或特征为一个英文单词时，一般采用该单词的第一位、前两位字母或前两个音节的首位字母构成文字符号；当其为两个或三个英文单词时，一般采用该两个或三个音讯的第一位字母，或采用常用缩略语或约定俗成的习惯用法构成文字符号。

（3）电气图的布局

电气图中表示导线、信号通路、连接线等的图线一般应为直线，在绘制时要求横平竖直，尽可能减少交叉和弯折，并根据所绘电气图种类，合理布置。

若图中图线出现交叉，要遵循交叉节点的通断原则，即十字交叉节点处绘制黑圆点表示两交叉连线在该节点处接通，无黑圆点则无电联系；T 字节点则为接通节点，无需黑圆点表示。

电气图的基本布局方法前面已经讲过了，分别是功能布局法和位置布局法。在进行功能布局时应注意以下几点。

① 布局顺序应是从左到右或从上到下。

② 如果信息流或能量流从右到左或从上到下，以及流向对看图都不明显时，应在连接线上画开口箭头。开口箭头不应与其他符号相邻近。

③ 在闭合电路中，前向通路上的信息流方向应该是从左到右或从上到下。反馈通路的方

向则相反。

④ 图的引入、引出线最好画在图纸边框附近。

电气图中文字标注遵循就近标注规则与相同规则。所谓就近规则是指电气元件各导电部件的文字符号应标注在图形符号的附近位置；相同规则是指同一电气元件的不同导电部件必须采用相同的文字标注符号。

项目代号的标注位置应尽量靠近图形符号的上方。当电路水平布置时，项目代号标在符号的上方；当电路垂直布置时，项目代号标注在符号的左方。项目代号中的端子代号就标在端子或端子位置的旁边。对于画有围框的功能单元和结构单元，其项目代号就标注在围框的上方或左方。

为了注释方便，电气原理图各电路节点处还可标注数字符号。数字符号一般按支路中电流的流向顺序编排，遵循自左向右和自上而下的规则。节点数字符号的作用除了注释作用外，还起到将电气原理图与电气接线图相对应的作用。

任务 1.2 AutoCAD 2013 软件入门

安装 AutoCAD 2013 后，系统会自动在 Windows 桌面上生成对应的快捷方式。双击该快捷方式，即可启动 AutoCAD 2013。与启动其他应用程序一样，也可以通过 Windows 资源管理器、Windows 任务栏按钮等启动 AutoCAD 2013。

1.2.1 AutoCAD 2013 工作界面

AutoCAD 2013 经典工作界面，如图 1-8 所示。

AutoCAD 操作界面

（1）标题栏

标题栏与其他 Windows 应用程序类似，用于显示 AutoCAD 2013 的程序图标以及当前所操作图形文件的名称。

（2）菜单栏

菜单栏是主菜单，可利用其执行 AutoCAD 的大部分命令。单击菜单栏中的某一项，会弹出相应的下拉菜单。图 1-9 所示为“视图”下拉菜单。下拉菜单中，右侧有小三角的菜单项，表示它还有子菜单。图中显示出了“缩放”子菜单；右侧有三个小点的菜单项，表示单击该菜单项后要显示出一个对话框；右侧没有内容的菜单项，单击它后会执行对应的 AutoCAD 命令。

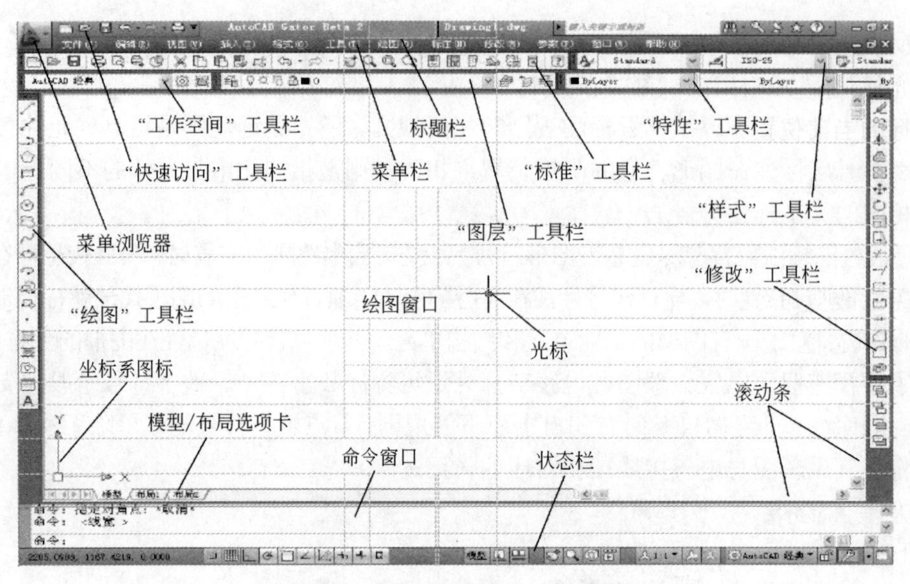

图 1-8 AutoCAD 2013 工作界面

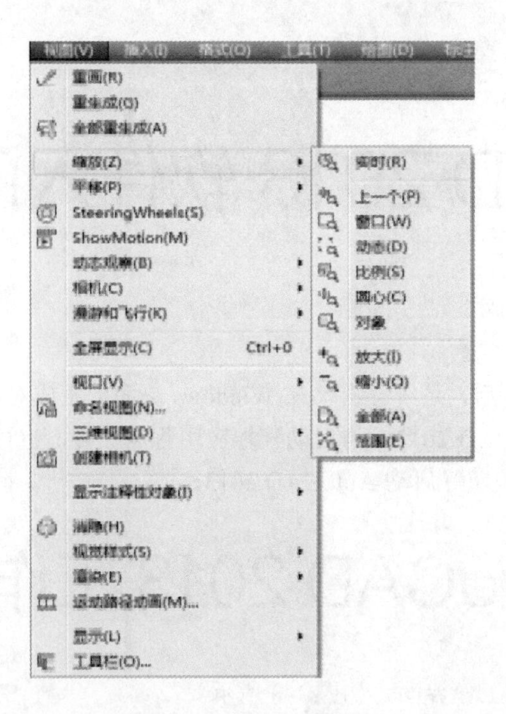

图 1-9 AutoCAD 菜单栏

（3）工具栏

AutoCAD 2013 提供了 40 多个工具栏，每一个工具栏上均有一些形象化的按钮。单击某一按钮，可以启动 AutoCAD 的对应命令。用户可以根据需要打开或关闭任一个工具栏。方法是：在已有工具栏上右击，AutoCAD 弹出工具栏快捷菜单，通过其可实现工具栏的打开与关闭。此外，通过选择与下拉菜单“工具”|“工具栏”|“AutoCAD”对应的子菜单命令，也可以打开 AutoCAD 的各工具栏。

（4）光标

当光标位于 AutoCAD 的绘图窗口时为十字形状，所以又称其为十字光标。十字线的交点为光标的当前位置。AutoCAD 的光标用于绘图、选择对象等操作。

（5）命令窗口

命令窗口是 AutoCAD 显示用户从键盘键入的命令和显示 AutoCAD 提示信息的地方。默认时，AutoCAD 在命令窗口保留最后三行所执行的命令或提示信息。用户可以通过拖动窗口边框的方式改变命令窗口的大小，使其显示多于 3 行或少于 3 行的信息。

（6）状态栏

状态栏用于显示或设置当前的绘图状态。状态栏上位于左侧的一组数字反映当前光标的坐标，其余按钮从左到右分别表示当前是否启用了捕捉模式、栅格显示、正交模式、极轴追踪、对象捕捉、对象捕捉追踪、动态 UCS（用鼠标左键双击，可打开或关闭）、动态输入等功能以及是否显示线宽、当前的绘图空间等信息。模型/布局选项卡用于实现模型空间与图纸空间的切换。

（7）滚动条

利用水平和垂直滚动条，可以使图纸沿水平或垂直方向移动，即平移绘图窗口中显示的内容。

（8）菜单浏览器

单击菜单浏览器，AutoCAD 会将浏览器展开，如图 1-10 所示。 用户可通过菜单浏览器执行相应的操作。

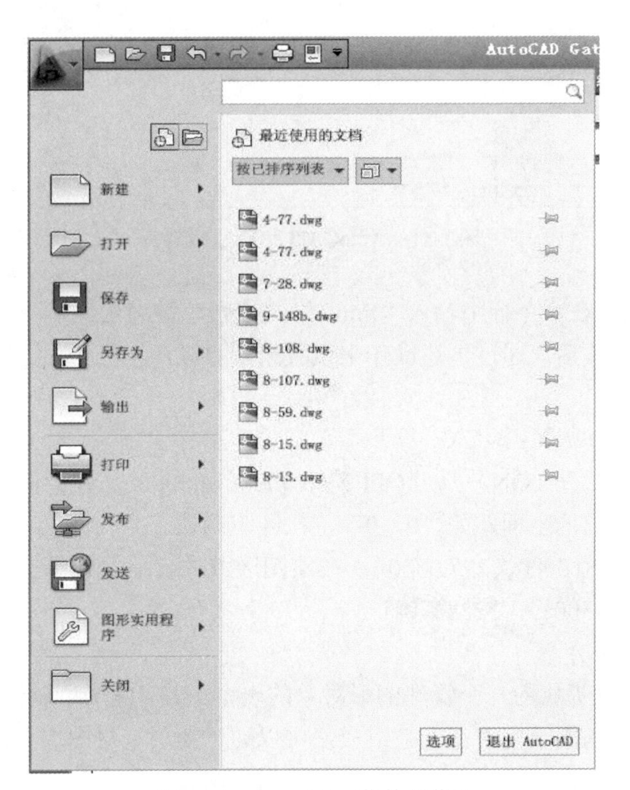

图 1-10　AutoCAD 菜单浏览器

1.2.2 创建新文件

单击“标准”工具栏上的“新建”按钮，或选择“文件”|“新建”命令，即执行 NEW 命令，AutoCAD 弹出“选择样板”对话框，如图 1-11 所示。通过此对话框选择对应的样板后（初学者一般选择样板文件 acadiso.dwt 即可），单击“打开”按钮，就会以对应的样板为模板建立一新图形，默认文件名为“Drawing1.dwg”。

（1）设置绘图界限

绘图界限用来标明用户的工作区域和图纸的边界，以防止用户绘制的图形超出该边界。用户可以通过以下两种方式设置绘图界限。

① 下拉菜单方式。选择格式/图形界限菜单命令。

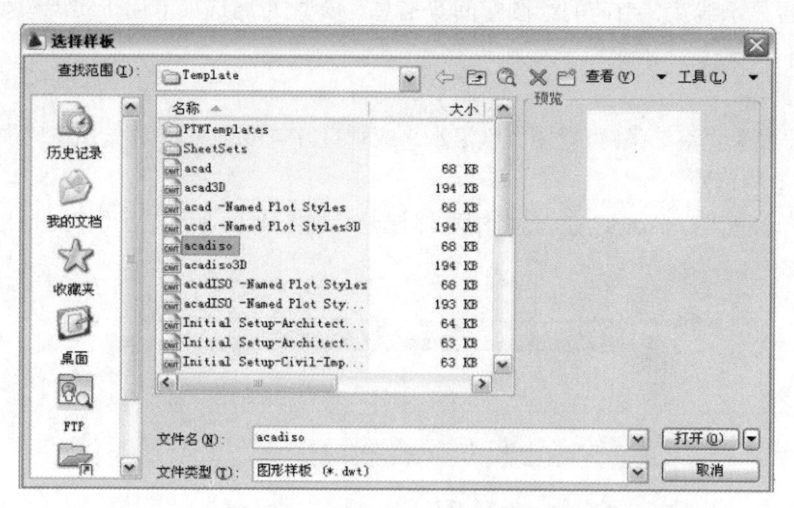

图 1-11 AutoCAD 2013 样板选择

② 命令行方式。在命令行中输入“limits”，按回车键确认。

执行上述两种方式后，通过下述操作来设置绘图界限。

命令：_limits

重新设置模型空间界限：

指定左下角点或 [开（ON）/关（OFF)]<0.0000，0.0000>：在绘图区域内合适位置单击或输入图形边界左下角的坐标，如“0，0”，按回车确认。

指定右上角点<420.0000，297.0000>：在绘图区域内合适位置单击或输入图形边界右上角的坐标，如“500，500”，按回车确认。

（2）初步设置图层

图层是 AutoCAD 提供的一个管理图形对象的一个工具。图层可以使 AutoCAD 图形看起来好像由很多张透明的图纸重叠在一起组成，可以通过图层来对图形几何对象、文字及标注等元素进行归类处理。调用图层特性管理器的常用方法有以下三种。

① 下拉菜单方式。选择格式/图层菜单命令。

② 选项板方式。在选项板中单击【常用】选项卡【图层】面板中的【图形特性】按钮 。

③ 命令行方式。在命令行中输入“LAYER”或命令的缩写形式“LA”，按回车键确认。

按上述 3 种方式操作后，即可弹出图层特性管理器对话框，如图 1-12 所示。

虽然可以使用系统自动生成的图层名称，但是为了便于管理，要根据图层内容、功能等来修改图层名称，单击要修改的图层名称，输入用户自定义的图层名称，避免使用相同的图层名，同时图层名要反映图层的主要特性及功能。

（3）设置图层的颜色、线型及线宽

用户根据设计要求可以进行图层颜色、线型和线宽的设置和修改，这些工作都在图层特性管理器中进行。图层颜色是指在该图层上所绘实体的颜色，系统允许用户自定义每一图层颜色。要改变图层颜色，可单击“图层特性管理器”中某图层颜色框字符，打开如图 1-13 所示的“选择颜色”对话框，移动光标选择颜色，按“确定”退出。

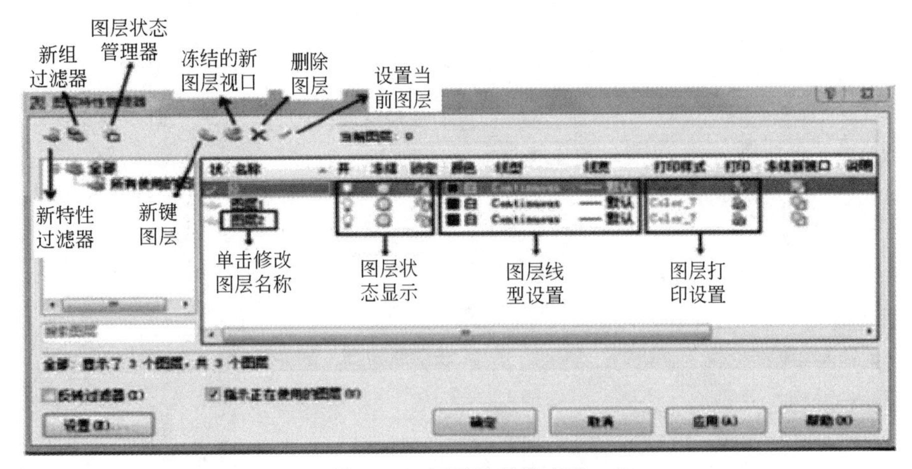

图 1-12　图层特性管理器

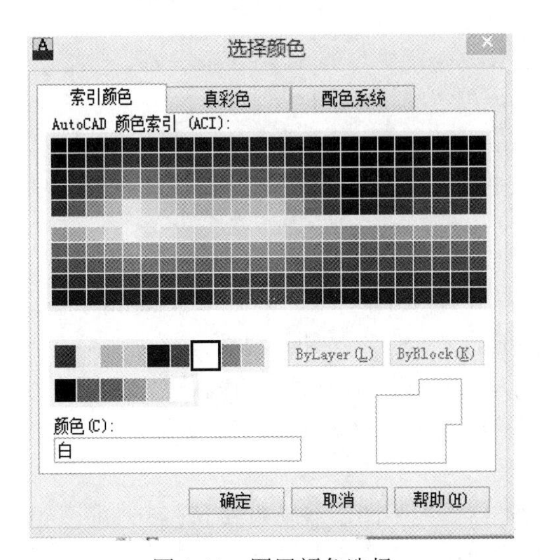

图 1-13　图层颜色选择

图层颜色用颜色号表示，它们为 1～255 的整数，系统定义了 7 个标准颜色号，分别为：1 红、2 黄、3 绿、4 青、5 蓝、6 洋红、7 白或黑，目的是便于在不同的计算机系统间交换图形。默认情况下新建图层的颜色被设为 7 号颜色，即背景白色，则图层颜色为黑色；背景为黑色，则图层颜色为白色。

图层线型是指图层上图形对象的线型，如虚线、点画线、实线等。系统允许用户进行工程制图时使用不同的线型来绘制不同的对象以作区分。系统默认图层线型为 Continuous（实线），要改变线型，可单击“图层特性管理器”中某图层线型框字符，打开如图 1-14 所示“选择线型”对话框，单击“加载”，在“加载或重载线型”列表框中选择一种线型，单击“确定”按钮即可完成设置，如图 1-15 所示。

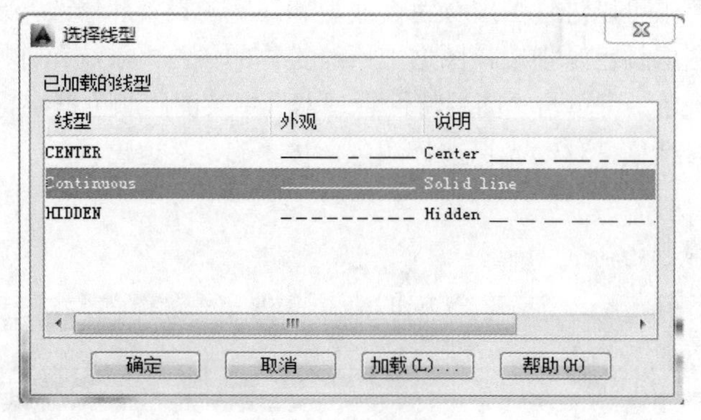

图 1-14　选择线型

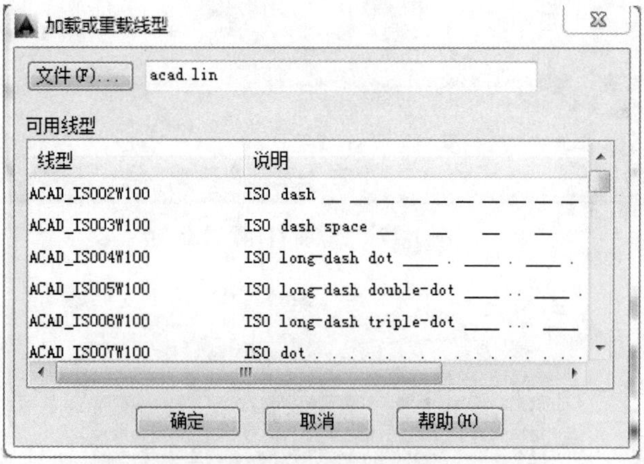

图 1-15　加载或重载线型

AutoCAD 系统中的线型包含在线型库定义文件 acad.lin 和 acadis.lin 中，单击图 1-15 中“加载或重载线型”对话框的“文件”按钮可进行选择。

AutoCAD 系统中，用户可以使用不同宽度的线条来表现不同的图形对象，例如，电气控制原理图中主电路线路用粗线表示，控制线路用细线表示。改变对象线宽可以通过设置图层线宽实现。

可单击“图层特性管理器”中某图层线型框字符打开如图 1-16 所示“线宽”对话框，从中选择所需要的线宽，单击“确定”即可完成设置。

除了在“图层特性管理器”中可以对图层颜色、线型和线宽进行设置和修改，还可以通过选择下拉菜单“格式（O）”中的相关命令实现。单击“格式（O）”选择“颜色（O）”，可以打开与图 1-13 一样的“选择颜色”对话框；单击“格式（O）”选择“线型（N）”可

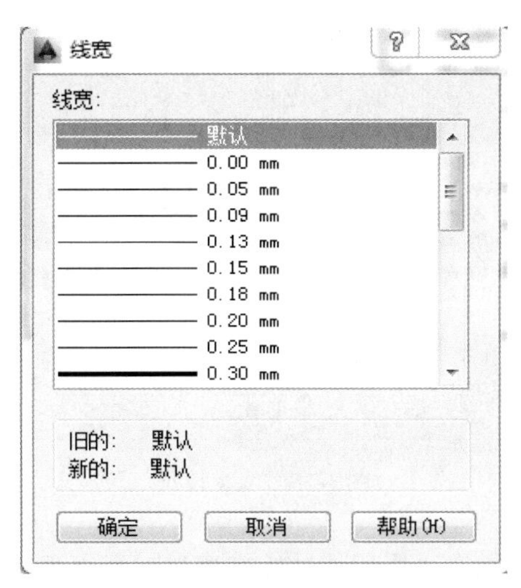

图 1-16 选择线宽

以打开如图 1-17 所示的“线型管理器”对话框，单击“加载”可以进行线型选择；单击“格式（O）”选择“线宽（W）”，可以打开如图 1-18 所示的“线宽设置”对话框，单击各项参数可进行线宽设置，但绘图窗口中所绘对象不会反映出线宽的不同，只在打印预览中可以看出线宽的变化。

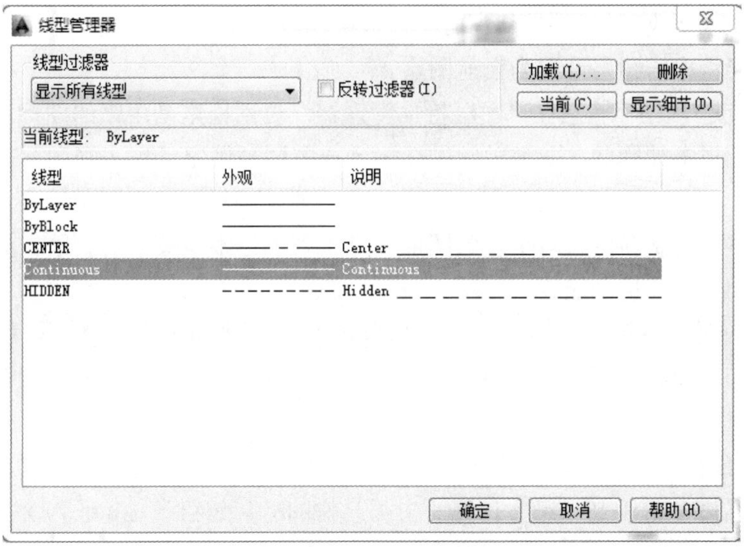

图 1-17 线型管理器

要特别注意的是，无论用上述哪种方法设置颜色、线型或线宽，都只对设置后的图线绘制有效，而设置前所绘的图线保持原来的状态。

（4）设置图层状态

在“图层特性管理器”对话框中，除了可设置图层的颜色、线型和线宽以外，还可以设置图层的各种状态，如开/关、冻结/解冻、锁定/解锁、是否打印等，用户通过这些状态的设置可灵活设置图层状态。

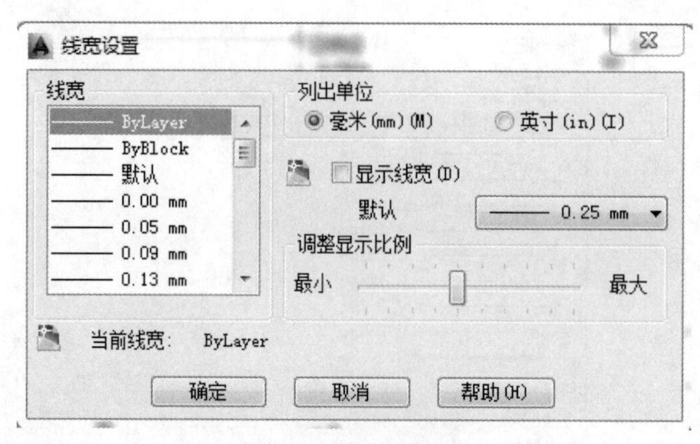

图 1-18 线宽设置

图层的“打开/关闭”状态在“图层特性管理器”对话框里是用小灯泡状态图标表示的。黄色小灯泡表示该图层处于“打开”状态，灰色小灯泡表示该图层处于“关闭”状态，单击小灯泡就可以改变开/关状态。在“打开”状态下，该图层上的图形可在屏幕上显示，也可以输出和打印；在“关闭”状态下，该图层上的图形既不能显示，也不能输出和打印。

图层的“冻结/解冻”状态在“图层特性管理器”对话框里是用雪花图标/太阳图标表示的，黄色太阳表示该图层未被冻结，灰色雪花表示该图层冻结，单击太阳和雪花图标就可以改变“冻结/解冻”状态。将图层冻结，就是使某图层上的图形对象不能被显示及打印输出，也不能进行编辑或修改。将图层解冻，就可以恢复显示、打印、编辑功能。当前图层是不能冻结的，也不能将冻结图层设置为当前图层。

图层的“锁定/解锁”状态在“图层特性管理器”对话框里是用锁的图标表示的，黄色打开的锁表示该图层未被锁定，灰色关闭的锁表示该图层被锁定，单击锁图标就可以改变“锁定/解锁”状态。“锁定”图层就是使图层上对象不能被编辑，但不影响其显示，用户可以在锁定的图层上继续绘制新图形对象，新图形一旦绘制了也不能被编辑。锁定的图层依然可以进行查询和使用对象捕捉功能。

在“图层特性管理器”对话框，单击“打印”列中的打印机显示图标，可以设置图层是否被打印。打印功能只对可见的图层起作用，即只对没有冻结和没有关闭的图层起作用。

（5）图层管理

在 AutoCAD 操作界面中，有两个与图层有关的工具栏，它们是图层工具栏［图 1-19（a)］和对象特性工具栏［图 1-19（b)］，这两个工具栏的默认位置在 AutoCAD 经典视窗的绘图区上部工具栏固定区内；在其他两种视窗的绘图区右侧的工具选项板中。利用“图层”工具栏可以方便地实现图层切换、状态改变等功能。利用“对象特性”工具栏可以方便地管理几何和文本等对象的属性。

在 AutoCAD 系统中，新对象都被绘制在当前图层上。要把新对象绘制在其他图层上，首先应把这个图层设置为当前图层。在实际绘图中最简单、最常用的方法，就是单击如图 1-19 所示的“图层”工具栏的下拉箭头，并在列表中选择要设置为当前层的图层名称，即可以实现图层切换，任何时刻当前图层只能有一个。

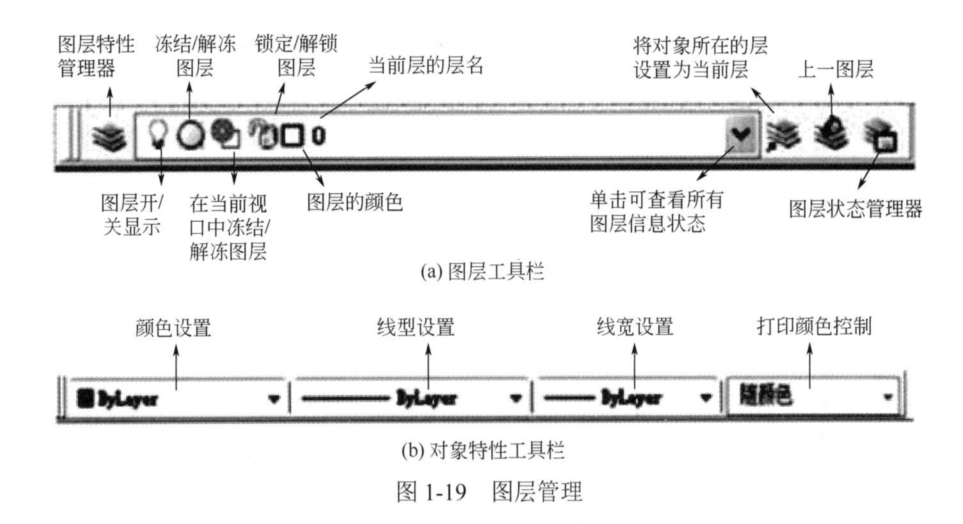

(a) 图层工具栏

(b) 对象特性工具栏

图 1-19　图层管理

还有另外一种方法，就是先打开“图形”的状态和属性设置，在图层列表中选择某一图层，然后在该层的层名上双击，即可将该层设置为当前层，当前图层名前会以 ✓ 来标识。

保存图层状态的操作为：单击“图层特性管理器”图标，打开对话框，单击“新建”按钮，系统弹出“要保存的新图层状态”对话框，在“新图层状态名”文本框中输入图层状态的名称，在“说明”文本框中输入相关的图层状态说明文字，单击“确定”按钮，返回“图层状态管理器”对话框完成保存。

若需要将图层恢复到某个状态，这时就可以通过“图层特性管理器”对话框选择所保存的对应图层状态来恢复。单击“图层特性管理器”图标，打开对话框，选择需要恢复的图层状态名称，单击“恢复”按钮，系统即将各图层中指定项的设置恢复到指定的状态。

任务 1.3 绘制 A4 样板图

1.3.1　项目效果预览

A4 样板图如图 1-20 所示。

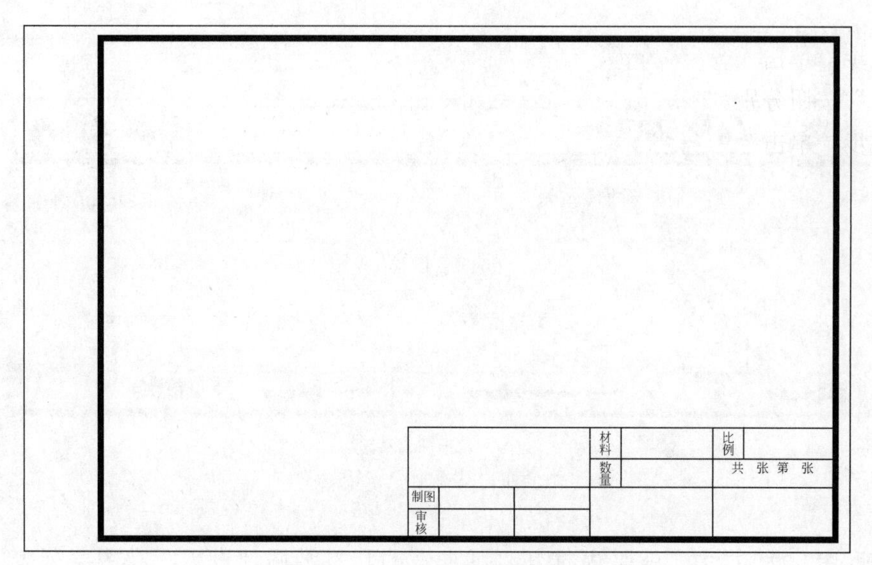

图 1-20　A4 样板图预览

1.3.2　绘制图框

直线命令

第一步：打开 AutoCAD 2013，创建一个默认文件名为“Drawing1.dwg”的文件。按照图 1-21 所示新建 3 个图层，分别为“文字层”，用来放置元器件名称、说明等文字信息；“线路层”，用来绘制电路图中的线路；“元件层”，用来绘制所有元器件图块的。系统默认的图层可用来绘制图框、标题及标题文字。将系统默认的图层设置为当前层，所有图层的颜色、线型、线宽都采取系统默认设置。

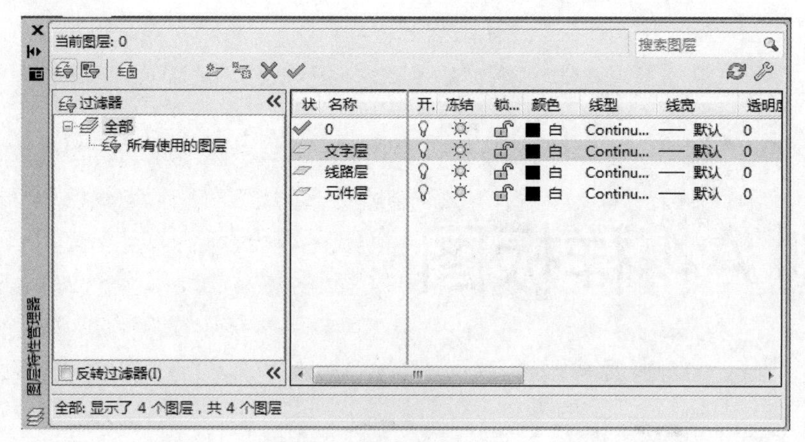

绘制A4图框

图 1-21　新建图层

第二步：单击“矩形”按钮，根据命令行提示进行以下操作。

命令：_rectang

指定第一个角点或【倒角（C）标高（E）圆角（F）厚度（T）宽度（W）】：25，10

指定另一个角点或【面积（A）尺寸（D）旋转（R）】：297，210

第三步：单击“分解”按钮，将矩形分解成四条直线。通过偏移操作创建其他线段。单击“偏移”按钮分别创建其他线段（图中给出了相关的偏移距离），如图 1-22 所示。

第四步：单击“修剪”按钮，修剪成如图 1-23 所示图框。

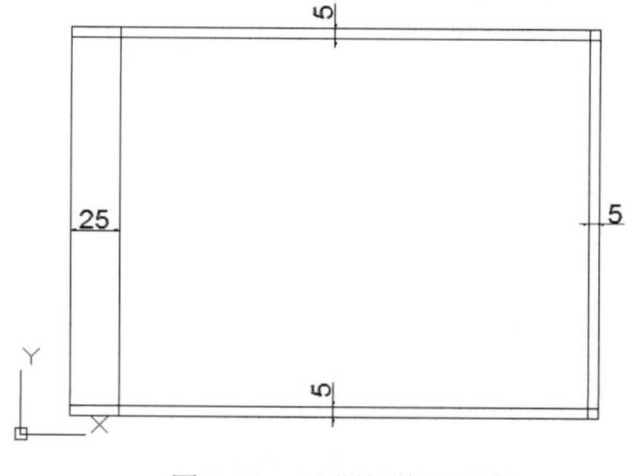

图 1-22　A4 图框偏移距离

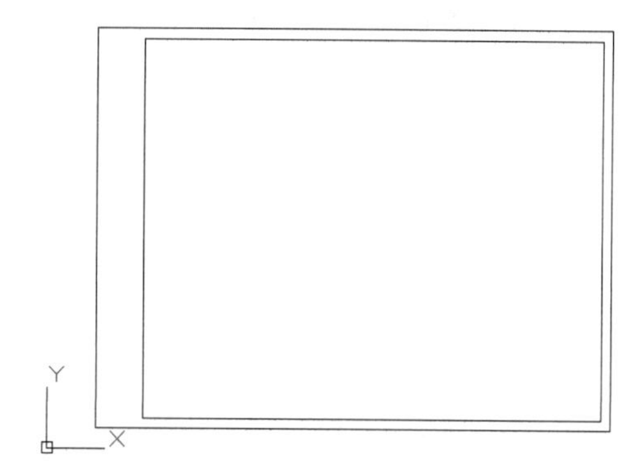

图 1-23　A4 图框

1.3.3　绘制标题栏

由于标题栏分隔线并不整齐，所以先绘制一个 28×4（每个单元格的尺寸是 5×8）的标准表格，然后在此基础上编辑合并单元格，形成如图 1-24 所示的形式。

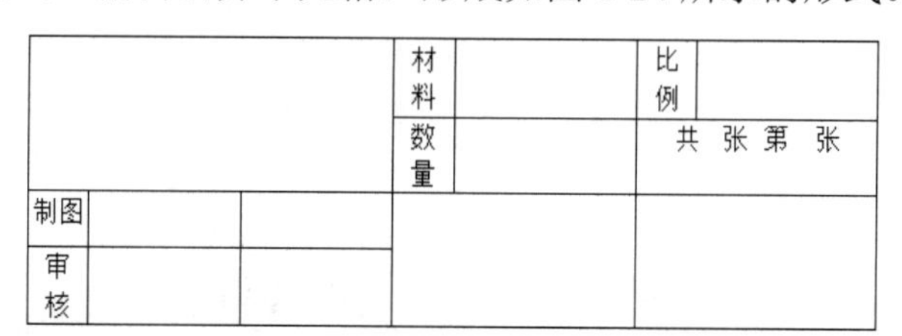

图 1-24　标题栏

制作标题栏

第一步：单击“注释”工具栏中的“表格样式”按钮，打开“表格样式”对话框，如图 1-25 所示。

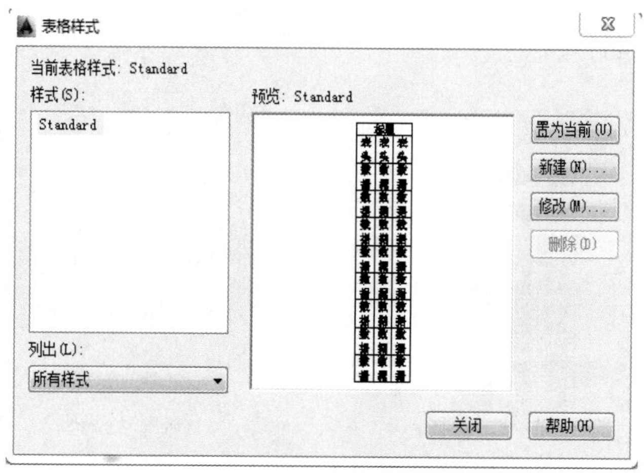

图 1-25　表格样式

第二步：单击“修改”按钮，打开“修改表格样式：Standard”对话框，在“单元样式”下拉列表框中选择“数据”选项，在下面的“常规”选项卡中，将“页边距”选项组中的“水平”和“垂直”都设置为 1，在“文字”选项卡中将文字高度设置为 3，如图 1-26 所示。系统回到“表格样式”对话框，单击“关闭”按钮退出。

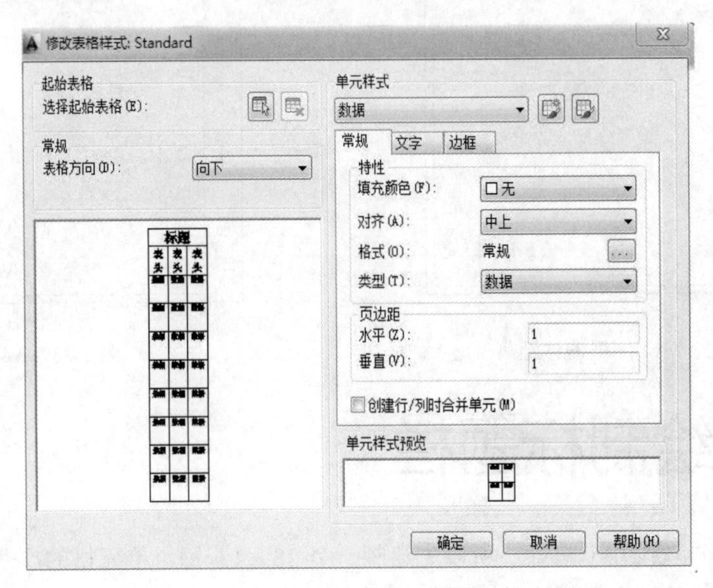

图 1-26　修改表格样式

第三步：单击“注释”工具栏中的“表格”按钮，打开“插入表格”对话框，在“列和行设置”选项组中将“列数”设置为 28，将“列宽”设置为 5，将“数据行数”设置为 2，将“行高”设置为 1 行，在“设置单元样式”选项组中将“第一行单元样式”“第二行单元样式”和“所有行单元样式”都设置为“数据”，如图 1-27 所示。

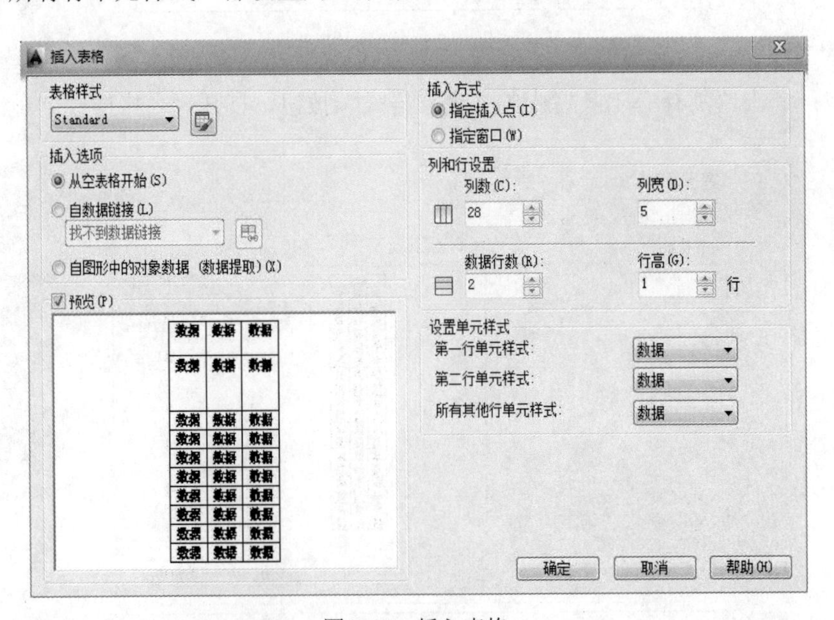

图 1-27　插入表格

第四步：在图框下右下角附近指定表格位置，系统生成表格，按回车键，不输入文字，生成的表格如图 1-28 所示。

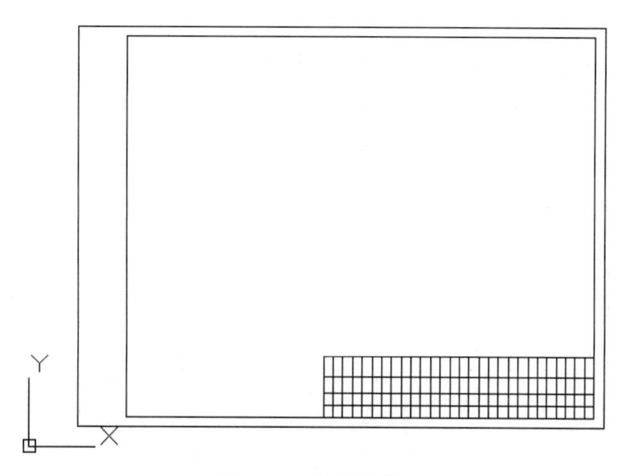

图 1-28　生成表格

第五步：单击表格的一个单元格，系统显示其编辑夹点，如图 1-29 所示，单击鼠标右键，在打开的快捷菜单中选择“特性”命令，打开“特性”对话框，将“单元高度”改为 8，如图 1-30 所示，这样该单元格所在行的高度就统一改为 8。用同样的方法将其他行的高度改为 8。

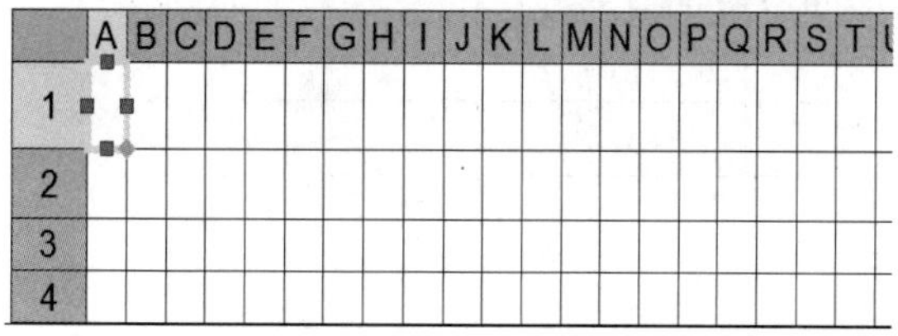

图 1-29　选中表格

图 1-30　修改表格行高

第六步：选择图 1-31 中的单元格，单击“合并单元格”中的“合并全部”，使这些单元格合并，效果如图 1-32 所示。

第七步：用同样的方法合并单元格，结果如图 1-33 所示。

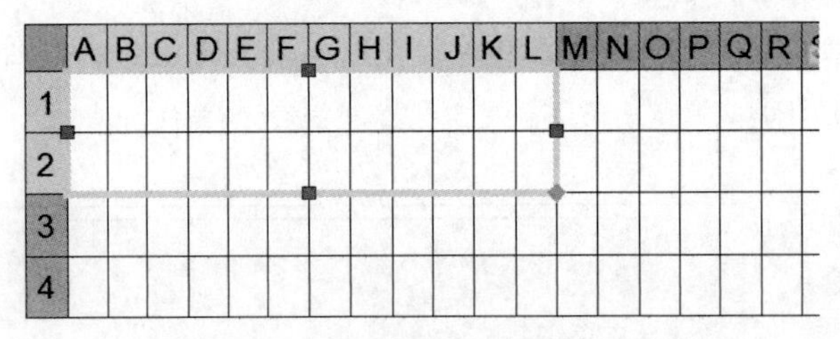

图 1-31　选中需要合并的单元格

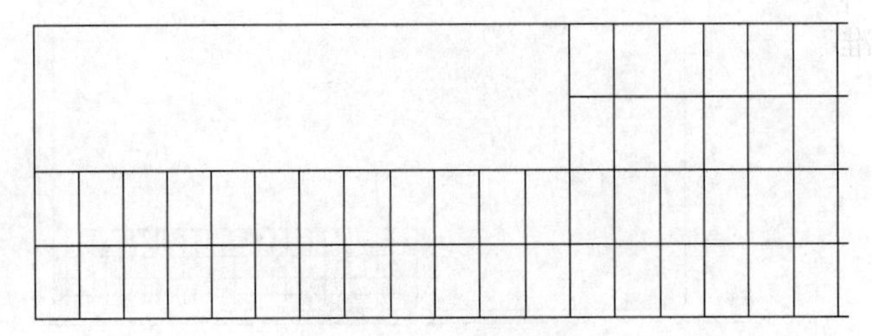

图 1-32　合并单元格

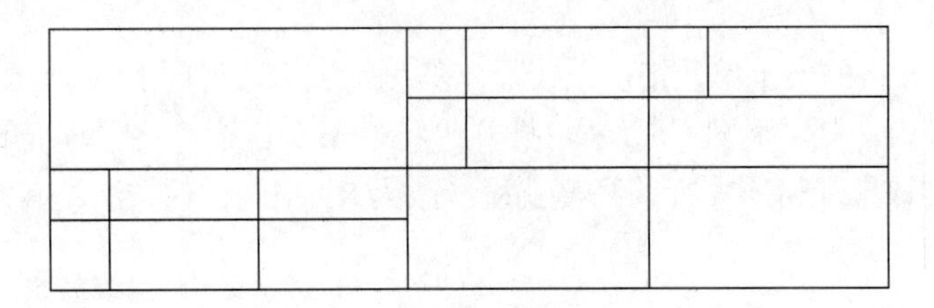

图 1-33　合并单元格效果图

第八步：在单元格中单击鼠标左键，打开如图 1-34 所示的多行文字编辑器，在单元格中输入文字。

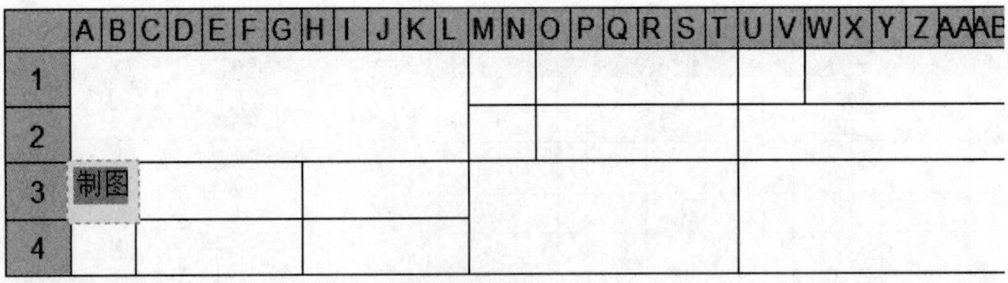

图 1-34　输入文字

第九步：用同样的方法，输入其他单元格文字，结果如图 1-35 所示。

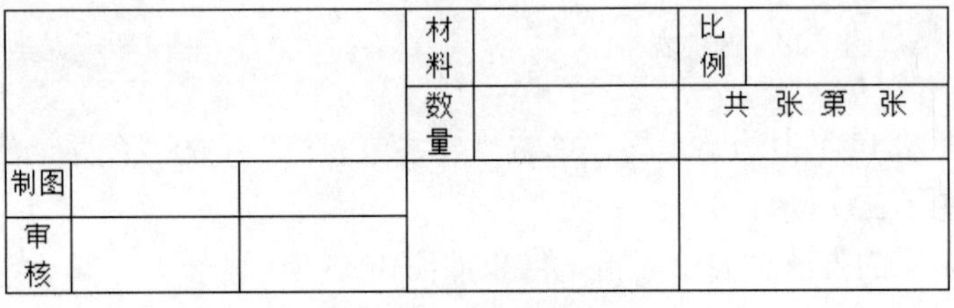

图 1-35　标题栏效果图

第十步：移动标题栏。刚生成的标题栏无法准确确定与图框的相对位置，需要移动，这里单击“修改”工具栏中的“移动按钮”，命令行提示与操作如下。

命令：_move

选择对象：　//选择刚绘制的表格

选择对象：//回车

指定基点或【位移（D）】：//捕捉表格的右下角点

指定第二个点或<使用第一个点作为位移>：//捕捉图框的右下角点

这样就将表格准确放置在图框的右下角了，如图 1-36 所示。

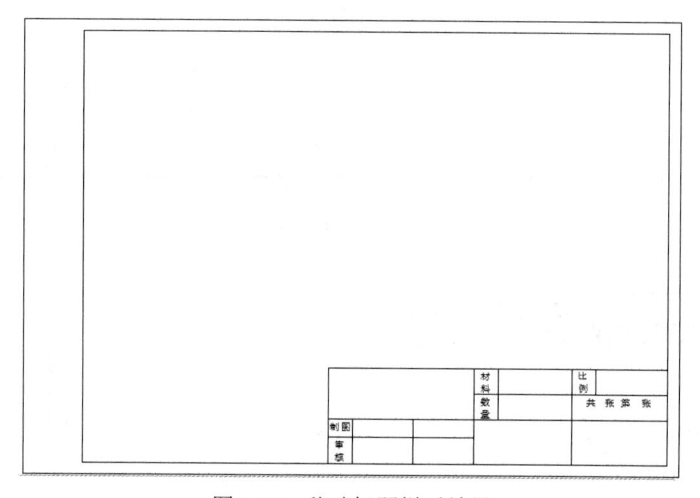

图 1-36　移动标题栏后效果

第十一步：改变线宽。选中图中的四条线，如图 1-37 所示，右键选择“特性”选项卡下的 0.5mm 线宽，再单击软件最下方的“显示/隐藏线宽”按钮 ┿，效果图如图 1-38 所示。

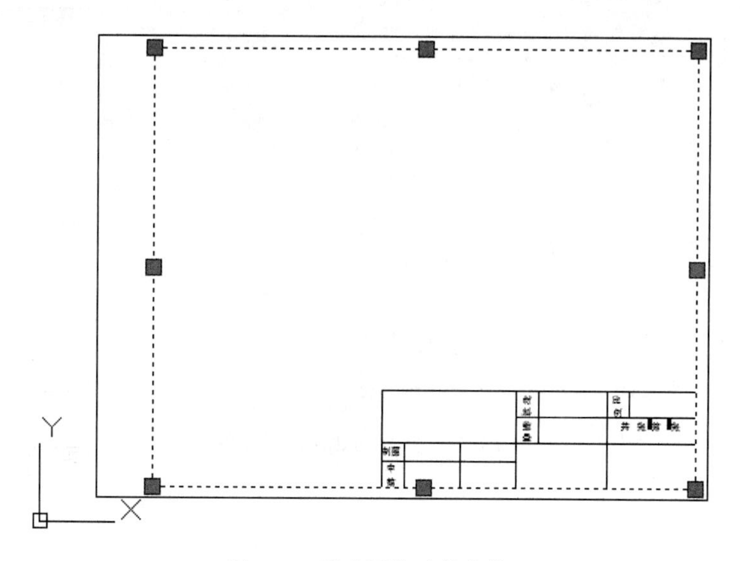

图 1-37　选中要修改的直线

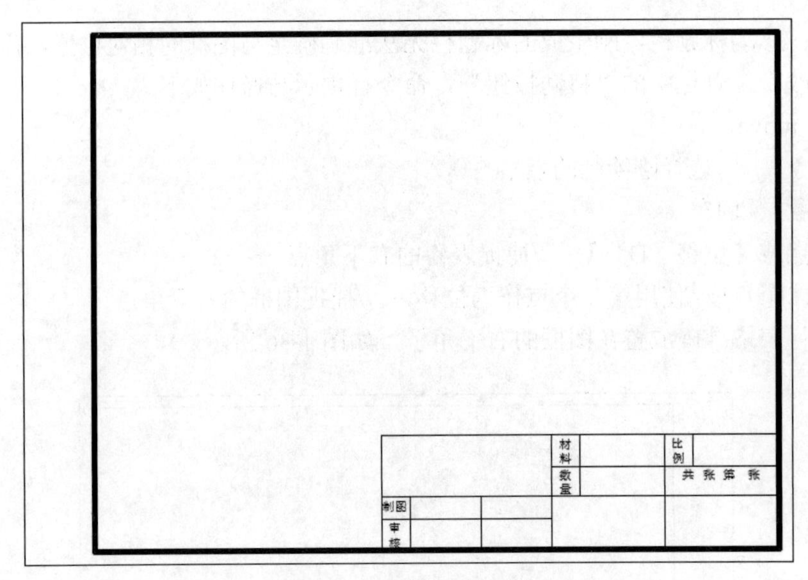

图 1-38　A4 样板图效果图

1.3.4　保存样板图

选择菜单栏中的“另存为”命令，选择图形样板，将图形保存为“A4 样板图.dwt”格式文件即可，如图 1-39 所示。

文字标注与保存

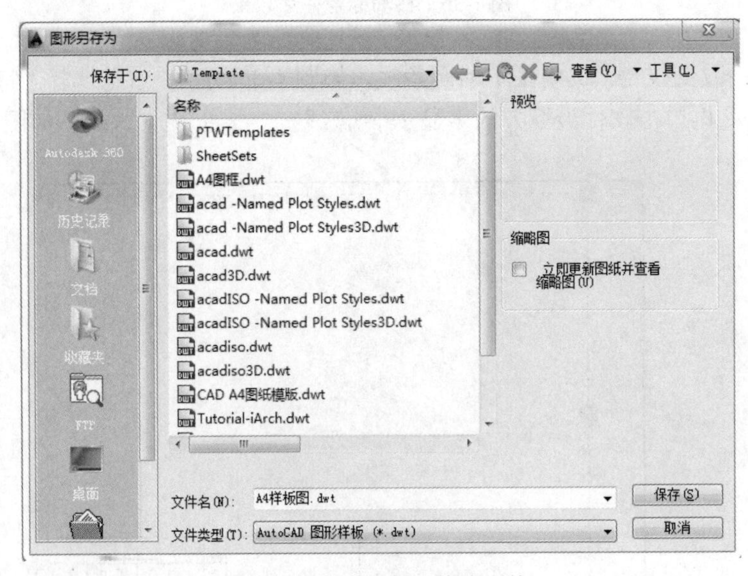

图 1-39　保存为.dwt 格式文件

项目 2

电动机启停电路设计

在一般工矿企业中，三相异步电动机具有结构简单、价格便宜、坚固耐用、维修方便等特点，应用非常广泛。在通用机械中，大部分机械的运行都由电动机驱动，通过控制电动机的运行来完成既定的工作。为此，电动机的控制是机械电气中的重要组成部分。普通电动机的控制电路能够实现电动机的单向旋转，从而带动运动部件能够单向运动。电动机启停电路原理图主要有交流接触器、热继电器、熔断器等元件，学生应能够使用 CAD 制图软件绘制这些元器件并对电路进行设计，从而实现控制功能。

（1）电动机启停电路的电气原理图绘制步骤

① 绘制相关元件、创建块；

② 绘制参照线；

③ 插入电气元件；

④ 连接导线、添加图形注释；

⑤ 保存电气原理图。

（2）项目效果预览

电路图绘图分析

绘制完成的电动机直接启停的电气原理图如图 2-1 所示。

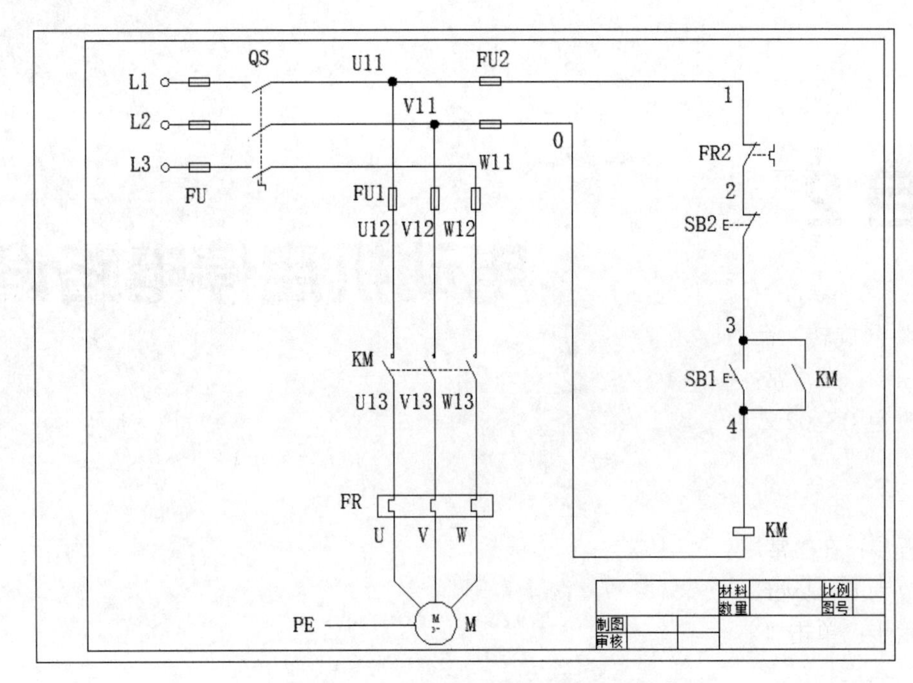

图 2-1　电动机直接启停的电气原理图

任务 2.1 绘制元器件并创建块

2.1.1 绘制按钮开关

第一步：单击“常用”选项卡“绘图”面板中的 （直线）按钮，或者在命令行中输入“line”（直线）命令，打开“正交”模式，绘制长度为 10 的 3 条首尾相接的铅直直线，尺寸如图 2-2 所示。

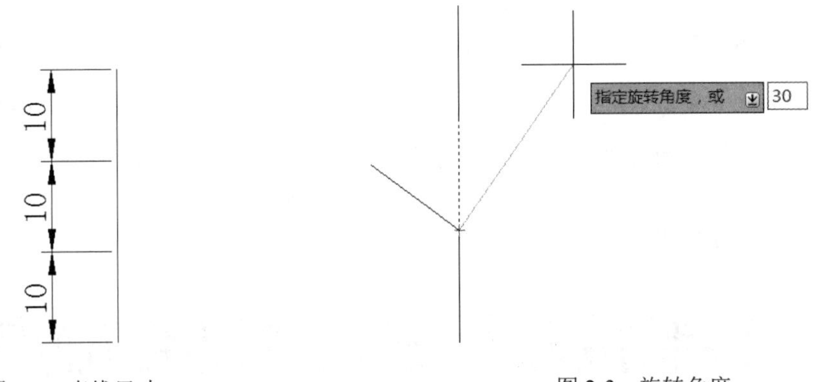

图 2-2 直线尺寸

图 2-3 旋转角度

第二步：单击“常用”选项卡“修改”面板中的 （旋转）按钮，或者在命令行中输入“rotate”（旋转）命令，旋转对象、尺寸、基点，完成后的效果如图 2-3 所示。

第三步：在“常用”选项卡“特性”面板的 JIS_02_2.0 （线型）下拉列表框中，将线型改为 JIS_02_2.0，完成后的效果如图 2-4 所示。

第四步：单击“常用”选项卡“绘图”面板中的 （直线）按钮，或者在命令行中输入“line”（直线）命令，打开“正交”模式，绘制直线，完成后的效果如图 2-5 所示。

第五步：在“常用”选项卡“特性”面板的 ByLayer （线型）下拉列表框中，将线型改为 ByLayer，完成后的效果如图 2-6 所示。

第六步：单击“常用”选项卡“绘图”面板中的 （直线）按钮，或者在命令行中输入“line”（直线）命令，绘制直线，直线尺寸如图 2-7 所示。

第七步：单击“常用”选项卡“修改”面板中的 （镜像）按钮，或者在命令行中输入“mirror”（镜像）命令，镜像对象、镜像边如图所示，完成后的效果如图 2-8 所示。

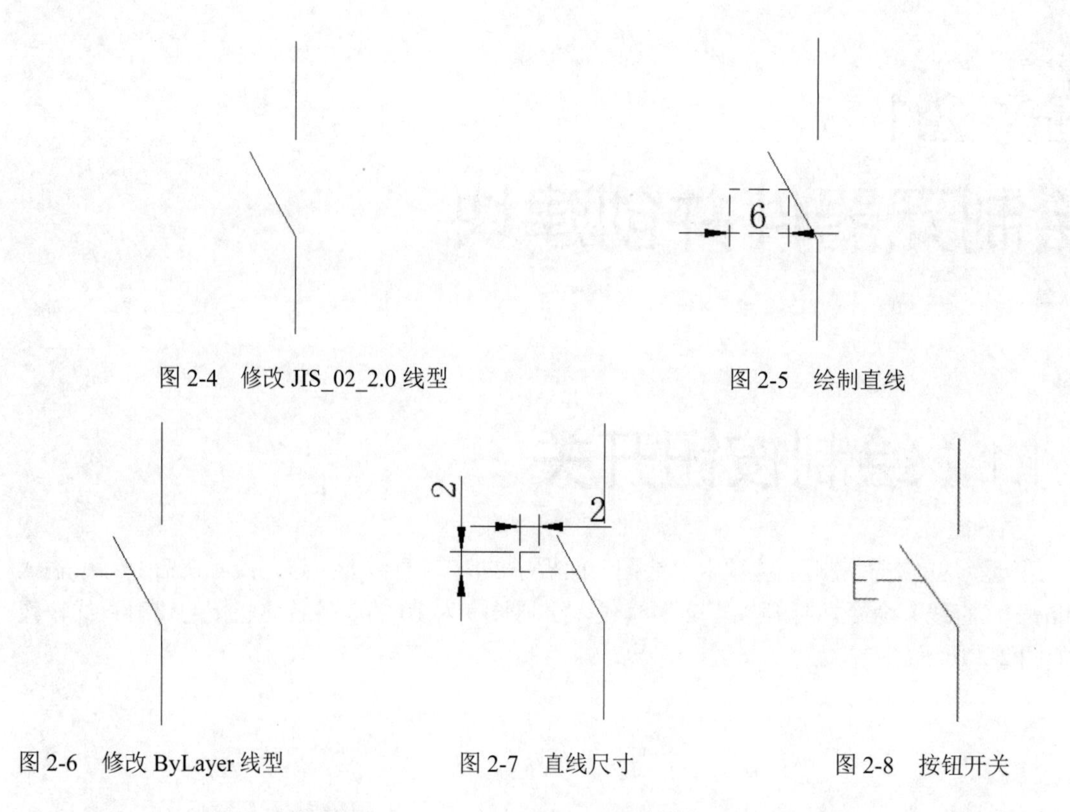

图 2-4　修改 JIS_02_2.0 线型

图 2-5　绘制直线

图 2-6　修改 ByLayer 线型

图 2-7　直线尺寸

图 2-8　按钮开关

第八步：单击“插入”选项卡“块定义”面板中的（创建块）按钮，或者在命令行中输入“block”命令，在弹出的“块定义”对话框中输入块名称“按钮开关”，指定图中的下端点为基准点，选择按钮开关为块定义对象，设置“块单位”为“毫米”，将绘制的按钮开关存储为图块，以便调用。

2.1.2　绘制接触器三相主动合触点

第一步：参照 2.1.1 中的第一步～第三步绘制出如图 2-9 所示的图形。

第二步：单击“常用”选项卡“绘图”面板中的（圆）按钮，或者在命令行中输入“circle”（圆）命令，选用“半径”模式，绘制半径为 1 的圆，圆位置、尺寸如图 2-9 所示，完成后的效果如图 2-10 所示。

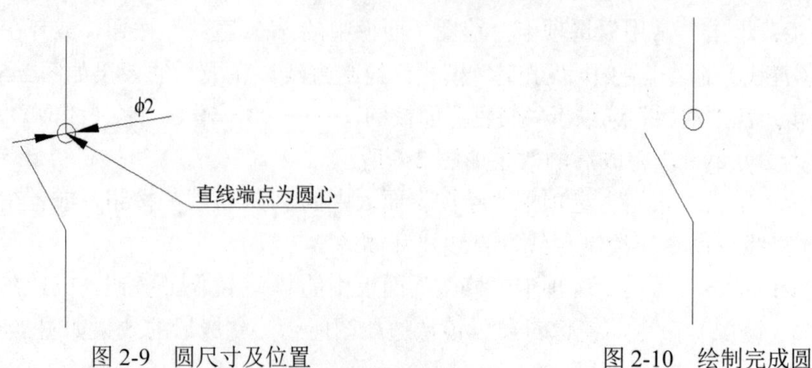

图 2-9　圆尺寸及位置

图 2-10　绘制完成圆

第三步：单击“常用”选项卡“修改”面板中的（延伸）按钮，或者在命令行中输入“extend”（延伸）命令，延伸对象、延伸边界如图 2-11 所示，完成后的效果如图 2-12 所示。

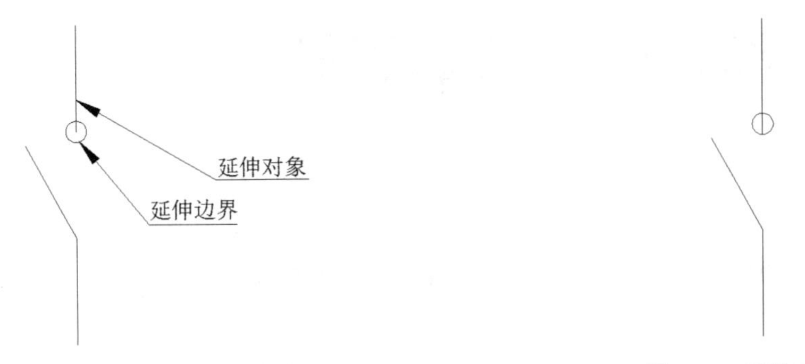

图 2-11　延伸对象、延伸边界　　图 2-12　延伸完成

第四步：单击“常用”选项卡“修改”面板中的（修剪）按钮，或者在命令行中输入“trim”（修剪）命令，修剪对象、剪切边如图 2-13 所示，完成后的效果如图 2-14 所示。

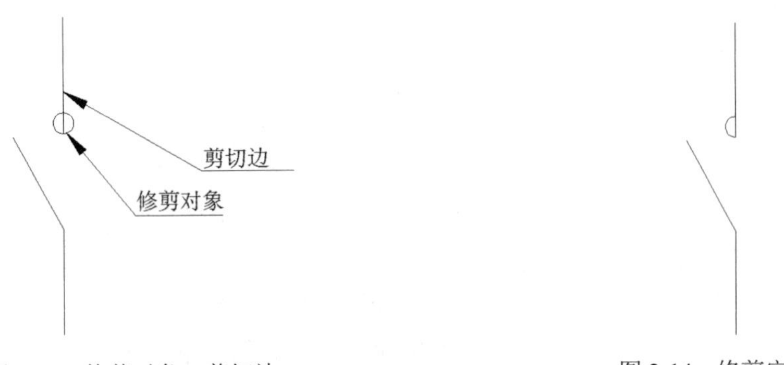

图 2-13　修剪对象、剪切边　　图 2-14　修剪完成

第五步：单击“常用”选项卡“修改”面板中的（复制）按钮，或者在命令行中输入“copy”（复制）命令，复制尺寸、对象如图 2-15 所示，完成后的效果如图 2-16 所示。

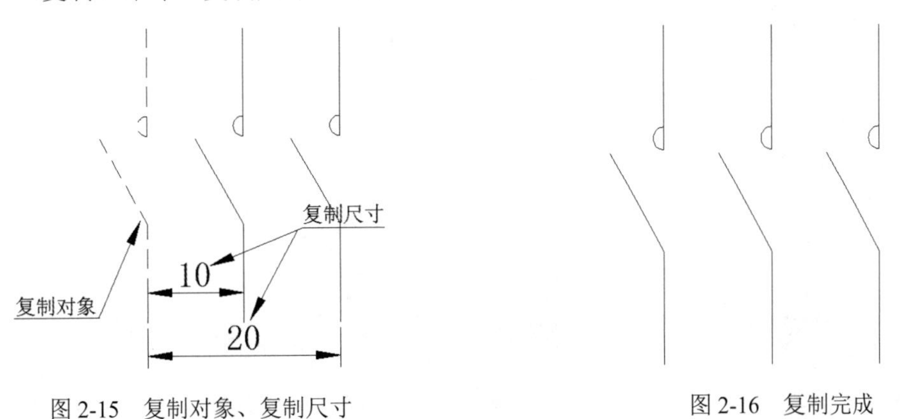

图 2-15　复制对象、复制尺寸　　图 2-16　复制完成

第六步：单击“插入”选项卡“块定义”面板中的（创建块）按钮，或者在命令行中输入“block”命令，在弹出的“块定义”对话框中输入块名称“接触器三相主动合触点”，

指定图中的中间触点的下端点为基准点，选择接触器三相主动合触点为块定义对象，设置“块单位”为“毫米”，将绘制的接触器三相主动合触点存储为图块，以便调用。

2.1.3 绘制接触器线圈

第一步：单击“常用”选项卡“绘图”面板中的（矩形）按钮，或者在命令行中输入“rectang”（矩形）命令，绘制长为 10、宽为 4 的矩形，如图 2-17 所示。

第二步：单击“常用”选项卡“绘图”面板中的（直线）按钮，或者在命令行中输入“line”（直线）命令，绘制直线，尺寸如图 2-18 所示。

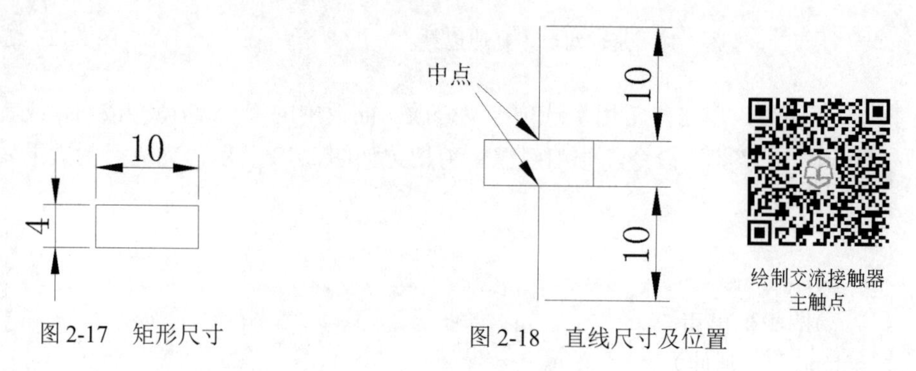

图 2-17 矩形尺寸

图 2-18 直线尺寸及位置

第三步：单击“常用”选项卡“修改”面板中的（分解）按钮，或者在命令行中输入“explode”（分解）命令，将矩形分解为 4 条边。

第四步：单击“常用”选项卡“修改”面板中的（偏移）按钮，或者在命令行中输入“offset”（偏移）命令，偏移对象、偏移尺寸及完成后的效果如图 2-19 所示。

第五步：单击“常用”选项卡“绘图”面板中的（直线）按钮，或者在命令行中输入“line”（直线）命令，绘制直线，完成后的效果如图 2-20 所示。

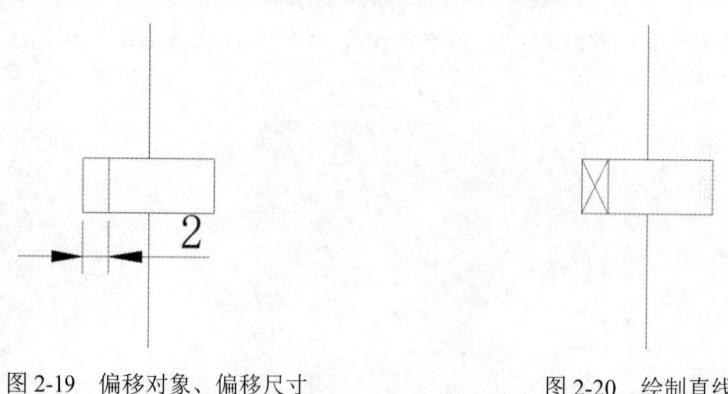

图 2-19 偏移对象、偏移尺寸

图 2-20 绘制直线

第六步：单击“插入”选项卡“块定义”面板中的（创建块）按钮，或者在命令行中输入“block”命令，在弹出的“块定义”对话框中输入块名称“接触器线圈”，指定图中的纵向直线的下端点为基准点，选择继电器线圈为块定义对象，设置“块单位”为“毫米”，将绘制的接触器线圈存储为图块，以便调用。

2.1.4 绘制三相绕线式转子感应电动机

第一步：单击“常用”选项卡“绘图”面板中的 （圆）按钮，或者在命令行中输入“circle”（圆）命令，选用“半径”模式，绘制半径为 7.5 的圆，完成后的效果如图 2-21 所示。

第二步：单击“常用”选项卡“绘图”面板中的 （直线）按钮，或者在命令行中输入“line”（直线）命令，按图所示绘制一条直线，完成后的效果如图 2-22 所示。

图 2-21 绘制圆

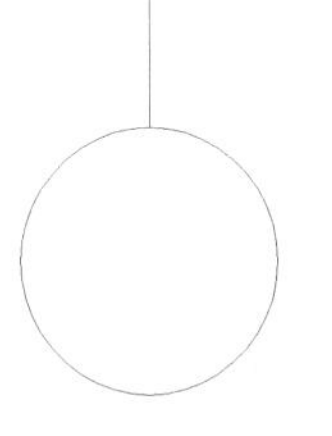

图 2-22 绘制直线

绘制电动机

第三步：单击“常用”选项卡“修改”面板中的 （偏移）按钮，或者在命令行中输入“offset”（偏移）命令，偏移直线，距离为 5，效果如图 2-23 所示。

第四步：单击“常用”选项卡“修改”面板中的 （延伸）按钮，或者在命令行中输入“extend”（延伸）命令，以圆为延伸边界线，效果如图 2-24 所示。

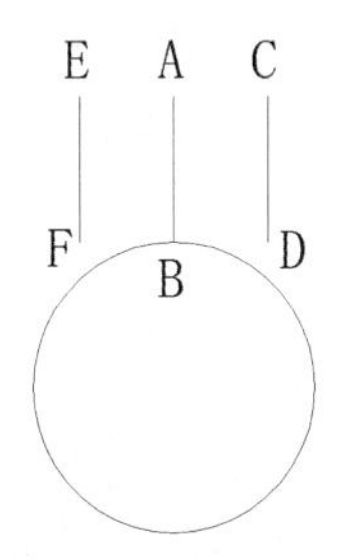

图 2-23 偏移直线

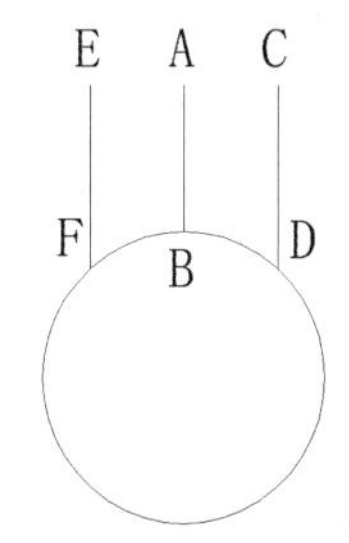

图 2-24 延伸直线

第五步：单击“常用”选项卡“绘图”面板中的 （圆）按钮，或者在命令行中输入“circle”（圆）命令，选用“半径”模式，绘制半径为 10 的圆与 7.5 的圆同心，完成后的效果如图 2-25 所示。

第六步：单击“常用”选项卡“修改”面板中的 （镜像）按钮，或者在命令行中输入“mirror”（镜像）命令，以水平直径为对称轴线，对 3 条垂直直线对称复制，效果如图 2-26 所示。

第七步：单击“常用”选项卡“修改”面板中的 （修剪）按钮，或者在命令行中输入“trim”（修剪）命令，修剪对象为内部上面的直线，剪切边为半径是 10 的圆，如图 2-27 所示。

第八步：单击“注释”选项卡“文字”面板中的 **A**（多行文字）按钮，设置字体为“仿宋_GB2312”，大小为 4 和 2.5，对齐为“正中”，在文字输入框中输入 M 和 3～，完成后的效果如图 2-28 所示。

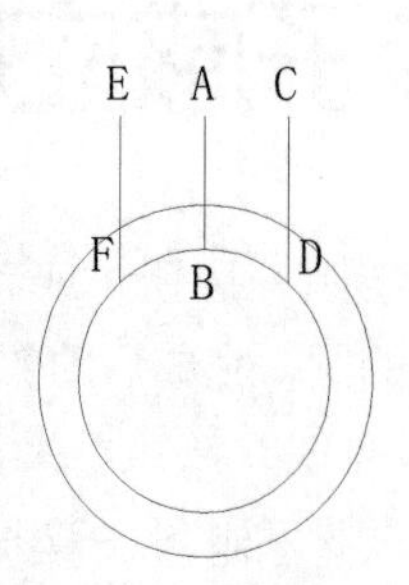

图 2-25　绘制同心圆

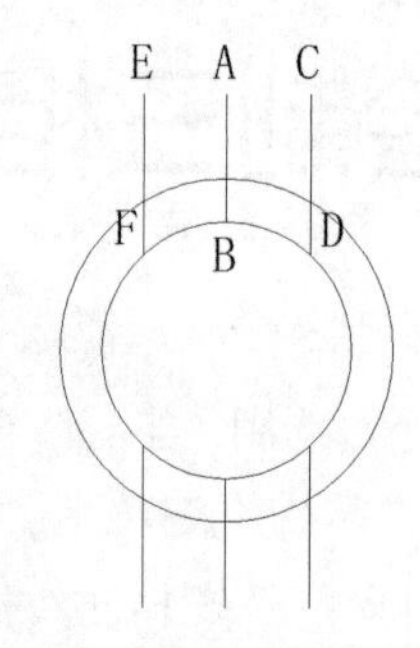

图 2-26　镜像垂直直线

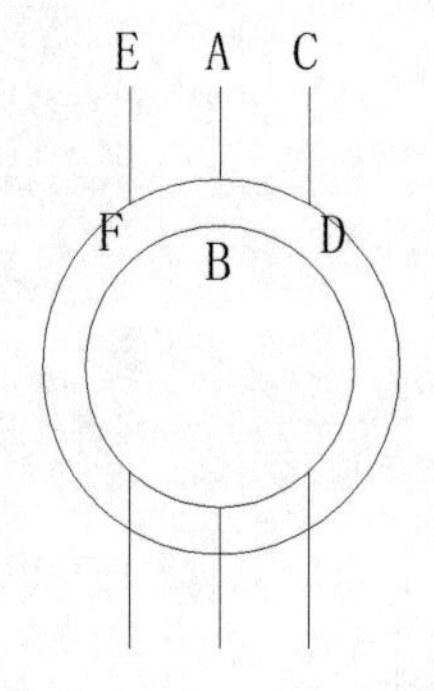

图 2-27　修剪内部上面的直线

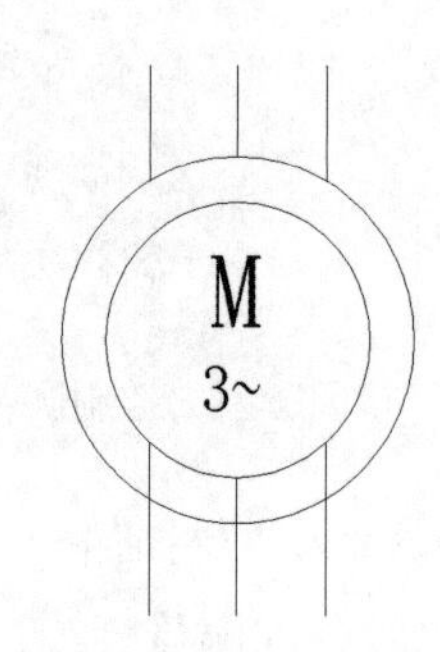

图 2-28　注释文字

第九步：单击“插入”选项卡“块定义”面板中的（创建块）按钮，或者在命令行中输入“block”命令，在弹出的“块定义”对话框中输入块名称“电动机”，指定图中的 A 点为基准点，选择继电器线圈为块定义对象，设置“块单位”为“毫米”，将绘制的电动机存储为图块，以便调用。

任务 2.2
绘制参照线

绘制参照线

参照线是电气元件的参照位置线，电气元件通过参照线来定位。参照线通常由直线组成，在绘制过程中会使用“直线”“偏移”“复制”等命令，绘制步骤如下。

第一步：单击“常用”选项卡“绘图”面板中的（直线）按钮，或者在命令行中输入“line”（直线）命令，绘制直线。

第二步：单击“常用”选项卡“修改”面板中的 (偏移）按钮，或者在命令行中输入“offset”（偏移）命令，偏移对象、尺寸如图 2-29 所示，完成后的效果如图 2-30 所示。

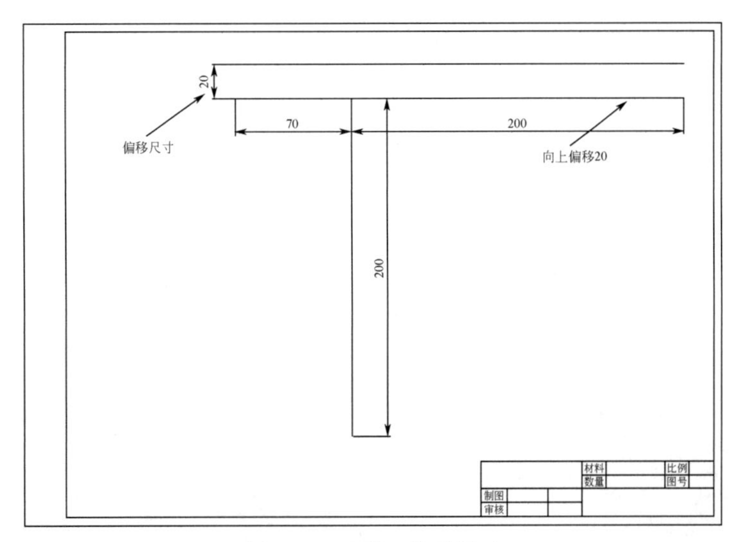

图 2-29　直线、偏移尺寸

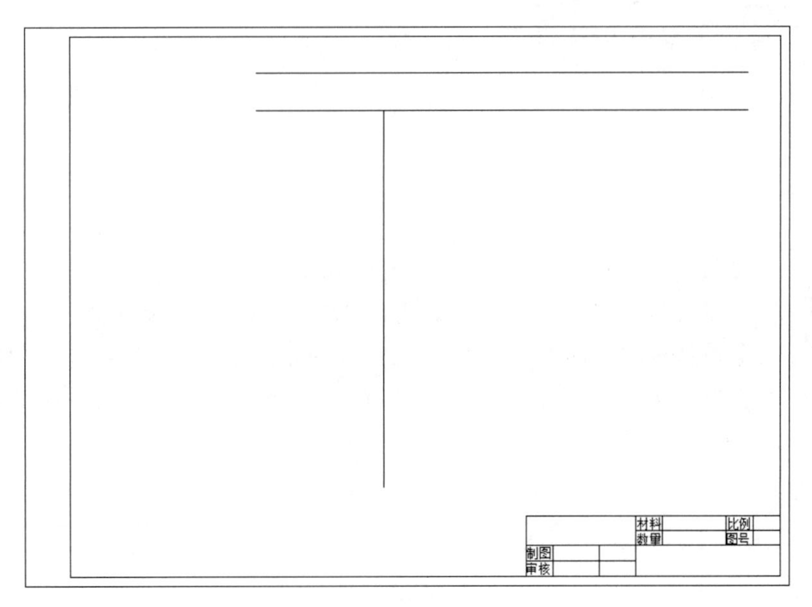

图 2-30　绘制、偏移直线

第三步：单击“常用”选项卡“绘图”面板中的 (直线）按钮，或者在命令行中输入“line”（直线）命令，绘制直线，尺寸如图 2-31 所示。

第四步：单击“常用”选项卡“修改”面板中的 (偏移）按钮，或者在命令行中输入“offset”（偏移）命令，偏移对象、尺寸如图 2-31 所示，完成后的效果如图 2-32 所示。

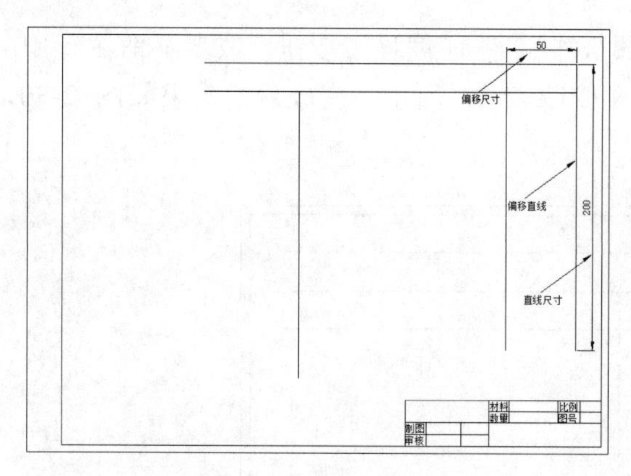

图 2-31　直线、偏移尺寸

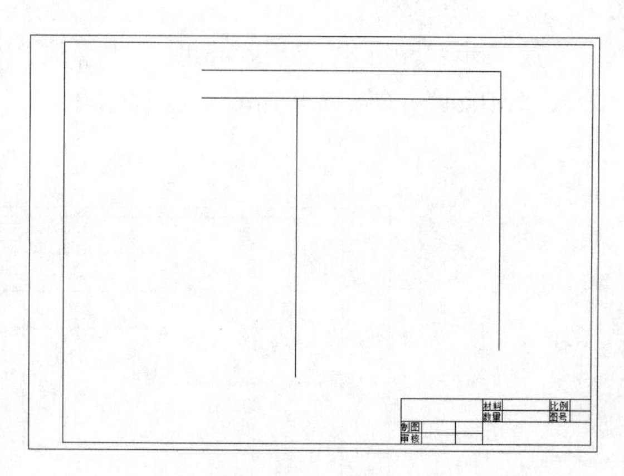

图 2-32　参照线

任务 2.3 插入电气元件

插入元件

插入电气元件，即将绘制的电气元件按照一定的要求，一一插入到绘制好的参照线中，并在图中进行电气元件的定位。

第一步：单击“插入”选项卡“块”面板中的（插入）按钮，或者执行菜单栏中的“插入”→“块”命令，弹出“插入”对话框，在“名称”下拉列表框中选择“电动机”，单击“确定”按钮，在屏幕上捕捉直线 1 的下端点，将电动机插入，如图 2-33 所示。

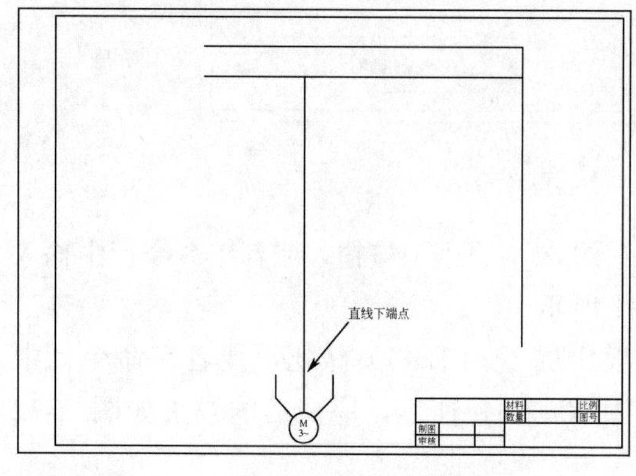

图 2-33　插入电动机

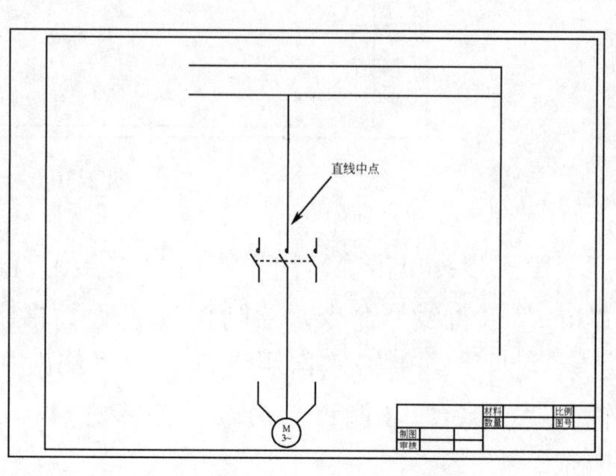

图 2-34　插入接触器

第二步：单击“插入”选项卡“块”面板中的（插入）按钮，或者执行菜单栏中的“插入”→“块”命令，在图中插入接触器，位置如图 2-34 所示。

第三步：单击“插入”选项卡“块”面板中的（插入）按钮，或者执行菜单栏中的“插入”→“块”命令，在“插入”对话框中，选中“旋转”选项组中的“在屏幕上指定”复选框，如图 2-35 所示，将熔断器插入图中，位置如图 2-36 所示。

第四步：单击“插入”选项卡“块”面板中的（插入）按钮，或者执行菜单栏中的“插入”→“块”命令，插入熔断器，位置如图 2-37 所示。

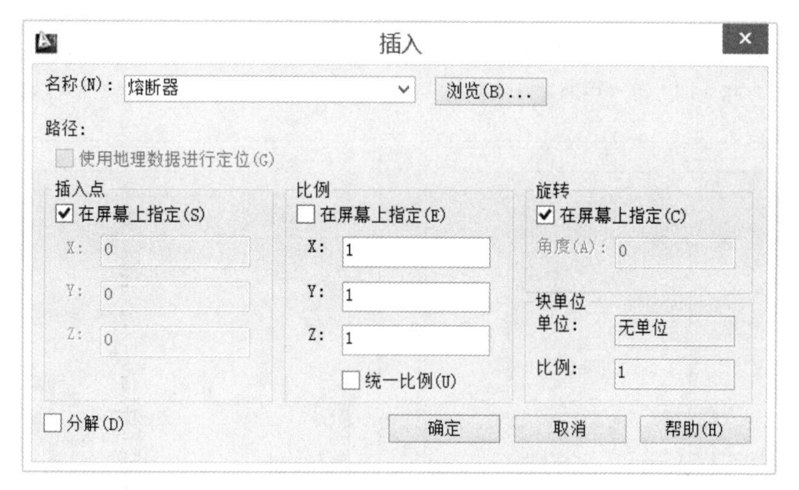

图 2-35 “插入”对话框

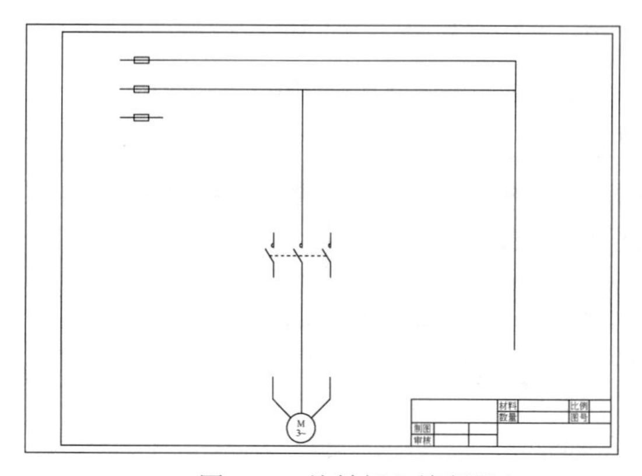

图 2-36 旋转插入熔断器

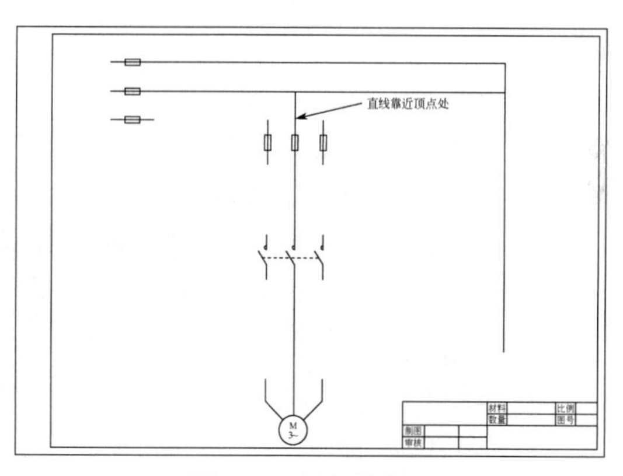

图 2-37 插入熔断器

第五步：单击“插入”选项卡“块”面板中的（插入）按钮，或者执行菜单栏中的“插入”→“块”命令，插入单一熔断器，位置如图 2-38 所示。

第六步：单击“插入”选项卡“块”面板中的（插入）按钮，或者执行菜单栏中的“插入”→“块”命令，旋转插入组合开关，如图 2-39 所示。

第七步：单击“插入”选项卡“块”面板中的（插入）按钮，或者执行菜单栏中的“插入”→“块”命令，插入热继电器，位置如图 2-40 所示。

第八步：单击“插入”选项卡“块”面板中的（插入）按钮，或者执行菜单栏中的“插入”→“块”命令，插入继电器 a，位置如图 2-41 所示。

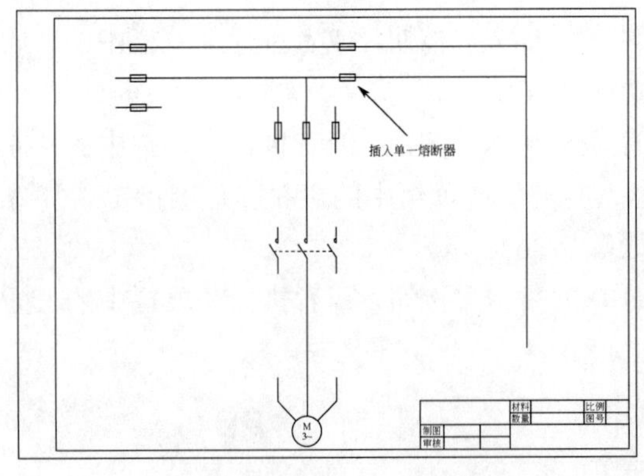

图 2-38　插入单一熔断器

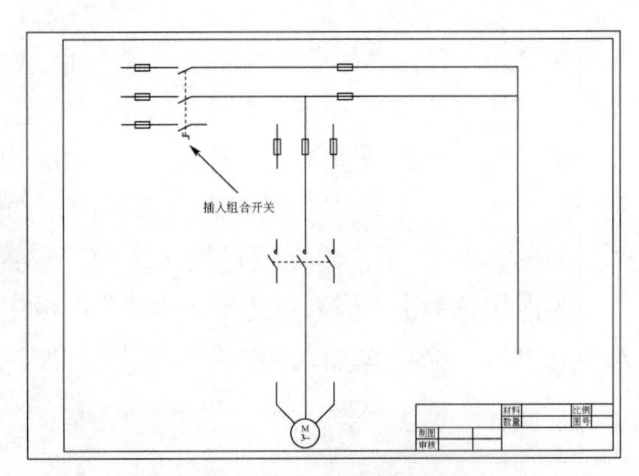

图 2-39　旋转插入组合开关

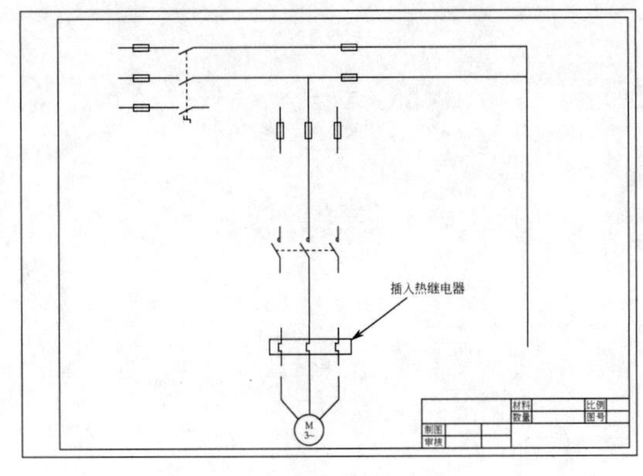

图 2-40　插入热继电器

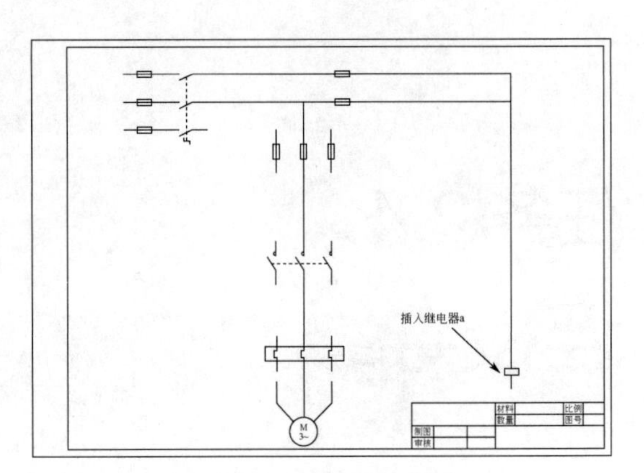

图 2-41　插入继电器

第九步：单击“插入”选项卡“块”面板中的（插入）按钮，或者执行菜单栏中的“插入”→“块”命令，插入开关 b，位置如图 2-42 所示。

第十步：单击“插入”选项卡“块”面板中的（插入）按钮，或者执行菜单栏中的“插入”→“块”命令，插入开关 c，位置如图 2-43 所示。

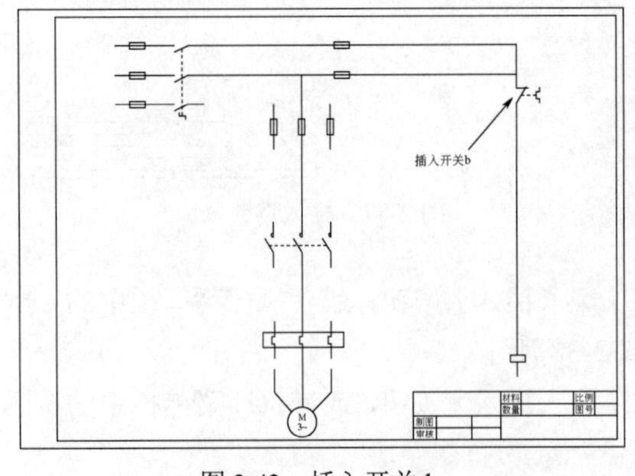

图 2-42　插入开关 b

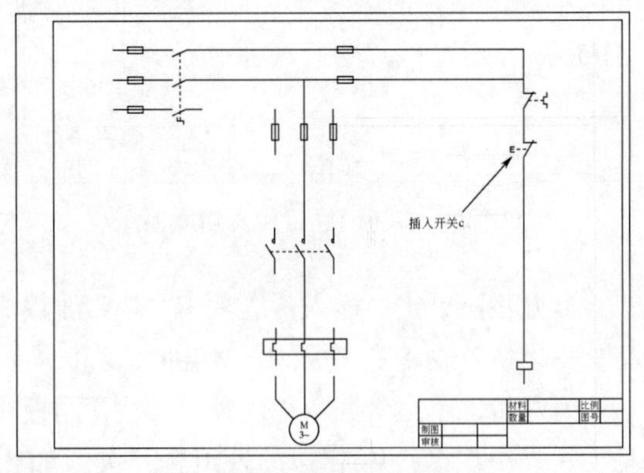

图 2-43　插入开关 c

第十一步：单击“插入”选项卡“块”面板中的（插入）按钮，或者执行菜单栏中的“插入”→“块”命令，插入开关 d，位置如图 2-44 所示。

至此，已经插入了所有的电气元件，各元件位置及效果如图 2-45 所示。

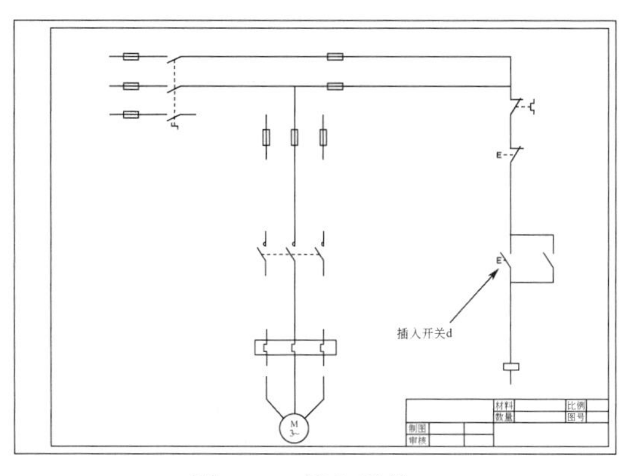

图 2-44　插入开关 d

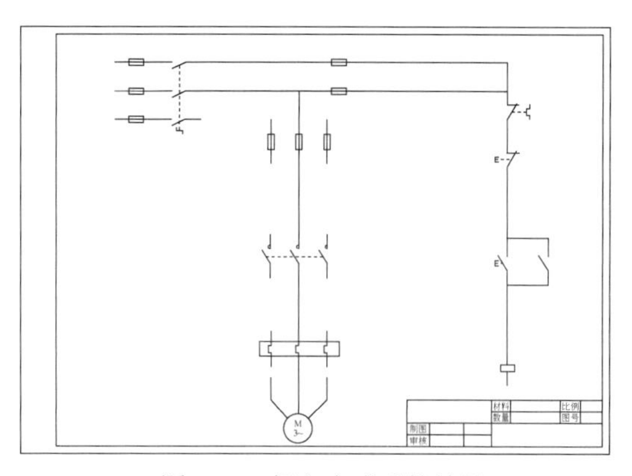

图 2-45　插入完成后的效果

任务 2.4 连接导线、添加图形注释

在任务 2.3 中，插入了所有的电气元件，之前绘制的参照线并不是导线，接下来要连接导线，完成电路图的绘制。

第一步：单击“常用”选项卡“修改”面板中的（删除）按钮，或者在命令行中输入“erase”（删除）命令，删除图 2-45 中的参照线，完成后的效果如图 2-46 所示。

第二步：单击“常用”选项卡“绘图”面板中的（直线）按钮，或者在命令行中输入“line”（直线）命令，在图中绘制主要的连接线，完成后的效果如图 2-47 所示。

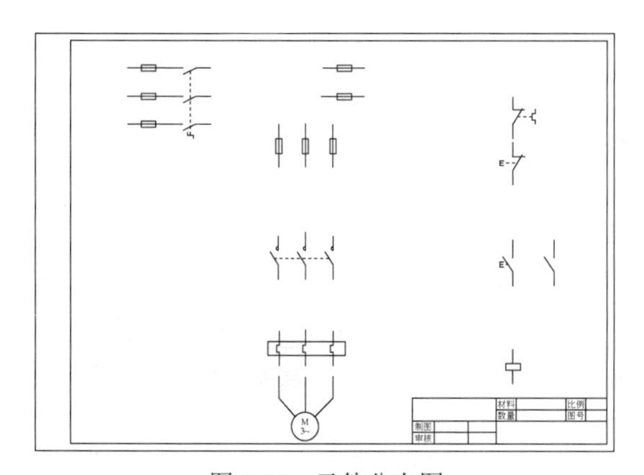

图 2-46　元件分布图

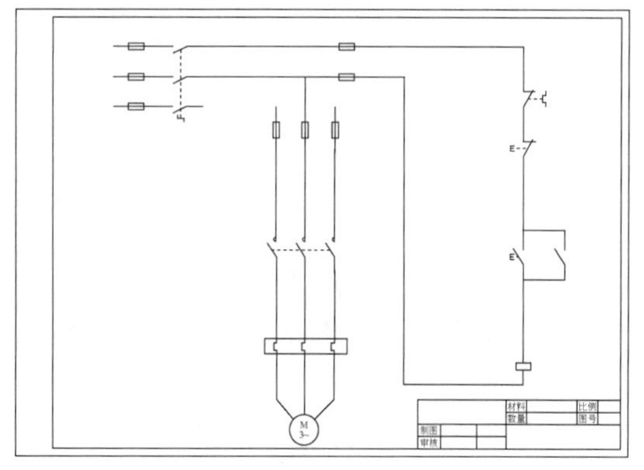

图 2-47　绘制主要的连接线

第三步：单击“常用”选项卡“绘图”面板中的（直线）按钮，或者在命令行中输入

“line”（直线）命令，在图中补充剩余的连接线，完成后的效果如图 2-48 所示。

第四步：单击“常用”选项卡“绘图”面板中的（圆）按钮，或者在命令行中输入“circle”（圆）命令，选择“两点”模式，在左端导线处绘制直径为 4 的 3 个小圆，在交线处绘制直径为 4 的 4 个小圆并填充图案，如图 2-49 所示。

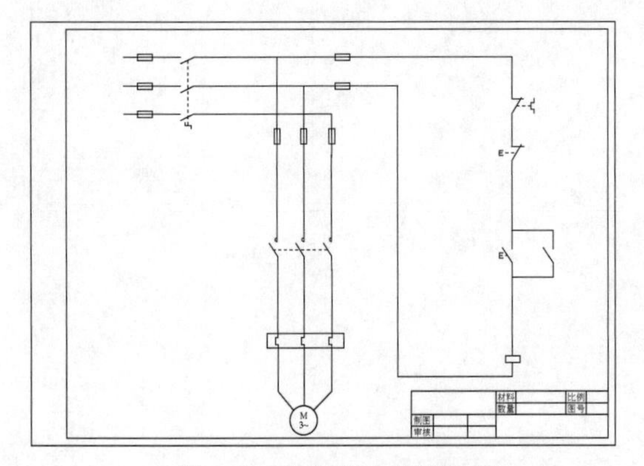

图 2-48　绘制剩余的连接线

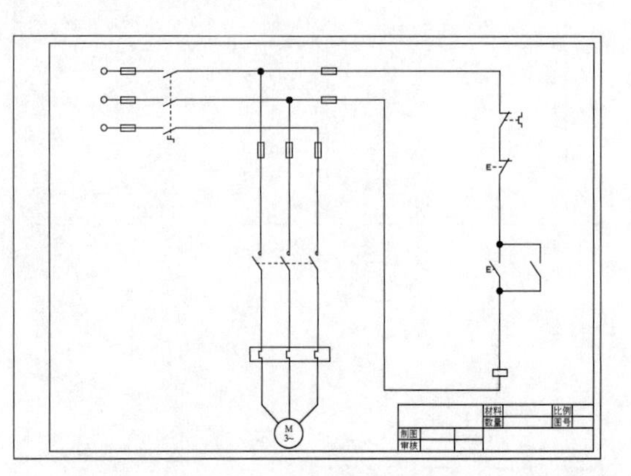

图 2-49　绘制触点和交点

第五步：单击“注释”选项卡“文字”面板中的 A（多行文字）按钮，设置字体为“仿宋_GB2312 ”，大小为 3.5，在图中标出元件名称，完成后的效果如图 2-50 所示。

第六步：单击“常用”选项卡“修改”面板中的（移动）按钮，或者在命令行中输入“move”（移动）命令，捕捉步骤 5 中绘制的多行文字，移动至图中合适的位置，完成后的效果如图 2-51 所示。

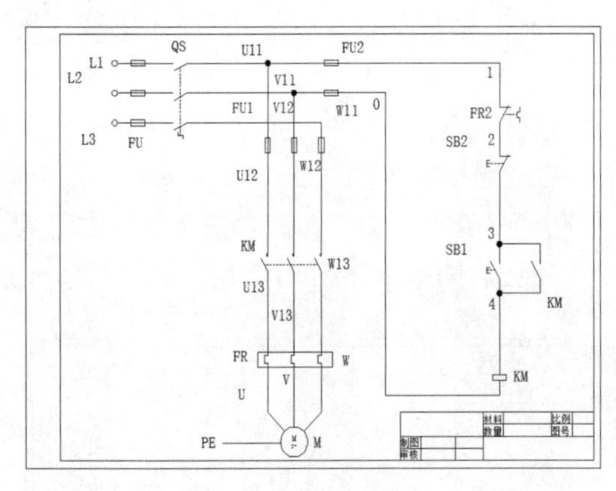

图 2-50　创建多行文字

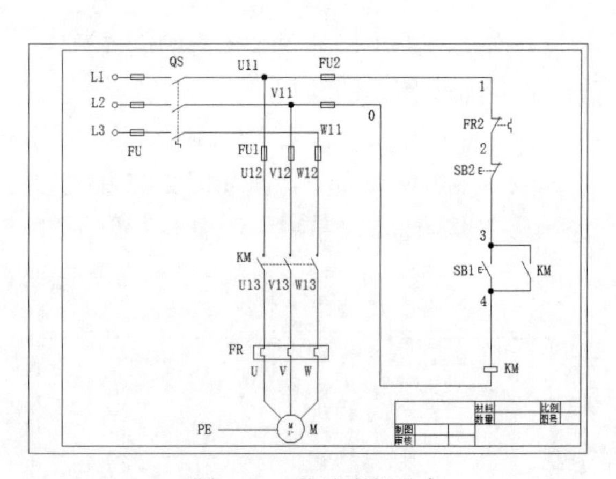

图 2-51　移动多行文字

单击（另存为）按钮，或者执行菜单栏中的“文件” →“另存为”命令，将图形另存为“电动机直接启停的电气原理图.dwg”，将绘制完成的图形进行保存。

至此完成了电动机直接启停电气原理图的绘制。

连接导线

文字注释

保存图纸

项目 3

电动机正反转电路设计

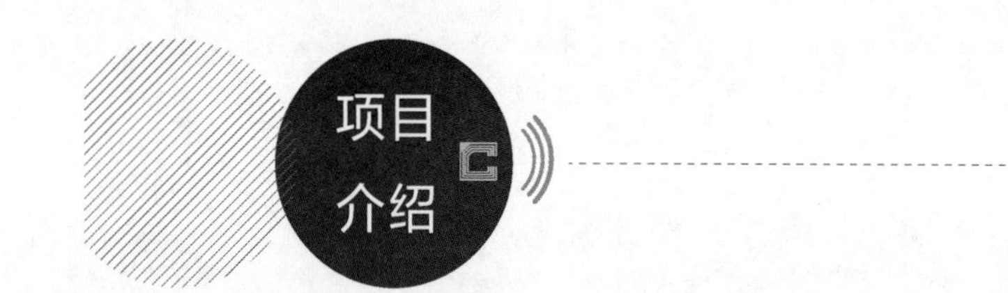

电路图绘图分析

电动机正反转电路，作为电气控制的经典电路，在实际生产中具有广泛应用，比如起重机、传输带、电梯等。电动机能实现正反转控制需要改变通入电动机定子绕组的三相电源相序，即把接入电动机的三相电源进线中的任意两根对调，电动机即可反转。电路中为防止正反转短路，实现互锁功能。利用正转接触器动断触点串在反转接触器线圈电路中，控制正转时不能实现反转的触点称为互锁触点，这个环节称为互锁环节。

（1）电动机正反转电气原理图绘制步骤如下：

① 绘制相关元件、创建块；

② 绘制参照线；

③ 插入电气元件；

④ 连接导线、添加图形注释；

⑤ 保存电动机正反转电气原理图。

（2）项目效果预览

绘制完成的电动机正反转电气原理图如图 3-1 所示。

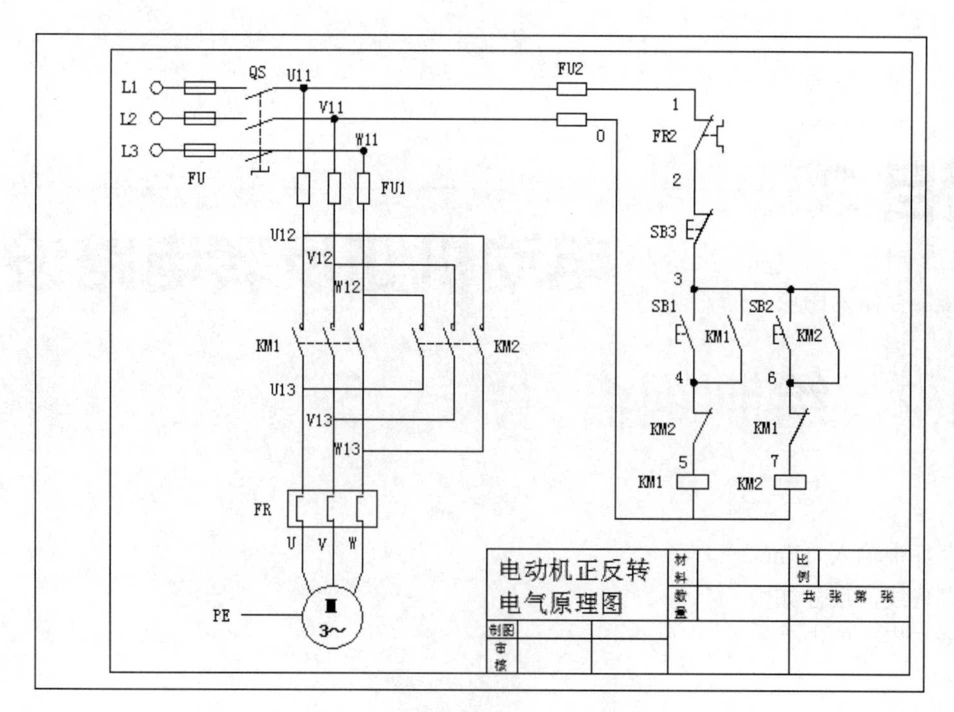

图 3-1　电动机正反转电气原理图

任务 3.1 绘制相关元件、创建块

3.1.1 绘制熔断器

绘制熔断器

第一步：单击“常用”选项卡“绘图”面板中的▭（矩形）按钮，或者在命令行中输入“rectang”（矩形）命令，绘制长为 10、宽为 4 的矩形，如图 3-2 所示。

第二步：单击“常用”选项卡“绘图”面板中的╱（直线）按钮，或者在命令行中输入“line”（直线）命令，绘制直线，尺寸如图 3-3 所示。

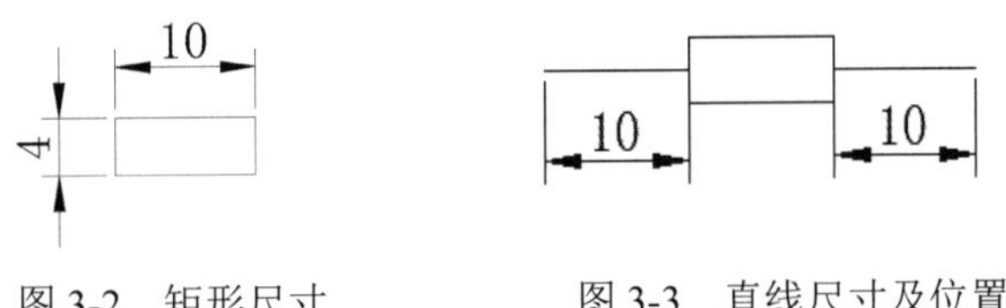

图 3-2 矩形尺寸　　图 3-3 直线尺寸及位置

第三步：单击“常用”选项卡“修改”面板中的（分解）按钮，或者在命令行中输入“explode”（分解）命令，将矩形分解为 4 条边。

第四步：单击“插入”选项卡“块定义”面板中的（创建块）按钮，或者在命令行中输入“block”命令，在弹出的“块定义”对话框中输入块名称“熔断器”，指定图中的横向直线的左端点为基准点，选择全体对象为块定义对象，设置“块单位”为“毫米”，将绘制的熔断器存储为图块，以便调用。

3.1.2 绘制组合开关 QS

绘制空开

第一步：单击“常用”选项卡“绘图”面板中的╱（直线）按钮，或者在命令行中输入“line”（直线）命令，打开“正交”模式，绘制长度为 10 的 3 条首尾相接的铅直直线，尺寸如图 3-4 所示。

第二步：单击“常用”选项卡“修改”面板中的（旋转）按钮，或者在命令行中输入“rotate”（旋转）命令，旋转对象、尺寸、基点如图所示，完成后的效果如图 3-5 所示。

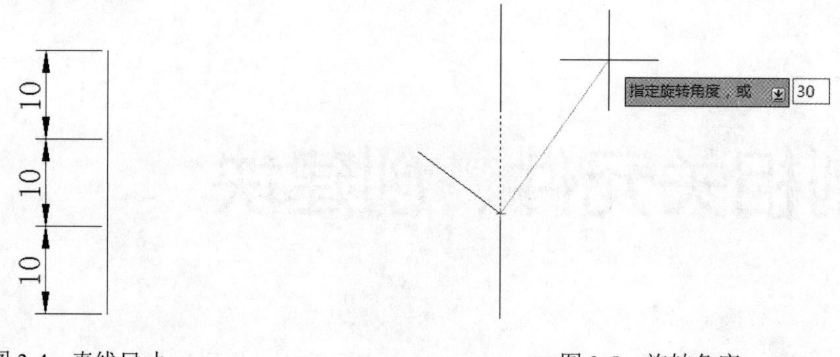

图 3-4　直线尺寸　　　　图 3-5　旋转角度

第三步：单击“常用”选项卡“修改”面板中的（复制）按钮，或者在命令行中输入“copy”（复制）命令，选择所绘图形，如图 3-6 旋转完成，按【Enter】键确认——选择下端点为基点，按【Enter】键确认——水平输入 10、20，完成后的效果如图 3-7 所示。

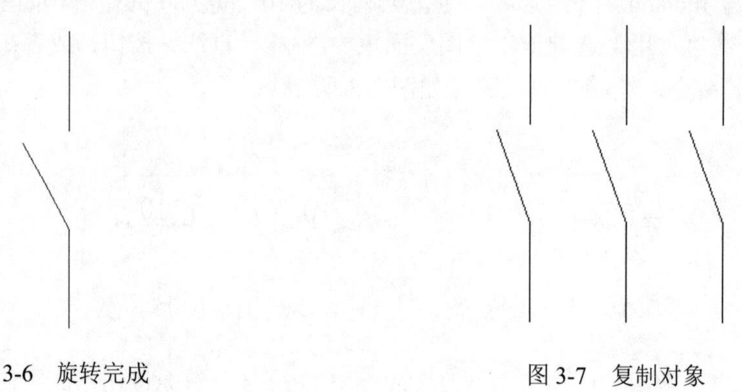

图 3-6　旋转完成　　　　图 3-7　复制对象

第四步：在“常用”选项卡“特性”面板的 JIS_02_2.0（线型）下拉列表框中，将线型改为 JIS_02_2.0。绘制虚线，单位 25，完成后的效果如图 3-8 所示。

第五步：单击“常用”选项卡“绘图”面板中的（直线）按钮，或者在命令行中输入“line”（直线）命令，选择虚线左端点为基点，绘制直线，单位如图 3-9 所示。

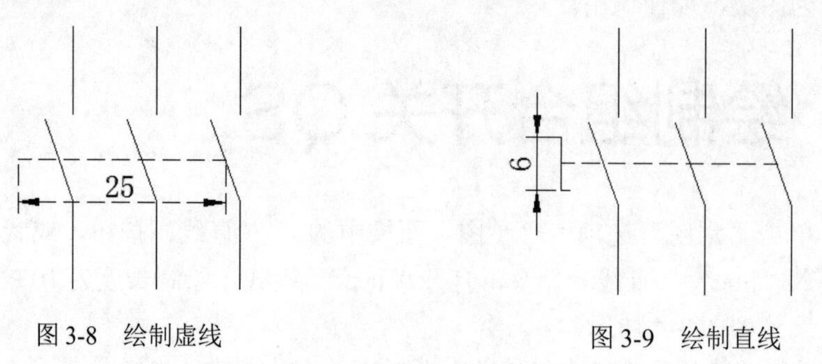

图 3-8　绘制虚线　　　　图 3-9　绘制直线

第六步：单击“插入”选项卡“块定义”面板中的（创建块）按钮，或者在命令行中输入“block”命令，在弹出的“块定义”对话框中输入块名称“组合开关 QS”，指定图中的下端点为基准点，选择按钮开关为块定义对象，设置“块单位”为“毫米”，将绘制的按钮开关存储为图块，以便调用。

3.1.3 绘制主接触器

第一步：参照组合开关中的第一步～第三步绘制出如图 3-10 所示的图形。

第二步：单击“常用”选项卡“绘图”面板中的 （圆）按钮，或者在命令行中输入“circle”（圆）命令，选用“半径”模式，绘制半径为 1 的圆，圆位置、尺寸如图 3-10 所示，完成后的效果如图 3-11 所示。

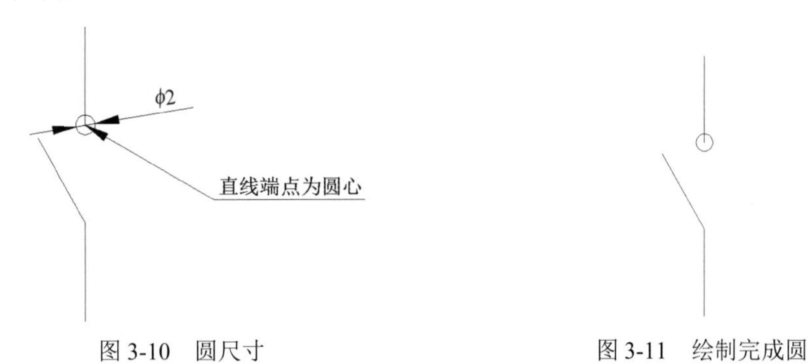

图 3-10　圆尺寸　　　图 3-11　绘制完成圆

第三步：单击“常用”选项卡“修改”面板中的 （延伸）按钮，或者在命令行中输入“extend”（延伸）命令，延伸对象、延伸边界，如图 3-12 所示，完成后的效果如图 3-13 所示。

图 3-12　延伸对象、延伸边界　　　图 3-13　延伸完成

第四步：单击“常用”选项卡“修改”面板中的 （修剪）按钮，或者在命令行中输入“trim”（修剪）命令，修剪对象、剪切边如图 3-14 所示，完成后的效果如图 3-15 所示。

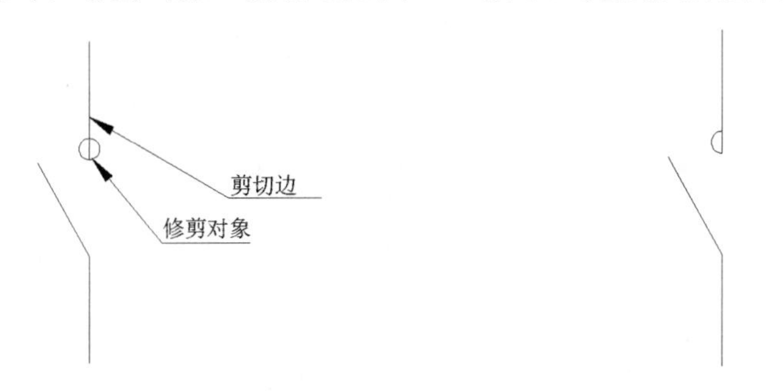

图 3-14　修剪对象、剪切边　　　图 3-15　修剪完成

第五步：单击“常用”选项卡“修改”面板中的（复制）按钮，或者在命令行中输入“copy”（复制）命令，复制尺寸、对象如图 3-16 所示，完成后的效果如图 3-17 所示。

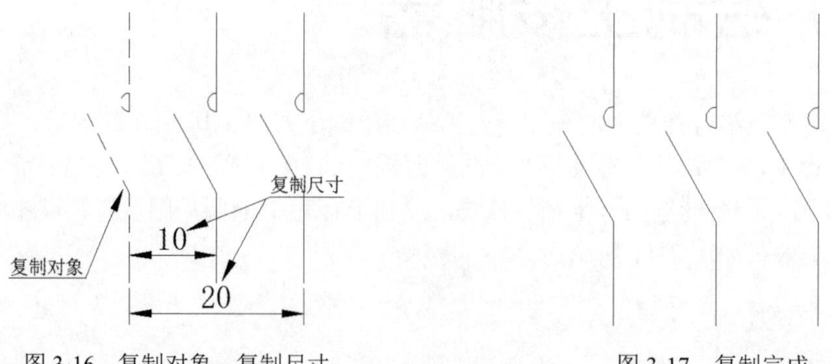

图 3-16　复制对象、复制尺寸　　　　图 3-17　复制完成

第六步：单击“插入”选项卡“块定义”面板中的（创建块）按钮，或者在命令行中输入“block”命令，在弹出的“块定义”对话框中输入块名称“接触器三相主动合触点”，指定图中的中间触点的下端点为基准点，选择接触器三相主动合触点为块定义对象，设置“块单位”为“毫米”，将绘制的接触器三相主动合触点存储为图块，以便调用。

3.1.4　绘制热继电器

绘制热继电器

第一步：单击“常用”选项卡“绘图”面板中的（直线）按钮，或者在命令行中输入“line”（直线）命令，打开“正交”模式，绘制直线，尺寸如图 3-18 所示。

第二步：单击“常用”选项卡“修改”面板中的（复制）按钮，或者在命令行中输入“copy”（复制）命令，选择所绘图形，复制完成，按【Enter】键确认复制命令—选择下端点为基点，按【Enter】键确认—水平输入 10、20，完成后的效果如图 3-19 所示。

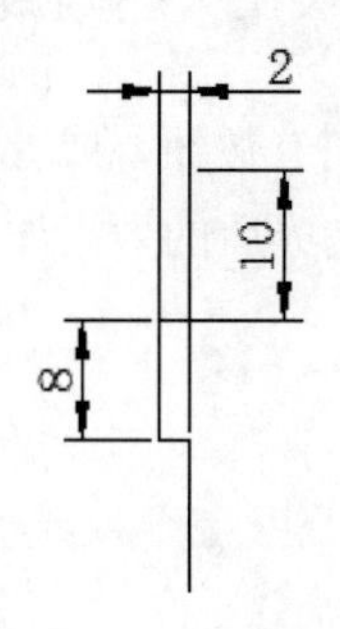

图 3-18　绘制直线

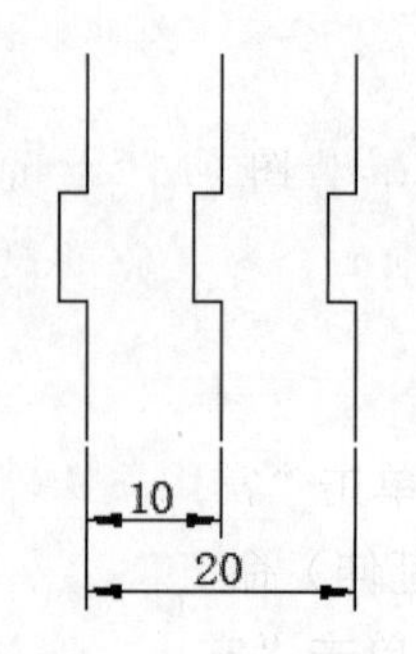

图 3-19　复制直线

第三步：单击“常用”选项卡“绘图”面板中的（矩形）按钮，或者在命令行中输入“rectang”（矩形）命令，绘制长为 30、宽为 12 的矩形，如图 3-20 所示。

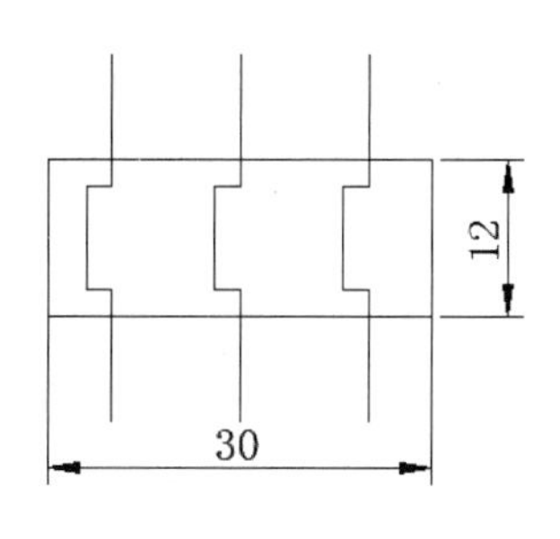

图 3-20　绘制矩形

第四步：单击“插入”选项卡“块定义”面板中的（创建块）按钮，或者在命令行中输入“block”命令，在弹出的“块定义”对话框中输入块名称“热继电器”，指定图中的中间触点的下端点为基准点，选择热继电器为块定义对象，设置“块单位”为“毫米”，将绘制的接触器三相主动合触点存储为图块，以便调用。

3.1.5　绘制电动机

第一步：单击“常用”选项卡“绘图”面板中的（圆）按钮，或者在命令行中输入“circle”（圆）命令，选用“半径”模式，绘制半径为 7.5 的圆，完成后的效果如图 3-21 所示。

第二步：单击“常用”选项卡“绘图”面板中的（直线）按钮，或者在命令行中输入“line”（直线）命令，按图所示绘制一条直线，完成后的效果如图 3-22 所示。

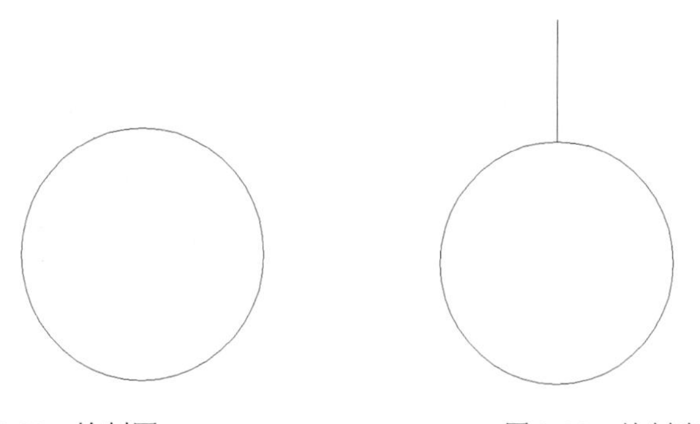

图 3-21　绘制圆　　　　图 3-22　绘制直线

第三步：单击“常用”选项卡“修改”面板中的（偏移）按钮，或者在命令行中输入“offset”（偏移）命令，偏移直线，距离为 5，效果如图 3-23 所示。

第四步：单击“常用”选项卡“修改”面板中的（延伸）按钮，或者在命令行中输入“extend”（延伸）命令，以圆为延伸边界线，效果如图 3-24 所示。

第五步：单击“常用”选项卡“绘图”面板中的（圆）按钮，或者在命令行中输入“circle”（圆）命令，选用“半径”模式，绘制半径为 10 的圆与 7.5 的圆同心，完成后的效果如图 3-25 所示。

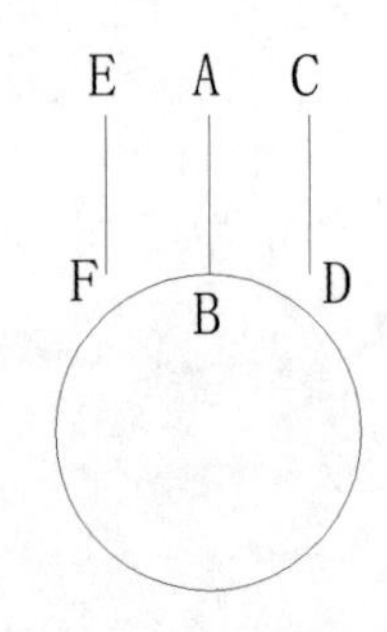

图 3-23　偏移直线

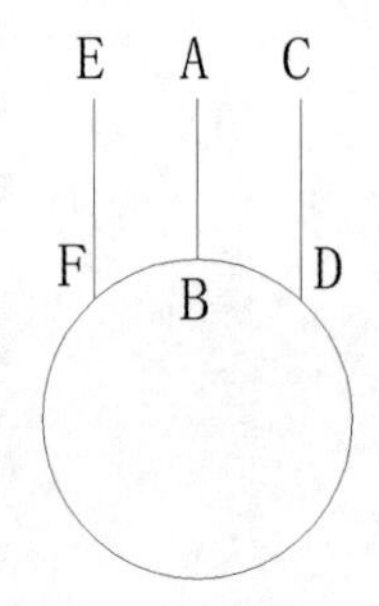

图 3-24　延伸直线

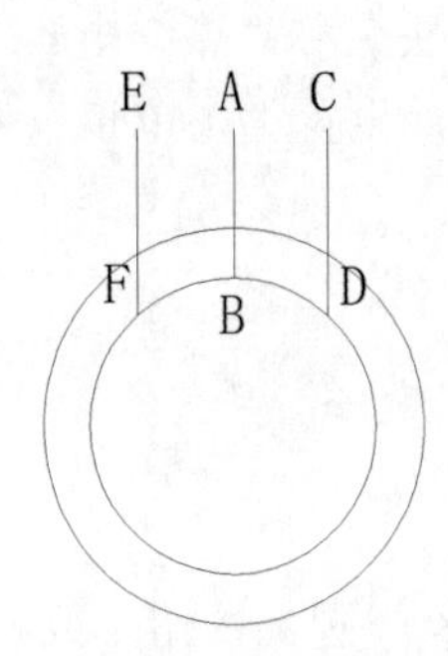

图 3-25　绘制同心圆

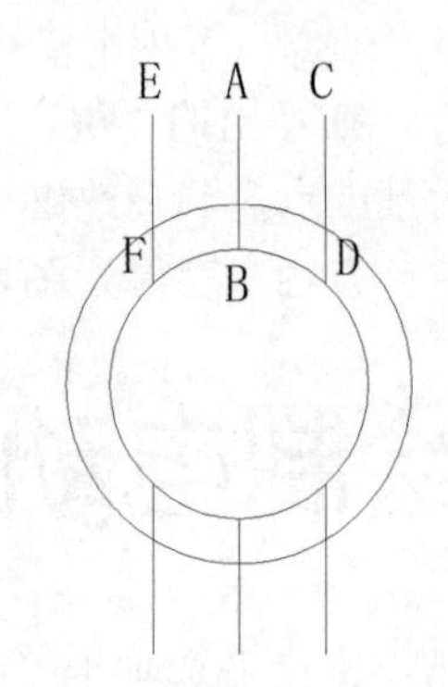

图 3-26　镜像垂直直线

第六步：单击“常用”选项卡“修改”面板中的 （镜像）按钮，或者在命令行中输入“mirror”（镜像）命令，以水平直径为对称轴线，对 3 条垂直直线对称复制，效果如图 3-26 所示。

第七步：单击“常用”选项卡“修改”面板中的 （修剪）按钮，或者在命令行中输入“trim”（修剪）命令，修剪对象为内部上面的直线，剪切边为半径是 10 的圆，如图 3-27 所示。

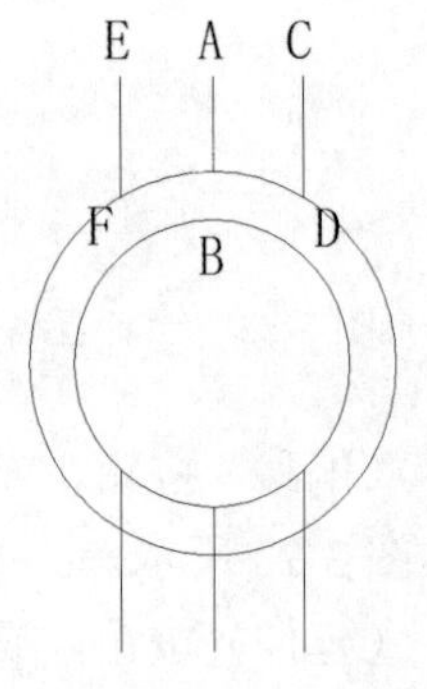

图 3-27　修剪内部上面的直线

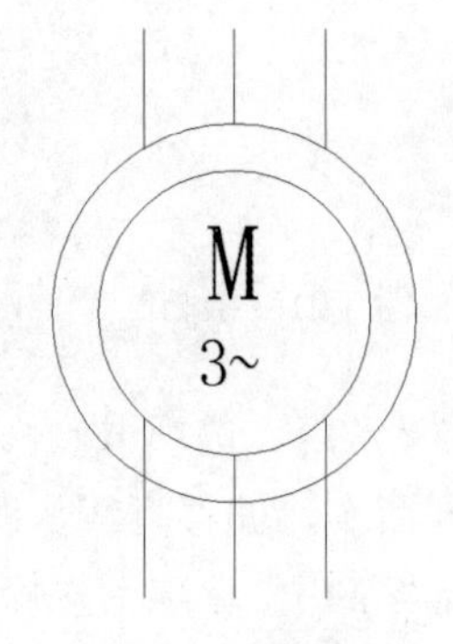

图 3-28　注释文字

第八步：单击“注释”选项卡“文字”面板中的 A （多行文字）按钮，设置字体为“仿宋_GB2312”，大小为 4 和 2.5，对齐为“正中”，在文字输入框中输入 M 和 3～，完成后的效果如图 3-28 所示。

第九步：单击“插入”选项卡“块定义”面板中的（创建块）按钮，或者在命令行中输入“block”命令，在弹出的“块定义”对话框中输入块名称“电动机”，指定图中的 A 点为基准点，选择电动机为块定义对象，设置“块单位”为“毫米”，将绘制的电动机存储为图块，以便调用。

3.1.6 绘制控制电路热继电器

第一步：单击“常用”选项卡“绘图”面板中的（直线）按钮，或者在命令行中输入“line”（直线）命令，关闭“正交”模式，绘制直线，尺寸如图 3-29 所示。

第二步：在“常用”选项卡“特性”面板的 JIS_02_2.0（线型）下拉列表框中，将线型改为 JIS_02_2.0。绘制虚线，单位 5，完成后的效果如图 3-30 所示。

第三步：单击“常用”选项卡“绘图”面板中的（直线）按钮，或者在命令行中输入“line”（直线）命令，关闭“正交”模式，绘制直线，尺寸如图 3-31 所示。

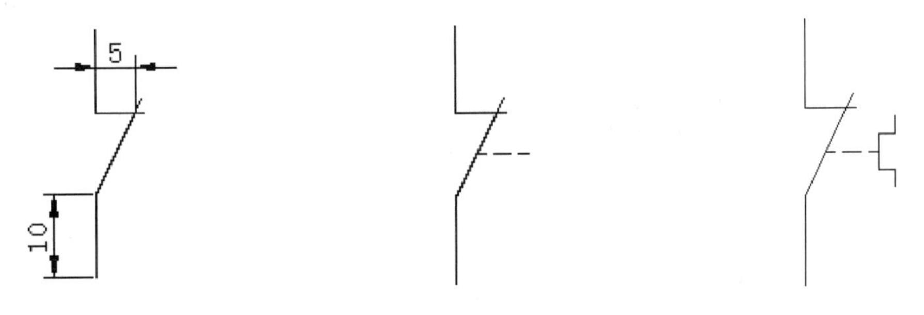

图 3-29 绘制直线　　图 3-30 绘制虚线　　图 3-31 绘制直线

第四步：单击“插入”选项卡“块定义”面板中的（创建块）按钮，或者在命令行中输入“block”命令，在弹出的“块定义”对话框中输入块名称“控制电路热继电器”，指定图中的 A 点为基准点，选择控制电路热继电器为块定义对象，设置“块单位”为“毫米”，将绘制的控制电路热继电器存储为图块，以便调用。

3.1.7 绘制常开、常闭按钮

绘制常开(闭)按钮

第一步：单击“常用”选项卡“绘图”面板中的（直线）按钮，或者在命令行中输入“line”（直线）命令，关闭“正交”模式，绘制常闭按钮直线，尺寸如图 3-32 所示。

第二步：单击“常用”选项卡“绘图”面板中的（直线）按钮，或者在命令行中输入“line”（直线）命令，关闭“正交”模式，绘制常开按钮直线，尺寸参照常闭按钮如图 3-33 所示。

第三步：在“常用”选项卡“特性”面板的 JIS_02_2.0（线型）下拉列表框中，

将线型改为 JIS_02_2.0。绘制虚线，单位 5，绘制常闭、常开按钮虚线，完成后的效果如图 3-34 所示。

图 3-32　绘制常闭按钮直线　　图 3-33　绘制常开按钮直线　　图 3-34　绘制常闭、常开按钮

第四步：单击“插入”选项卡“块定义”面板中的（创建块）按钮，或者在命令行中输入“block”命令，在弹出的“块定义”对话框中输入块名称“常闭按钮”“常开按钮”，选择常闭按钮、常开按钮为块定义对象，设置“块单位”为“毫米”，将绘制的按钮存储为图块，以便调用。

3.1.8　绘制接触器线圈

第一步：单击“常用”选项卡“绘图”面板中的（矩形）按钮，或者在命令行中输入“rectang”（矩形）命令，绘制长为 10、宽为 4 的矩形，如图 3-35 所示。

第二步：单击“常用”选项卡“绘图”面板中的（直线）按钮，或者在命令行中输入“line”（直线）命令，绘制直线，尺寸如图 3-36 所示。

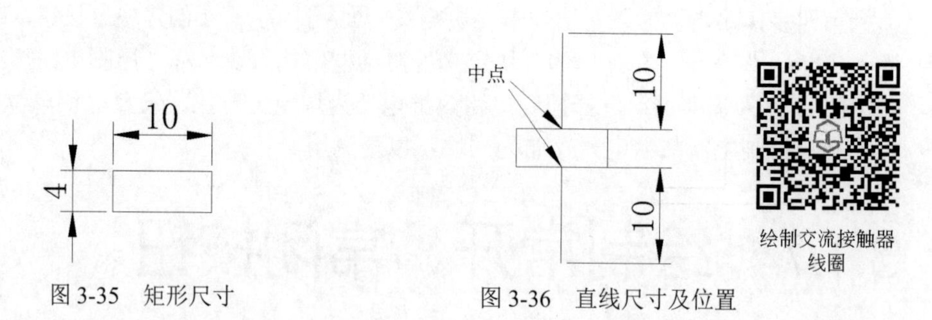

图 3-35　矩形尺寸　　图 3-36　直线尺寸及位置

第三步：单击“常用”选项卡“修改”面板中的（分解）按钮，或者在命令行中输入“explode”（分解）命令，将矩形分解为 4 条边。

第四步：单击“插入”选项卡“块定义”面板中的（创建块）按钮，或者在命令行中输入“block”命令，在弹出的“块定义”对话框中输入块名称“接触器线圈”，指定图中的纵向直线的下端点为基准点，选择继电器线圈为块定义对象，设置“块单位”为“毫米”，将绘制的接触器线圈存储为图块，以便调用。

任务 3.2 绘制参照线

参照线是电气元件的参照位置线，电气元件通过参照线来定位。参照线通常由直线组成，在绘制过程中会使用“直线”“偏移”“复制”等命令，绘制步骤如下。

第一步：单击“常用”选项卡“绘图”面板中的 ／（直线）按钮，或者在命令行中输入“line”（直线）命令，绘制直线，尺寸如图 3-37 所示。

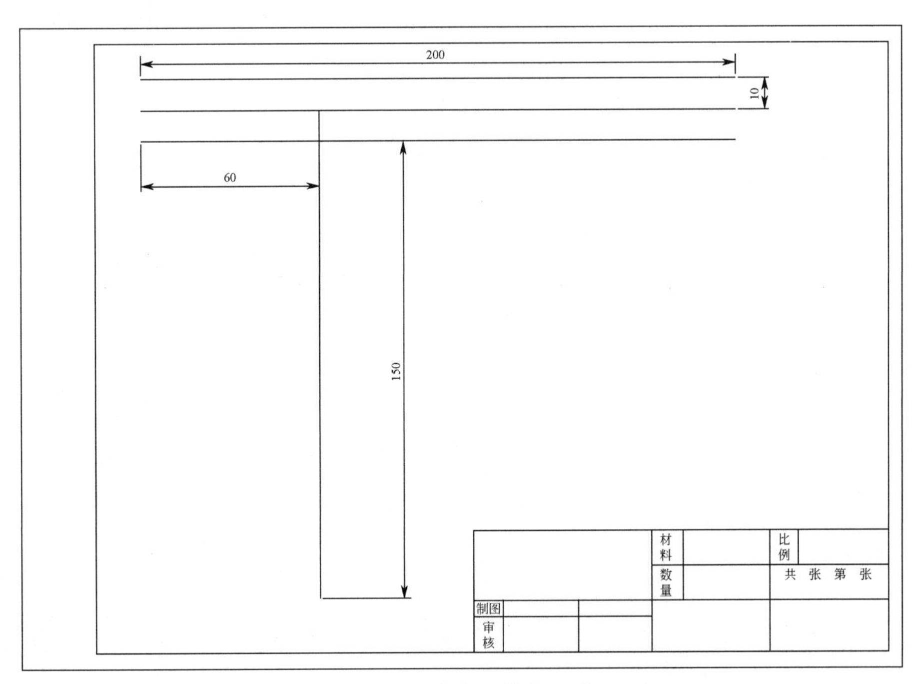

图 3-37　直线、偏移尺寸

第二步：单击“常用”选项卡“修改”面板中的（偏移）按钮，或者在命令行中输入“offset”（偏移）命令，偏移对象、尺寸如图 3-37 所示，完成后的效果如图 3-38 所示。

第三步：单击“常用”选项卡“绘图”面板中的 ／（直线）按钮，或者在命令行中输入“line”（直线）命令，绘制直线，尺寸如图 3-39 所示。

第四步：单击“常用”选项卡“修改”面板中的（偏移）按钮，或者在命令行中输入“offset”（偏移）命令，偏移对象、尺寸如图 3-39 所示，完成后的效果如图 3-40 所示。

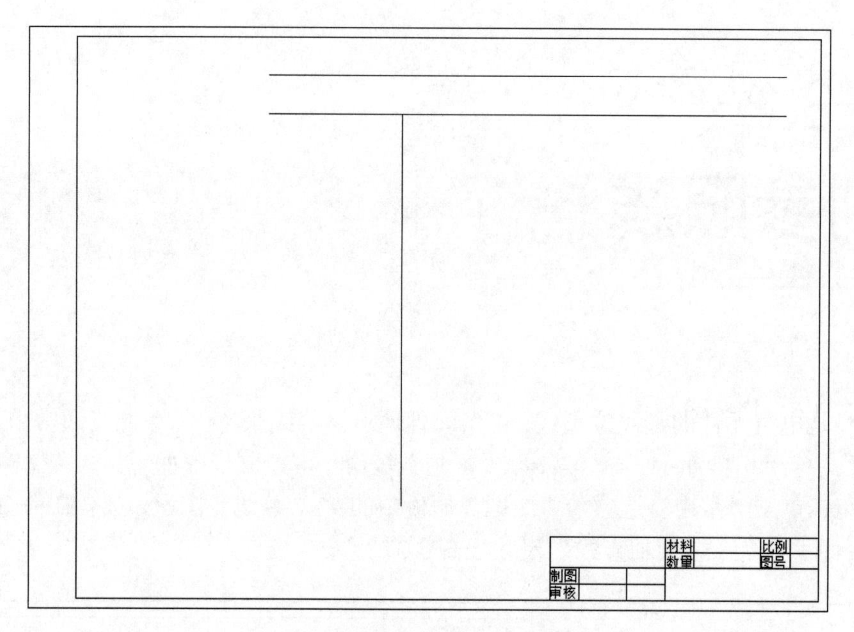

图 3-38　绘制、偏移直线

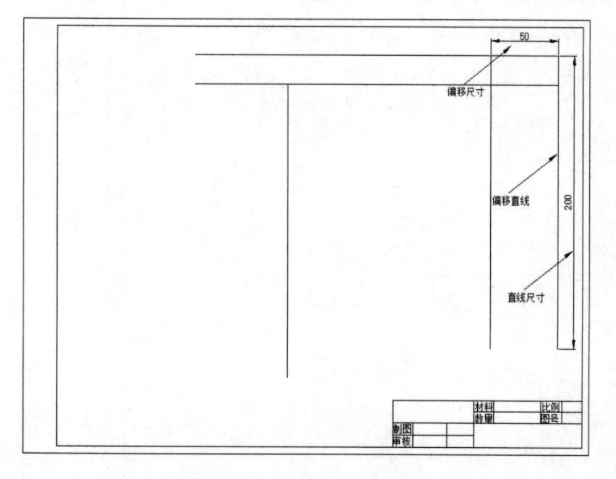

图 3-39　直线、偏移尺寸

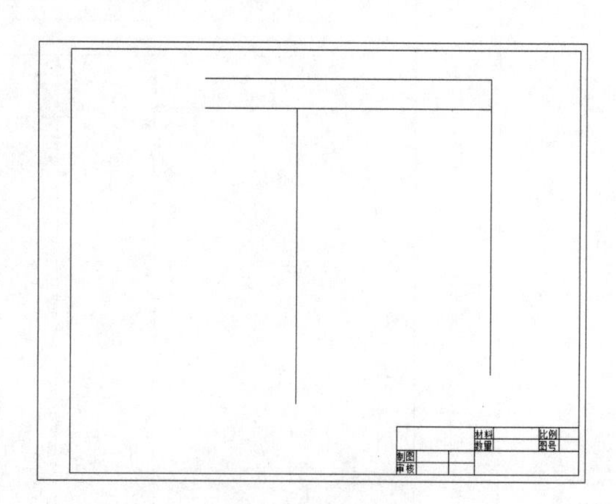

图 3-40　参照线

任务 3.3
插入电气元件

元器件成块

插入电气元件，即将绘制的电气元件按照一定的要求，一一插入到绘制好的参照线中，并在图中进行电气元件的定位。

第一步：单击“插入”选项卡“块”面板中的（插入）按钮，或者执行菜单栏中的“插入”→“块”命令，弹出“插入”对话框，在“名称”下拉列表框中选择“电动机”，单击“确定”按钮，在屏幕上捕捉直线 1 的下端点，将电动机插入，如图 3-41 所示。

第二步：单击“插入”选项卡“块”面板中的（插入）按钮，或者执行菜单栏中的“插入”→“块”命令，在图中插入接触器 1、2，位置如图 3-42 所示。

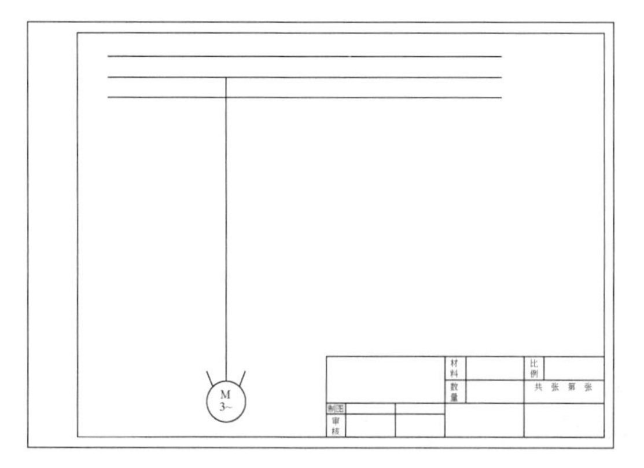
图 3-41　插入电动机

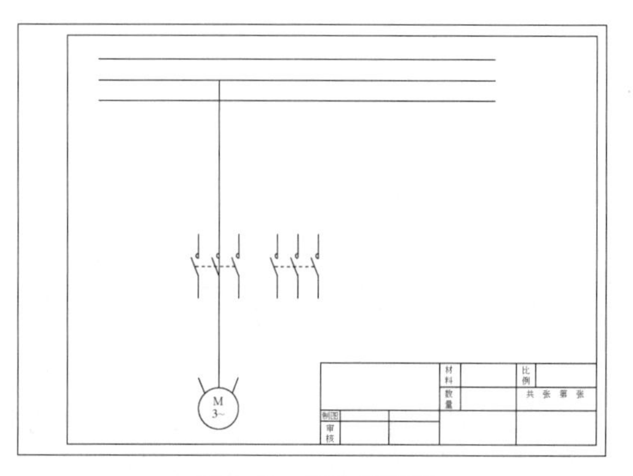
图 3-42　插入接触器

第三步：单击“插入”选项卡“块”面板中的（插入）按钮，或者执行菜单栏中的“插入”→“块”命令，在“插入”对话框中，选中“旋转”选项组中的“在屏幕上指定”复选框，如图 3-43 所示，将熔断器插入图中，位置如图 3-44 所示。

第四步：单击“插入”选项卡“块”面板中的（插入）按钮，或者执行菜单栏中的“插入”→“块”命令，插入熔断器，位置如图 3-45 所示。

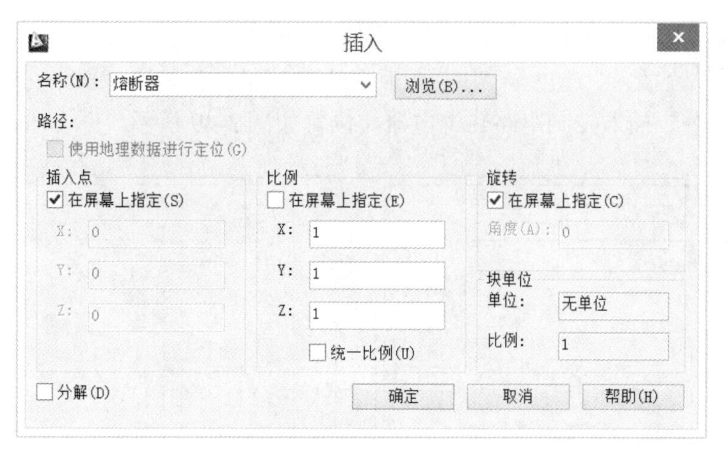

图 3-43　“插入”对话框

第五步：单击“插入”选项卡“块”面板中的（插入）按钮，或者执行菜单栏中的“插入”→“块”命令，插入单一熔断器，位置如图 3-46 所示。

第六步：单击“插入”选项卡“块”面板中的（插入）按钮，或者执行菜单栏中的“插入”→“块”命令，旋转插入组合开关，如图 3-47 所示。

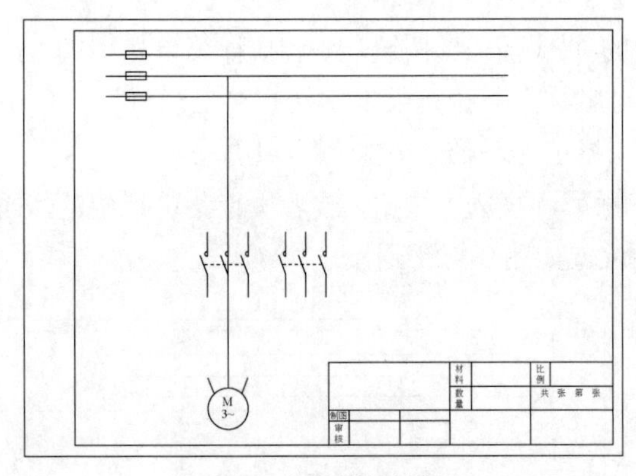

图 3-44 旋转插入熔断器

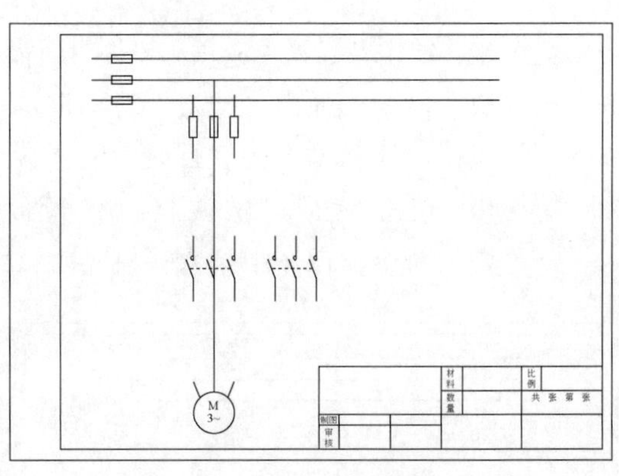

图 3-45 插入熔断器

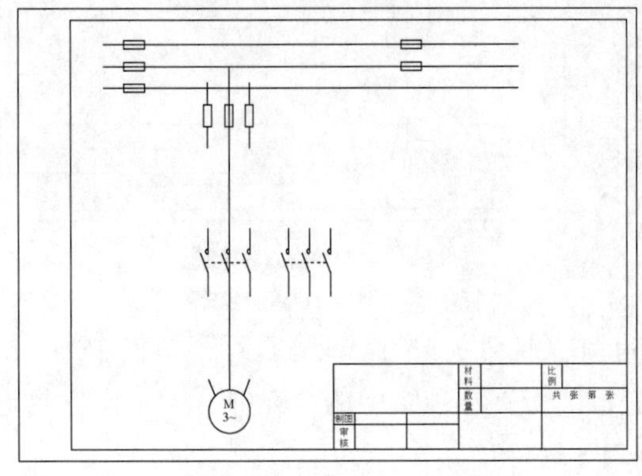

图 3-46 插入单一熔断器

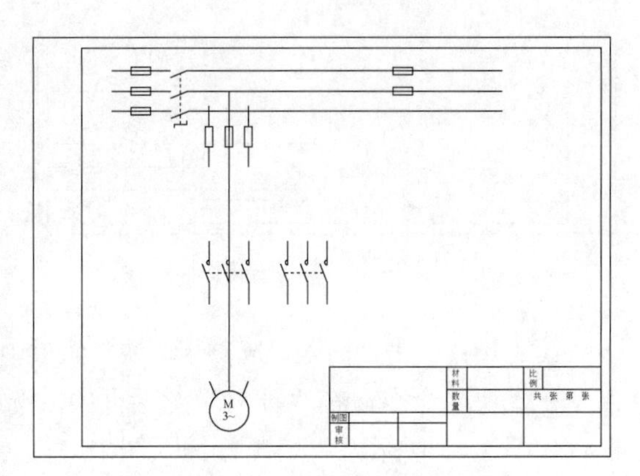

图 3-47 旋转插入组合开关

第七步：单击“插入”选项卡“块”面板中的 （插入）按钮，或者执行菜单栏中的“插入”→“块”命令，插入热继电器，位置如图 3-48 所示。

第八步：单击“插入”选项卡“块”面板中的 （插入）按钮，或者执行菜单栏中的“插入”→“块”命令，插入控制电路热继电器，位置如图 3-49 所示。

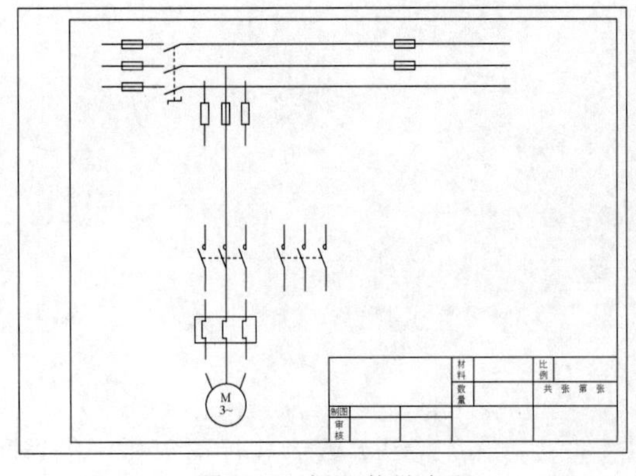

图 3-48 插入热继电器

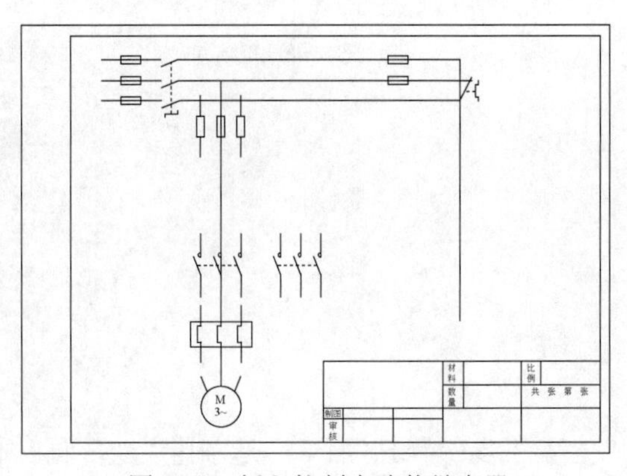

图 3-49 插入控制电路热继电器

第九步：单击“插入”选项卡“块”面板中的 （插入）按钮，或者执行菜单栏中的“插入”→“块”命令，插入常闭按钮，位置如图 3-50 所示，插入常开按钮，位置如图 3-51 所示。

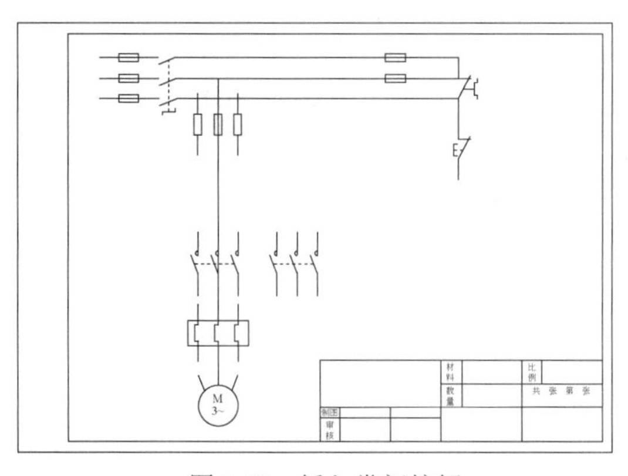

图 3-50　插入常闭按钮

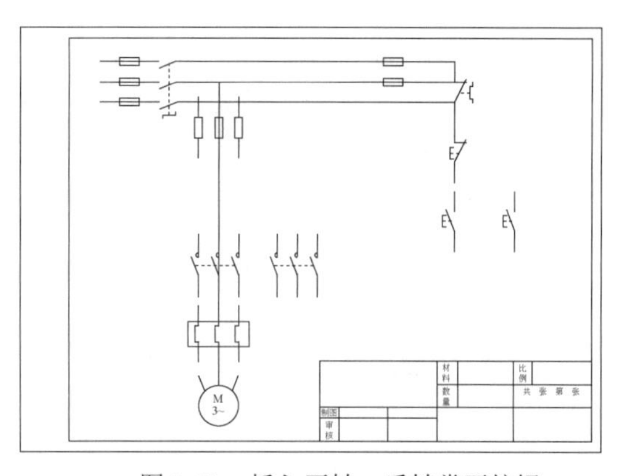

图 3-51　插入正转、反转常开按钮

第十步：单击“插入”选项卡“块”面板中的 (插入）按钮，或者执行菜单栏中的“插入”→“块”命令，插入常闭接触器与接触器线圈，位置如图 3-52 所示。

第十一步：单击“插入”选项卡“块”面板中的 (插入）按钮，或者执行菜单栏中的“插入”→“块”命令，插入常开接触器，位置如图 3-53 所示。

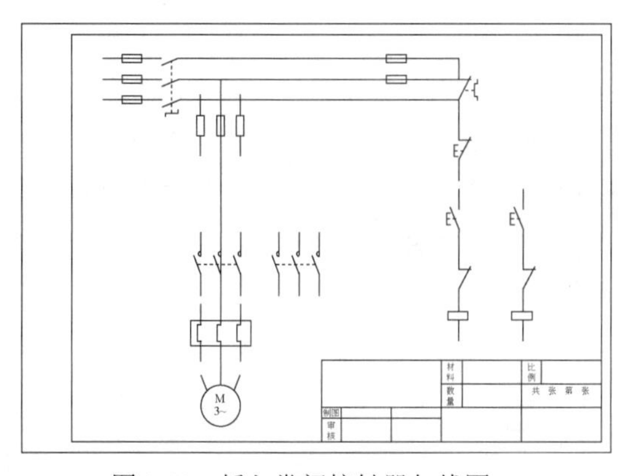

图 3-52　插入常闭接触器与线圈

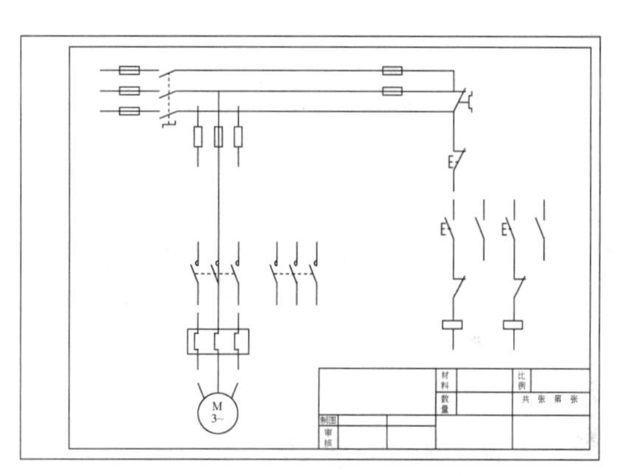

图 3-53　插入常开接触器

任务 3.4
连接导线、添加图形注释

在任务 3.3 中，插入了所有的电气元件，之前绘制的参照线并不是导线，接下来要连接导线，完成电路图的绘制。

第一步：单击“常用”选项卡“修改”面板中的（删除）按钮，或者在命令行中输入“erase”（删除）命令，删除图3-53中参照线。完成后的效果如图3-54所示。

第二步：单击“常用”选项卡“绘图”面板中的（直线）按钮，或者在命令行中输入“line”（直线）命令，在图中绘制主要的连接线，完成后的效果如图3-55所示。

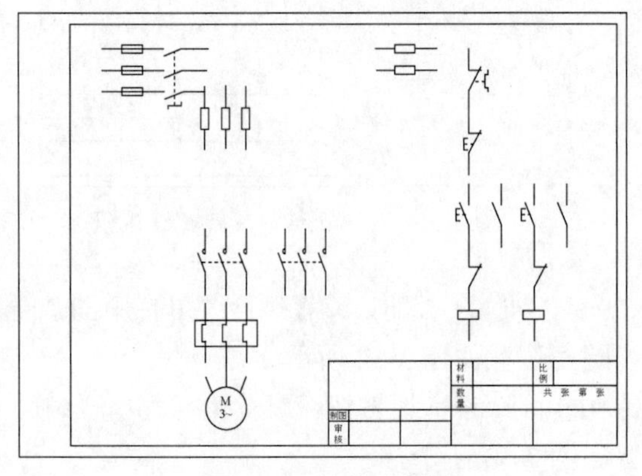

图3-54　元件分布图

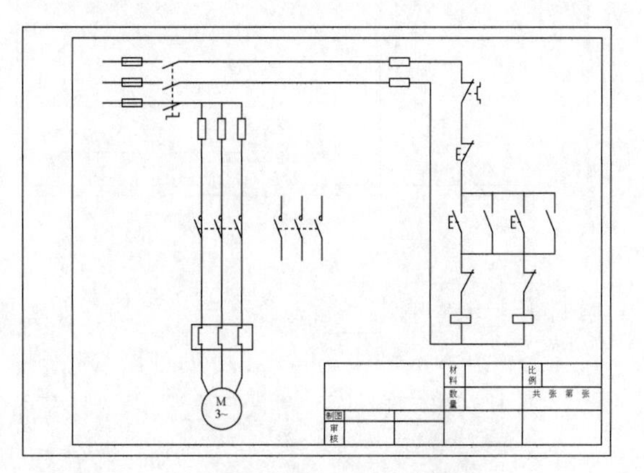

图3-55　绘制主要的连接线

第三步：单击“常用”选项卡“绘图”面板中的（直线）按钮，或者在命令行中输入“line”（直线）命令，在图中绘制反转主电路接线图，完成后的效果如图3-56所示。

第四步：单击“常用”选项卡“绘图”面板中的（圆）按钮，或者在命令行中输入“circle”（圆）命令，选择“两点”模式，在左端导线处绘制直径为4的3个小圆，在右侧交线处绘制直径为4的4个小圆并填充图案，如图3-57所示。

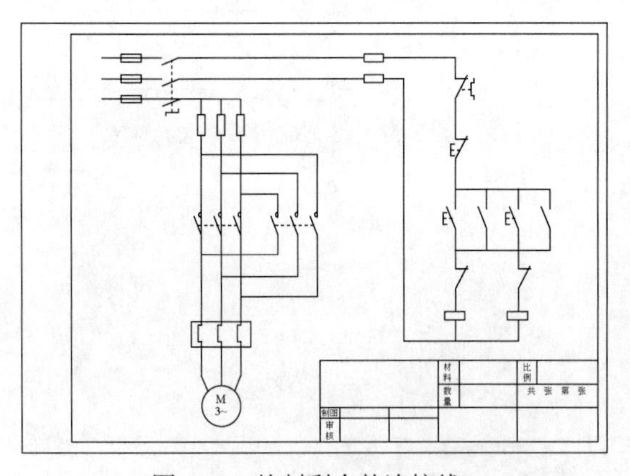

图3-56　绘制剩余的连接线

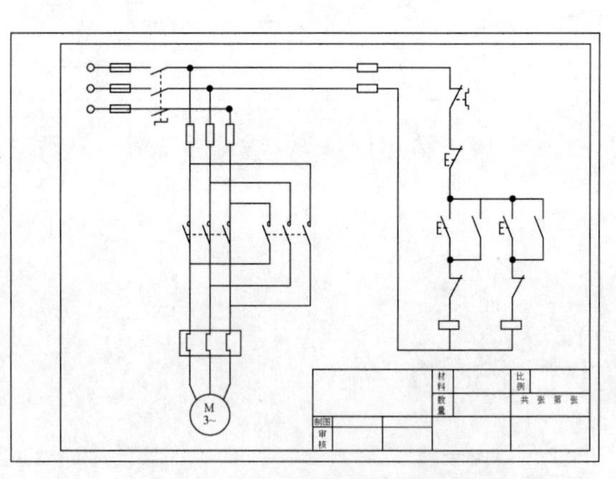

图3-57　绘制触点和交点

第五步：单击“注释”选项卡“文字”面板中的 A （多行文字）按钮，设置字体为“仿宋_GB2312 ”，大小为4，在图中标出元件名称。单击“常用”选项卡“修改”面板中的（移动）按钮，或者在命令行中输入“move”（移动）命令，捕捉多行文字，移动至图中合适的位置，完成后的效果如图3-58所示。

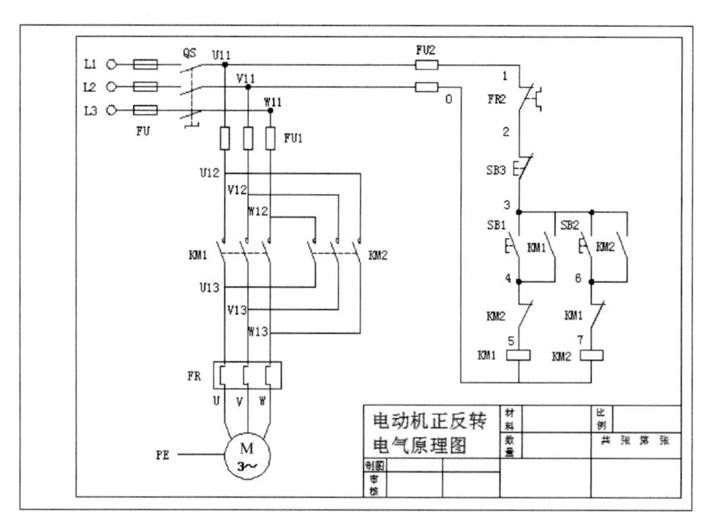

图 3-58　标注文字

单击（另存为）按钮，或者执行菜单栏中的“文件”→“另存为”命令，将图形另存为“电动机正反转电气原理图.dwg”，将绘制完成的图形进行保存。

至此完成了电动机正反转的电气原理图的绘制。

项目 4 电动机降压启动电路设计

电动机的接线方式一般分为星接和角接。角形接线时，三相电机每一相绕组承受线电压（380V），而星形接线时，电机每一绕组承受相电压（220V）。在电机功率相同的情况，角接电机的绕组电流较星接电机电流小。

在电机功率相同的情况，当电机接成星接运行时启动转矩仅是三角形接法的一半，但电流仅仅是三角形启动的三分之一左右。角接启动时电流是额定电流的 4～7 倍，所以为了降低启动电流对电机的影响可以选择先星接启动再角接运行的电路，也可以选择在主电路中定子串电阻降压启动。时间控制可以选择时间继电器和 PLC，本项目将分别介绍。一般 3kW 以下的电动机星型接法的较多，3kW 以上的电动机一般都角型接法。按规定，大于 15kW 的电动机需要星型启动角型运行，以降低启动电流。

任务 4.1 电动机星角降压启动电路设计

4.1.1 绘图步骤与预览图

（1）电动机星角降压启动原理图绘制步骤如下：

① 绘制相关元件、创建块；

② 绘制参照线；

③ 插入电气元件；

④ 连接导线、添加图形注释；

⑤ 保存电动机星角降压启动原理图。

电路图绘图分析

（2）项目效果预览

绘制完成的电动机星角降压启动原理图如图 4-1 所示。

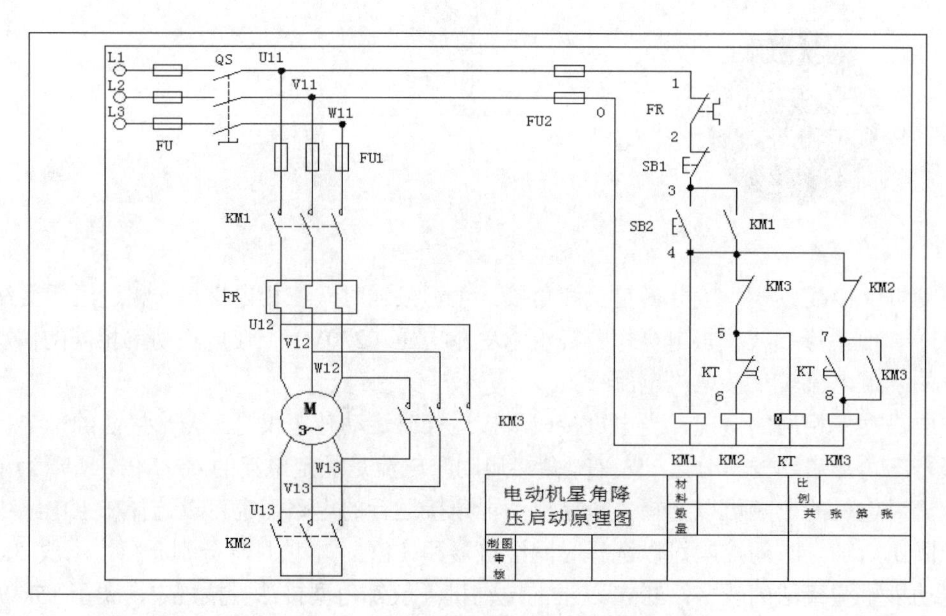

图 4-1　电动机星角降压启动原理图

4.1.2　绘制相关元件、创建块

电动机星角降压启动原理图所用元件与项目 3 电动机正反转电气原理图所用元件基本相同，相同元件读者参照项目 3 绘制相关元件、创建块。下面介绍电动机星角降压启动原理图特有的元件，绘制元件并创建块。

（1）延时断开常闭触点

第一步：单击“常用”选项卡“绘图”面板中的 （直线）按钮，或者在命令行中输入“line”（直线）命令，关闭“正交”模式，绘制直线，尺寸如图 4-2 所示。

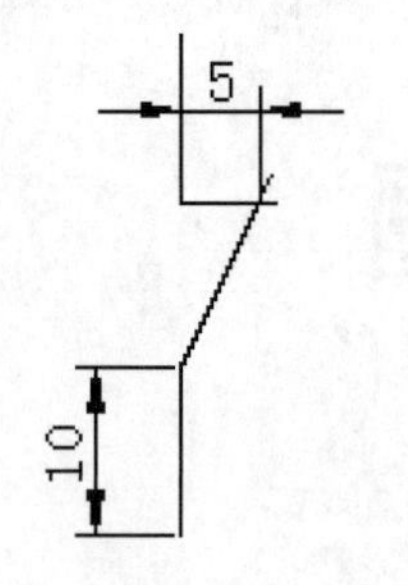

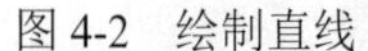
图 4-2　绘制直线

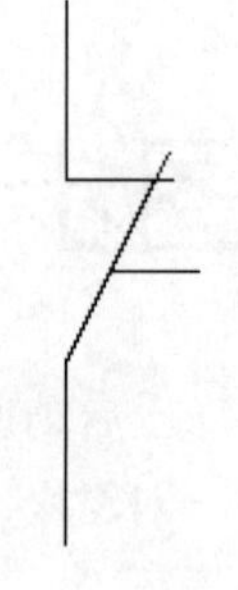

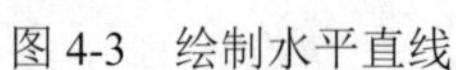
图 4-3　绘制水平直线

绘制元件并创建块

第二步：单击“常用”选项卡“绘图”面板中的 （直线）按钮，或者在命令行中输入“line”（直线）命令，打开“正交”模式，绘制直线，取斜线中点为起点，水平绘制单位为 5 的直线，如图 4-3 所示。

第三步：单击“常用”选项卡“修改”面板中的 （偏移）按钮，或者在命令行中输入“offset”（偏移）命令，偏移直线，上下偏移距离为 1，效果如图 4-4 所示。

第四步：单击“常用”选项卡“修改”面板中的（修剪）按钮，或者在命令行中输入“trim”（修剪）命令，修剪对象。单击“常用”选项卡“修改”面板中的（延伸）按钮，或者在命令行中输入“extend”（延伸）命令，延伸对象、延伸边界。删除中间直线，完成后的效果如图 4-5 所示。

图 4-4　绘制偏移直线　　图 4-5　修剪对象、延伸对象、延伸边界

第五步：单击“常用”选项卡“绘图”面板中的（直线）按钮，或者在命令行中输入“line”（直线）命令，打开“正交”模式，绘制直线，取斜线中点为起点，水平绘制单位为 8 的直线，如图 4-6 所示。

图 4-6　绘制直线　　图 4-7　绘制圆

第六步：单击“常用”选项卡“绘图”面板中的（圆）按钮，或者在命令行中输入“circle”（圆）命令，选用“半径”模式，绘制半径为 4 的圆，圆心为直线右端点，完成后的效果如图 4-7 所示。

第七步：单击“常用”选项卡“绘图”面板中的（直线）按钮，或者在命令行中输入“line”（直线）命令，打开“正交”模式，绘制穿过圆心的垂直直线，直线长度任意，完成如图 4-8 所示。

图 4-8　绘制通过圆心直线　　图 4-9　绘制偏移直线

第八步：单击“常用”选项卡“修改”面板中的 （偏移）按钮，或者在命令行中输入“offset”（偏移）命令，偏移穿过圆心直线，左偏移距离为 3，效果如图 4-9 所示。

第九步：单击“常用”选项卡“修改”面板中的 （修剪）按钮，或者在命令行中输入“trim”（修剪）命令，修剪多余对象，完成后效果如图 4-10 所示。

第十步：删除多余直线，完成效果如图 4-11 所示。

图 4-10　裁剪线段　　　　图 4-11　删除直线

第十一步：单击“插入”选项卡“块定义”面板中的 （创建块）按钮，或者在命令行中输入“block”命令，在弹出的“块定义”对话框中输入块名称“延时断开常闭触点”，指定图中的下端点为基准点，选择按钮开关为块定义对象，设置“块单位”为“毫米”，将绘制的延时断开常闭触点为图块，以便调用。

（2）延时闭合常开触点

第一步：根据上面做的延时断开常闭触点，单击“常用”选项卡“绘图”面板中的 （直线）按钮，或者在命令行中输入“line”（直线）命令，打开“正交”模式，绘制辅助直线，如图 4-12 所示。

第二步：单击“常用”选项卡“修改”面板中的 （镜像）按钮，或者在命令行中输入“mirror”（镜像）命令，以垂直辅助直线为对称轴，镜像后删除原对象，效果如图 4-13 所示。

图 4-12　绘制辅助直线　　　　图 4-13　镜像对象

第三步：删除多余直线，完成效果如图 4-14 所示。

第四步：单击“常用”选项卡“绘图”面板中的 （直线）按钮，或者在命令行中输入“line”（直线）命令，打开“正交”模式，在圆弧右端点绘制辅助直线，如图 4-15 所示。

图 4-14　删除直线　　　　图 4-15　绘制辅助直线

第五步：单击“常用”选项卡“修改”面板中的（镜像）按钮，或者在命令行中输入“mirror”（镜像）命令，以垂直辅助直线为对称轴，镜像圆弧后删除原对象，效果如图 4-16 所示。

第六步：单击“常用”选项卡“修改”面板中的（修剪）按钮，或者在命令行中输入“trim”（修剪）命令，修剪多余对象，完成后效果如图 4-17 所示。

图 4-16　绘制辅助直线　　　　图 4-17　裁剪多余直线

第七步：单击“插入”选项卡“块定义”面板中的（创建块）按钮，或者在命令行中输入“block”命令，在弹出的“块定义”对话框中输入块名称“延时闭合常开触点”，指定图中的下端点为基准点，选择按钮开关为块定义对象，设置“块单位”为“毫米”，将绘制的延时闭合常开触点为图块，以便调用。

（3）通电延时继电器线圈

第一步：单击“常用”选项卡“绘图”面板中的（矩形）按钮，或者在命令行中输入“rectang”（矩形）命令，绘制长为 10、宽为 4 的矩形，如图 4-18 所示。

第二步：单击“常用”选项卡“绘图”面板中的（直线）按钮，或者在命令行中输入“line”（直线）命令，绘制直线，尺寸如图 4-19 所示。

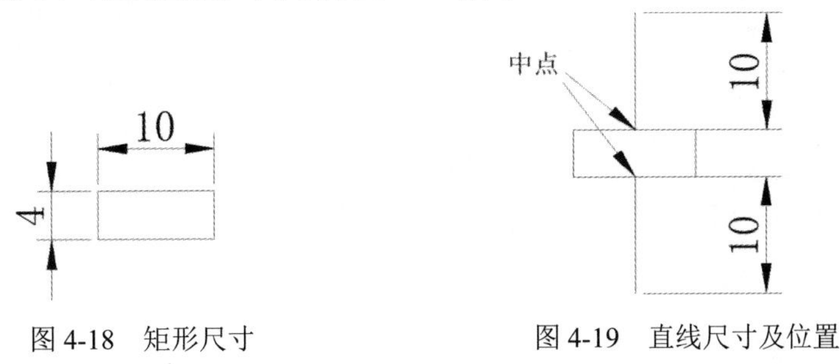

图 4-18　矩形尺寸　　　　图 4-19　直线尺寸及位置

第三步：单击“常用”选项卡“修改”面板中的（分解）按钮，或者在命令行中输入

“explode”（分解）命令，将矩形分解为 4 条边。

第四步：单击“常用”选项卡“修改”面板中的（偏移）按钮，或者在命令行中输入“offset”（偏移）命令，偏移对象、偏移尺寸及完成后的效果如图 4-20 所示。

第五步：单击“常用”选项卡“绘图”面板中的（直线）按钮，或者在命令行中输入“line”（直线）命令，绘制直线，完成后的效果如图 4-21 所示。

图 4-20　偏移对象、偏移尺寸　　　　图 4-21　绘制直线

第六步：单击“插入”选项卡“块定义”面板中的（创建块）按钮，或者在命令行中输入“block”命令，在弹出的“块定义”对话框中输入块名称“通电延时继电器线圈”，指定图中的纵向直线的下端点为基准点，选择继电器线圈为块定义对象，设置“块单位”为“毫米”，将绘制的通电延时继电器线圈存储为图块，以便调用。

4.1.3　绘制参照线

参照线是电气元件的参照位置线，电气元件通过参照线来定位。参照线通常由直线组成，在绘制过程中会使用“直线”“偏移”“复制”等命令，绘制步骤如下。

第一步：单击“常用”选项卡“绘图”面板中的（直线）按钮，或者在命令行中输入“line”（直线）命令，绘制直线，尺寸如图 4-22 所示。

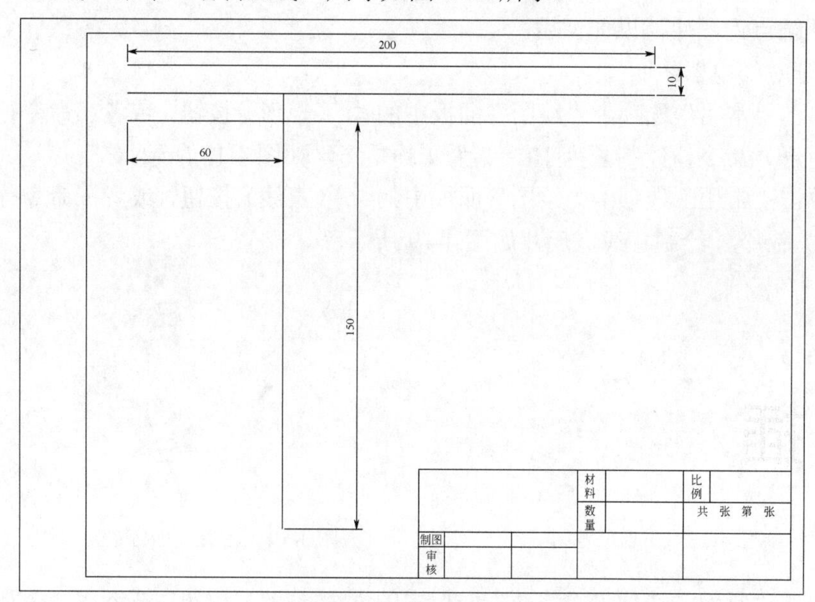

图 4-22　直线、偏移尺寸

绘制参照线

第二步：单击“常用”选项卡“修改”面板中的（偏移）按钮，或者在命令行中输入“offset”（偏移）命令，偏移对象，完成后的效果如图 4-23 所示。

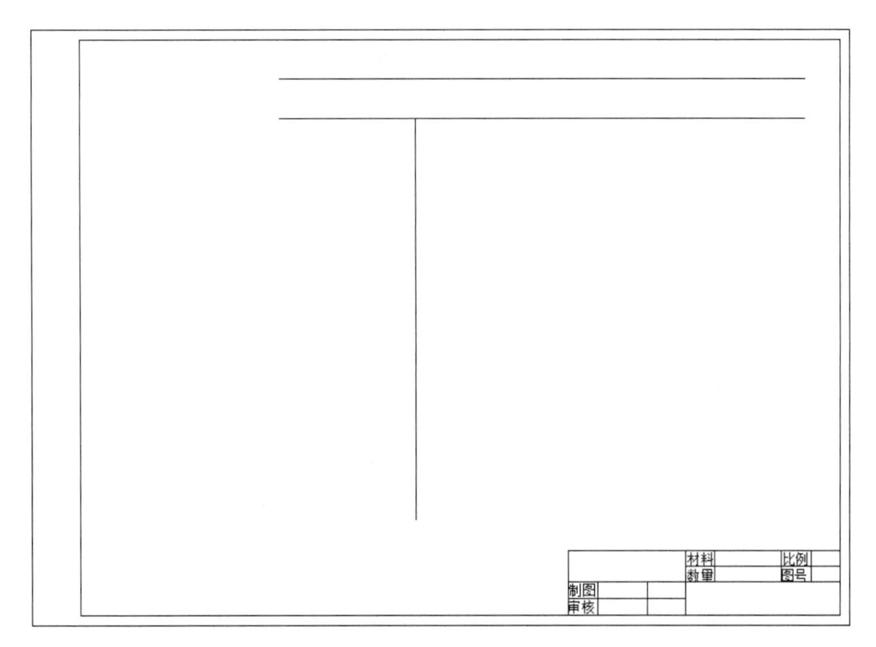

图 4-23　绘制、偏移直线

第三步：单击“常用”选项卡“修改”面板中的（偏移）按钮，或者在命令行中输入“offset”（偏移）命令，偏移对象、尺寸如图 4-24 所示，完成后的效果如图 4-25 所示。

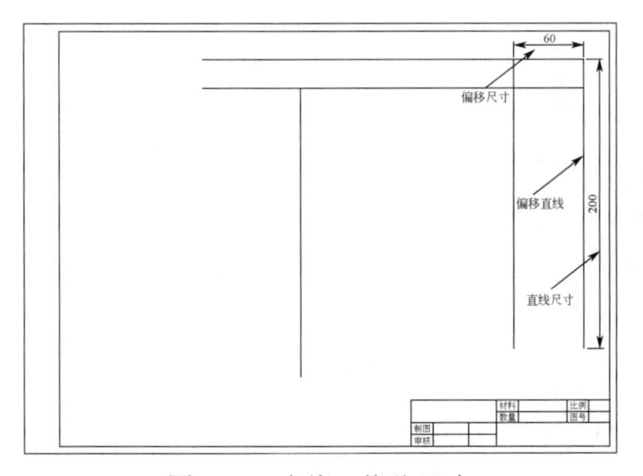

图 4-24　直线、偏移尺寸

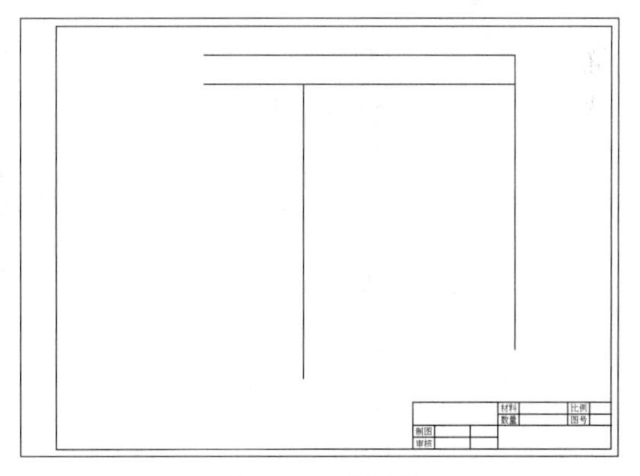

图 4-25　参照线

4.1.4　插入电气元件

插入主电路元件

插入电气元件，即将绘制的电气元件按照一定的要求，一一插入到绘制好的参照线中，并在图中进行电气元件的定位。

第一步：单击“插入”选项卡“块”面板中的（插入）按钮，或者执行菜单栏中的“插入”→“块”命令，弹出“插入”对话框，在“名称”下拉列表框中选择“电动机”，单击“确定”按钮，在屏幕上捕捉直线1的下端点，将电动机插入，如图4-26所示。

第二步：单击“插入”选项卡“块”面板中的（插入）按钮，或者执行菜单栏中的“插入”→“块”命令，在图中插入接触器1、2，位置如图4-27所示。

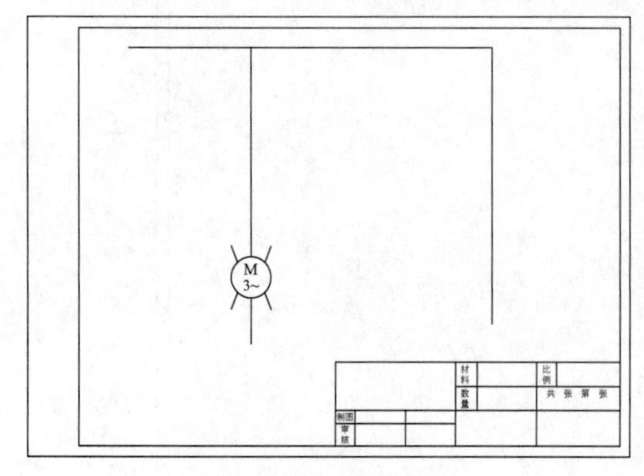

图4-26　插入电动机

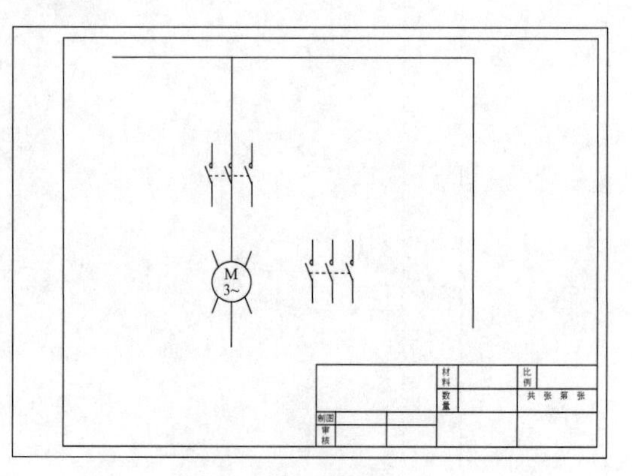

图4-27　插入接触器

第三步：单击“插入”选项卡“块”面板中的（插入）按钮，或者执行菜单栏中的“插入”→“块”命令，在“插入”对话框中，选中“旋转”选项组中的“在屏幕上指定”复选框，如图4-28所示，将熔断器插入图中，位置如图4-29所示。

第四步：单击“插入”选项卡“块”面板中的（插入）按钮，或者执行菜单栏中的“插入”→“块”命令，插入熔断器，位置如图4-30所示。

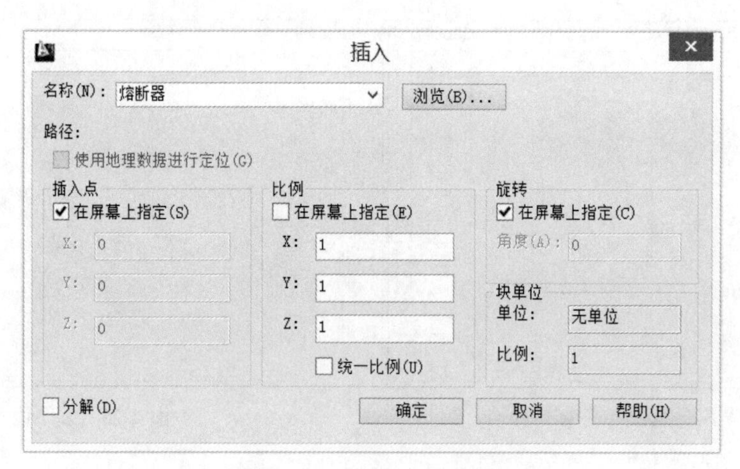

图4-28　“插入”对话框

第五步：单击“插入”选项卡“块”面板中的（插入）按钮，或者执行菜单栏中的“插入”→“块”命令，插入单一熔断器，位置如图4-31所示。

第六步：单击“插入”选项卡“块”面板中的（插入）按钮，或者执行菜单栏中的“插入”→“块”命令，旋转插入组合开关，如图4-32所示。

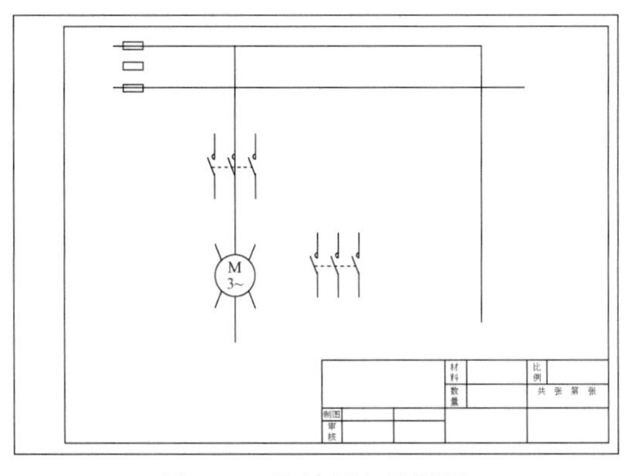

图 4-29　旋转插入熔断器

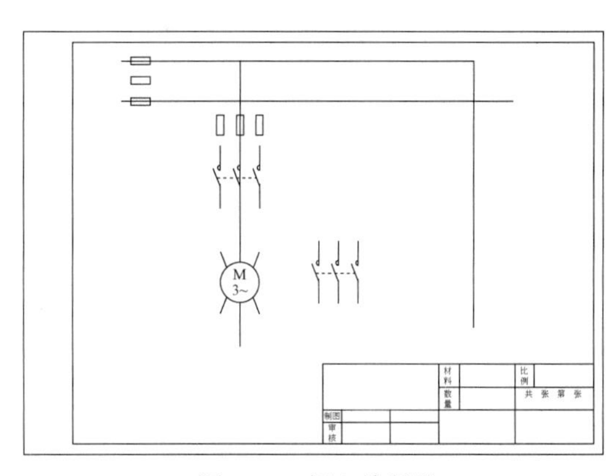

图 4-30　插入熔断器

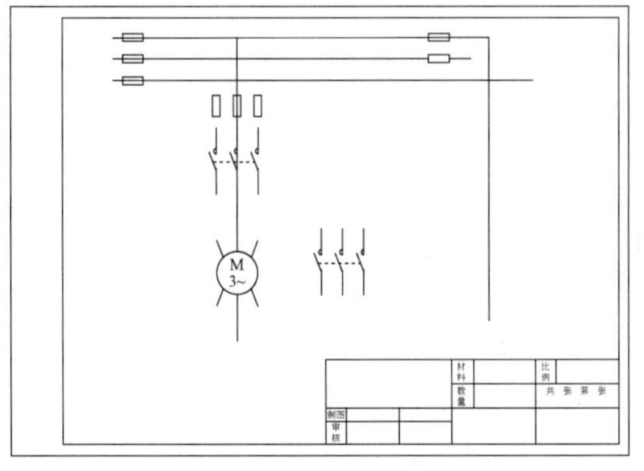

图 4-31　插入单一熔断器

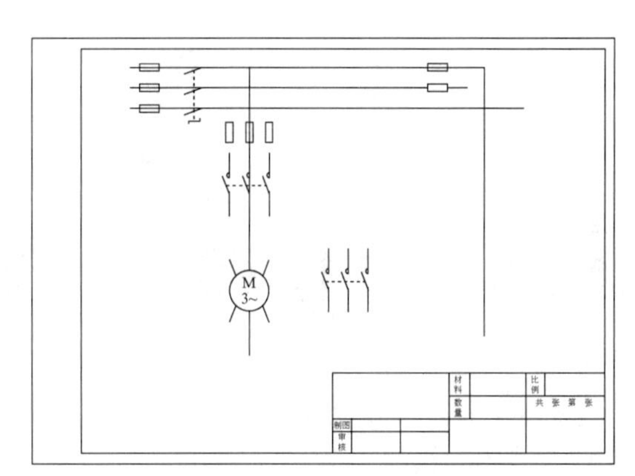

图 4-32　旋转插入组合开关

第七步：单击“插入”选项卡“块”面板中的（插入）按钮，或者执行菜单栏中的“插入”→“块”命令，插入热继电器，位置如图 4-33 所示。

第八步：单击“插入”选项卡“块”面板中的（插入）按钮，或者执行菜单栏中的“插入”→“块”命令，插入接触器，位置如图 4-34 所示。

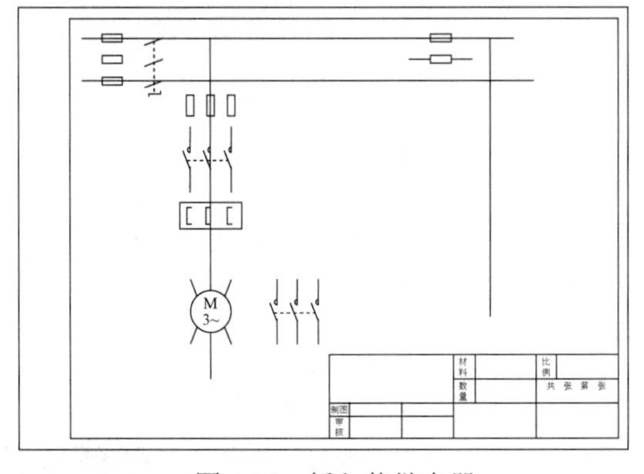

图 4-33　插入热继电器

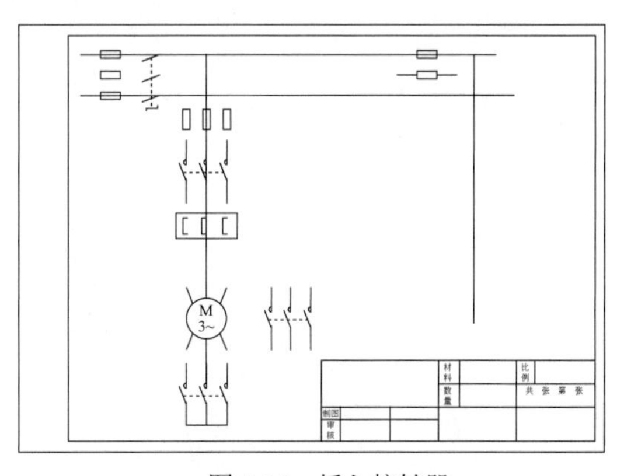

图 4-34　插入接触器

第九步：单击“插入”选项卡“块”面板中的（插入）按钮，或者执行菜单栏中的“插入”→“块”命令，插入控制电路元件，位置如图 4-35 所示。

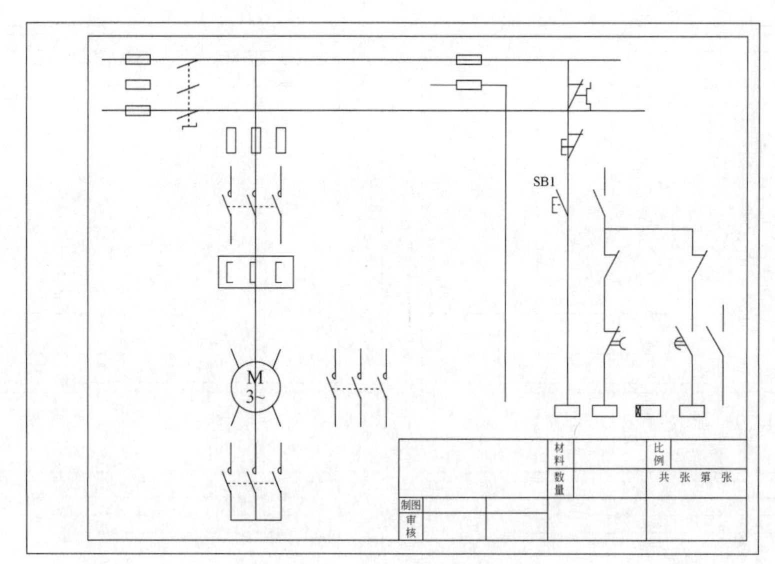

插入控制电路元件

图 4-35 插入控制电路元件

4.1.5 连接导线、添加图形注释

在 4.1.4 中，插入了所有的电气元件，之前绘制的参照线并不是导线，接下来要连接导线，完成电路图的绘制。

第一步：单击“常用”选项卡“修改”面板中的（删除）按钮，或者在命令行中输入“erase”（删除）命令，删除参照线，元件分布图如图 4-36 所示。

第二步：单击“常用”选项卡“绘图”面板中的（直线）按钮，或者在命令行中输入“line”（直线）命令，在图中绘制连接线，完成后的效果如图 4-37 所示。

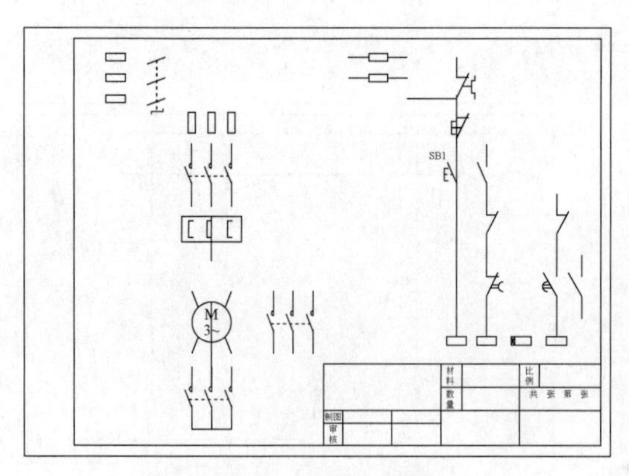

图 4-36 元件分布图

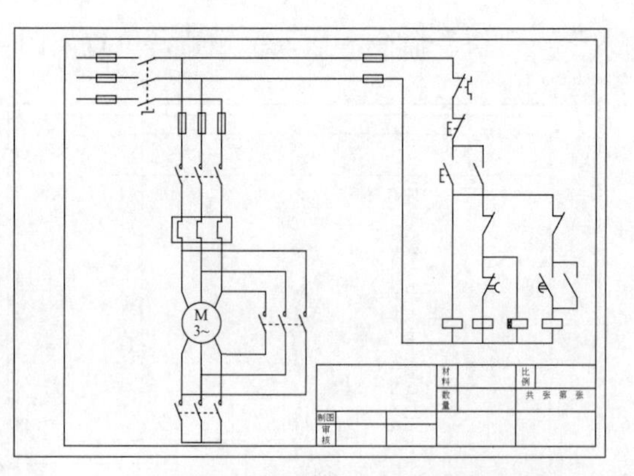

图 4-37 绘制主连接线

第三步：单击“常用”选项卡“绘图”面板中的（圆）按钮，或者在命令行中输入“circle”（圆）命令，选择“两点”模式，在左端导线处绘制直径为 4 的小圆，在交线处绘制直径为 4 的小圆并填充图案，如图 4-38 所示。

连线与标注

第四步：单击“注释”选项卡“文字”面板中的 A （多行文字）按钮，设置字体为“仿宋_GB2312 ”，大小为 4，在图中标出元件名称。单击“常用”选项卡“修改”面板中的 ✥ （移动）按钮，或者在命令行中输入“move”（移动）命令，捕捉多行文字，移动至图中合适的位置，完成后的效果如图 4-39 所示。

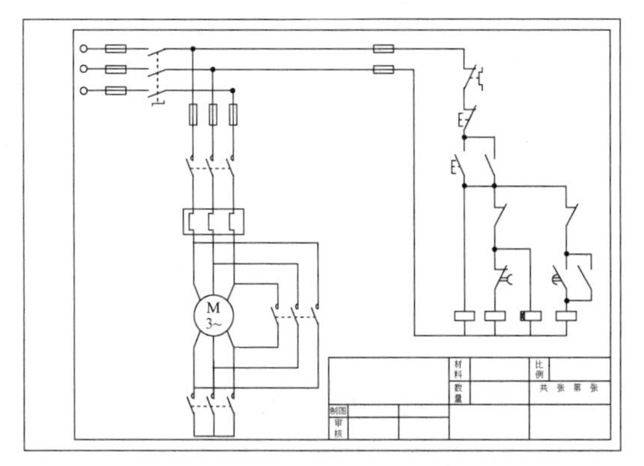

图 4-38　绘制触点和交点

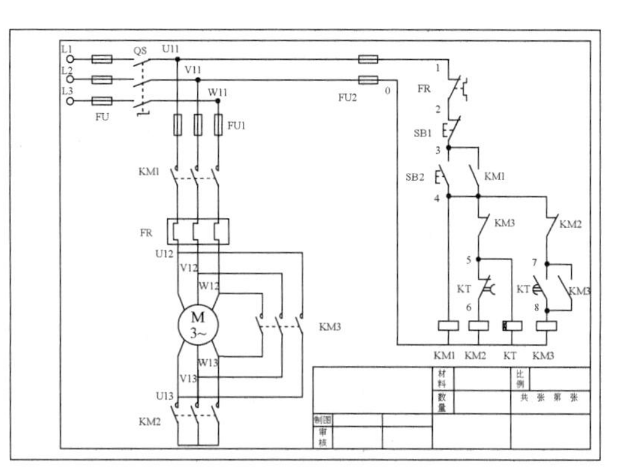

图 4-39　标注文字

单击 💾 （另存为）按钮，或者执行菜单栏中的“文件” →“另存为”命令，将图形另存为“星角降压启动原理图.dwg”，将绘制完成的图形进行保存。

至此完成了星角降压启动原理图的绘制。

任务 4.2 定子串电阻降压启动电路设计

4.2.1　绘图步骤与预览图

（1）绘制定子串电阻降压启动电路原理图绘制步骤

① 绘制相关元件、创建块；

② 绘制参照线；

③ 插入电气元件；

④ 连接导线、添加图形注释；

⑤ 保存定子串电阻降压启动电路原理图。

（2）项目效果预览

绘制完成的定子串电阻降压启动电路原理图如图 4-40 所示。

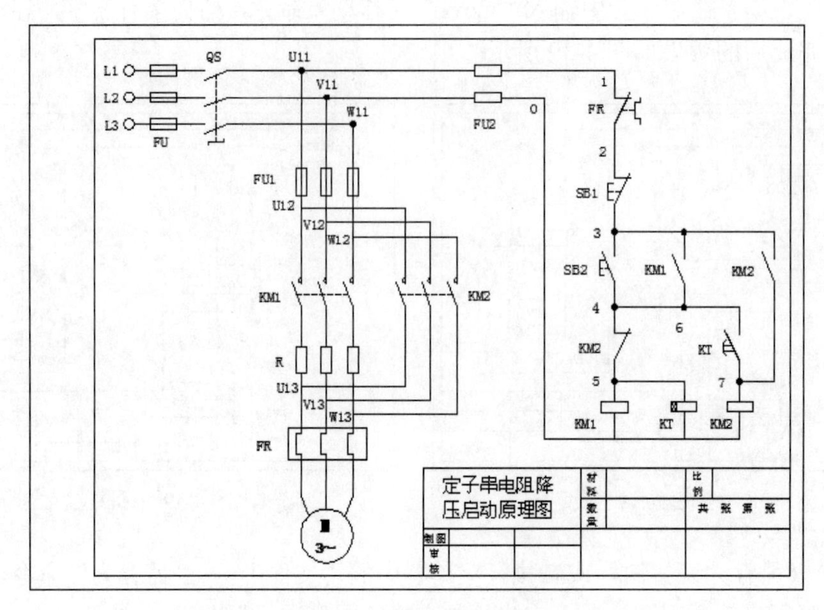

图 4-40 定子串电阻降压启动电路原理图

（3）绘制相关元件、创建块

电动机星角降压启动原理图所用元件与任务 4.1 电动机星角降压启动原理图所用元件基本相同，读者参照项目 4 任务 4.1 绘制相关元件、创建块。

（4）绘制参照线

参照线是电气元件的参照位置线，电气元件通过参照线来定位。参照线通常由直线组成，在绘制过程中会使用“直线”“偏移”“复制”等命令，绘制步骤如下。参考线的绘制与电动机星角降压启动原理图基本一致，读者自行参考。

4.2.2 插入电气元件

插入电气元件，即将绘制的电气元件按照一定的要求，一一插入到绘制好的参照线中，并在图中进行电气元件的定位。

第一步：单击“插入”选项卡“块”面板中的（插入）按钮，或者执行菜单栏中的“插入”→“块”命令，弹出“插入”对话框，在“名称”下拉列表框中选择“电动机”，单击“确定”按钮，在屏幕上捕捉直线 1 的下端点，将电动机插入，如图 4-41 所示。

第二步：单击“插入”选项卡“块”面板中的（插入）按钮，或者执行菜单栏中的“插入”→“块”命令，在图中插入接触器 1、2，位置如图 4-42 所示。

第三步：单击“插入”选项卡“块”面板中的（插入）按钮，或者执行菜单栏中的“插入”→“块”命令，在“插入”对话框中，选中“旋转”选项组中的“在屏幕上指定”复选

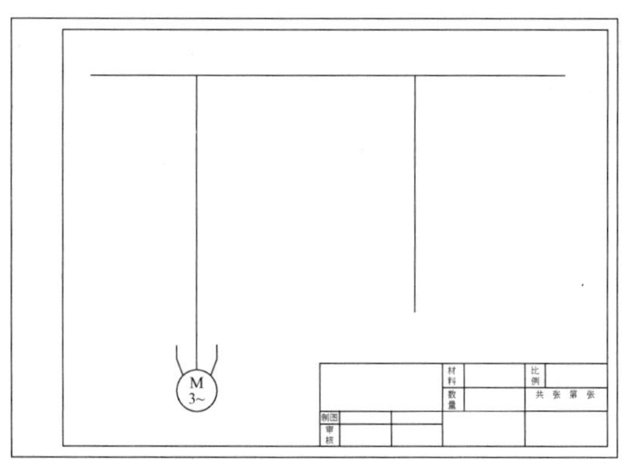

图 4-41　插入电动机

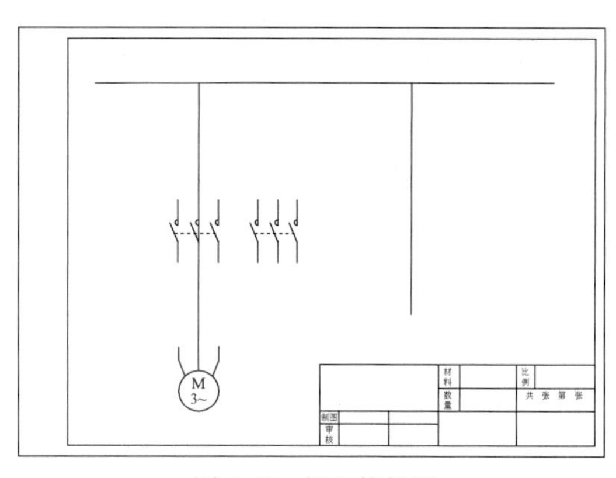

图 4-42　插入接触器

框，如图 4-43 所示，将熔断器插入图中，位置如图 4-44 所示。

第四步：单击“插入”选项卡“块”面板中的 （插入）按钮，或者执行菜单栏中的“插入”→“块”命令，插入熔断器，位置如图 4-45 所示。

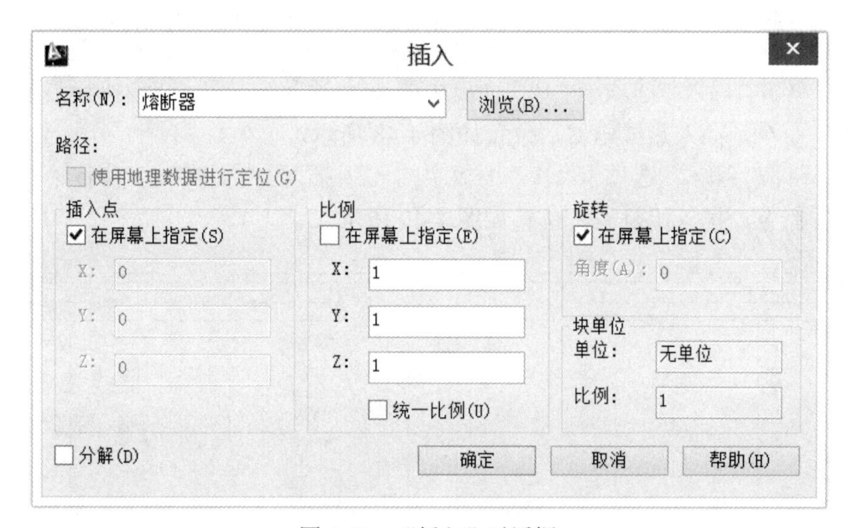

图 4-43　“插入”对话框

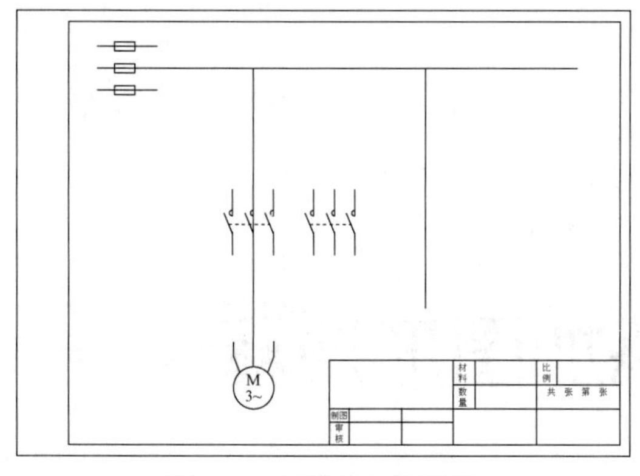

图 4-44　旋转插入熔断器

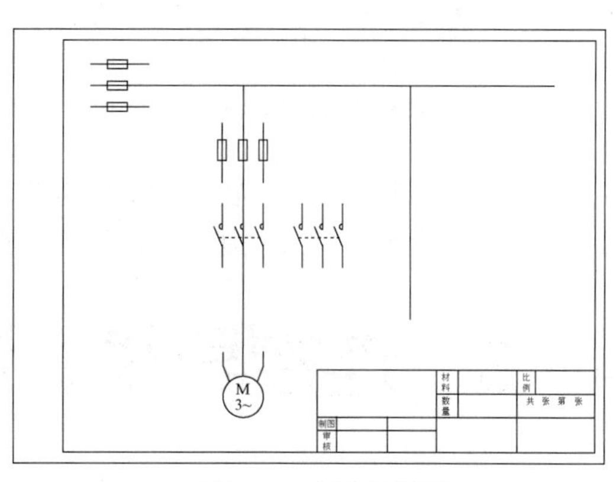

图 4-45　插入熔断器

第五步：单击“插入”选项卡“块”面板中的 （插入）按钮，或者执行菜单栏中的“插入”→“块”命令，插入单一熔断器，位置如图 4-46 所示。

第六步：单击“插入”选项卡“块”面板中的 （插入）按钮，或者执行菜单栏中的“插入”→“块”命令，旋转插入组合开关，如图 4-47 所示。

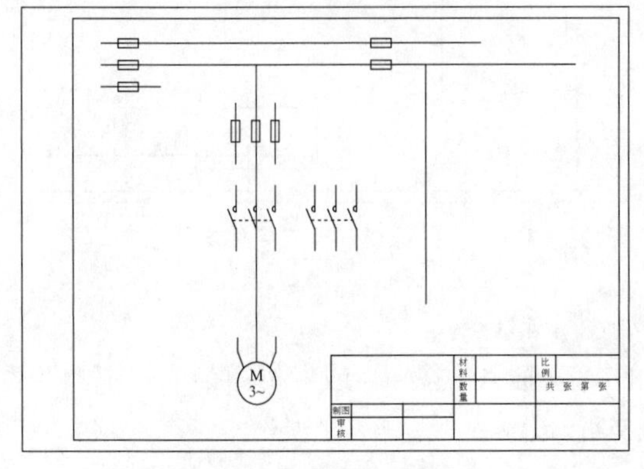

图 4-46　插入单一熔断器

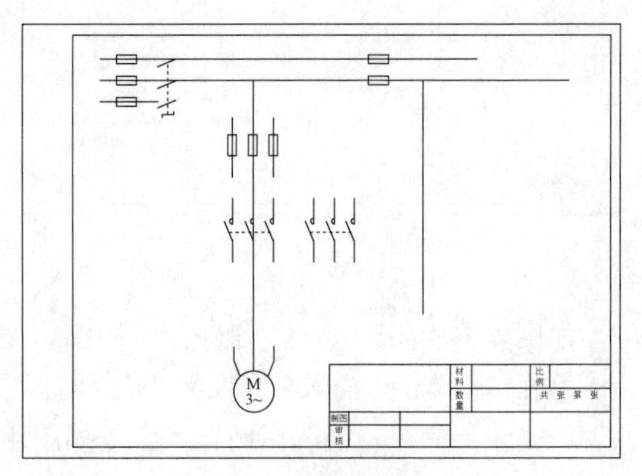

图 4-47　旋转插入组合开关

第七步：单击“插入”选项卡“块”面板中的 （插入）按钮，或者执行菜单栏中的“插入”→“块”命令，插入热继电器，位置如图 4-48 所示。

第八步：单击“插入”选项卡“块”面板中的 （插入）按钮，或者执行菜单栏中的“插入”→“块”命令，插入接触器，位置如图 4-49 所示。

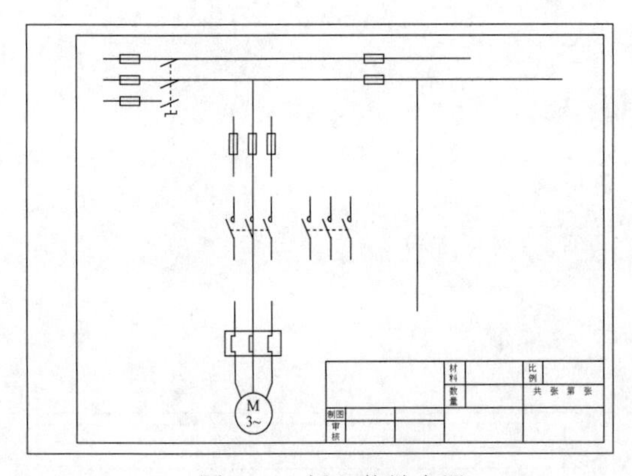

图 4-48　插入热继电器

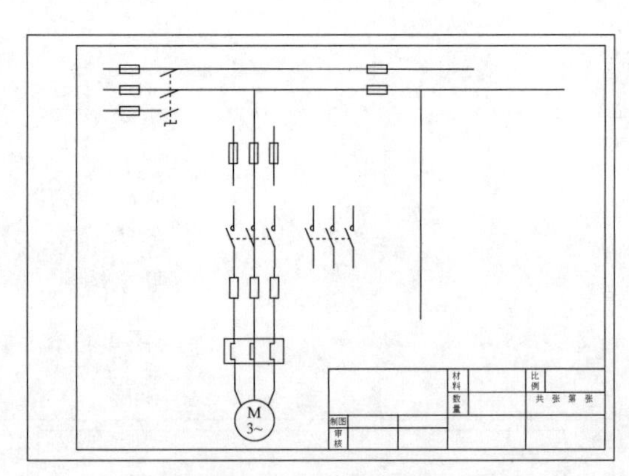

图 4-49　插入接触器

第九步：单击“插入”选项卡“块”面板中的 （插入）按钮，或者执行菜单栏中的“插入”→“块”命令，插入控制电路元件，位置如图 4-50 所示。

4.2.3　连接导线、添加图形注释

在 4.2.2 中，插入了所有的电气元件，之前绘制的参照线并不是导线，接下来要连接导线，完成电路图的绘制。

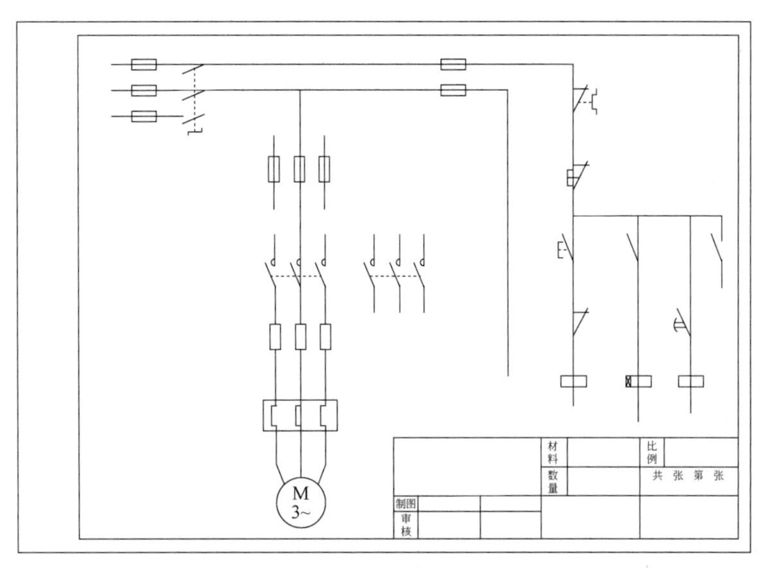

图 4-50　插入控制电路元器件

第一步：单击“常用”选项卡“修改”面板中的（删除）按钮，或者在命令行中输入“erase”（删除）命令，删除参照线，元件分布图如图 4-51 所示。

第二步：单击“常用”选项卡“绘图”面板中的（直线）按钮，或者在命令行中输入“line”（直线）命令，在图中绘制连接线，完成后的效果如图 4-52 所示。

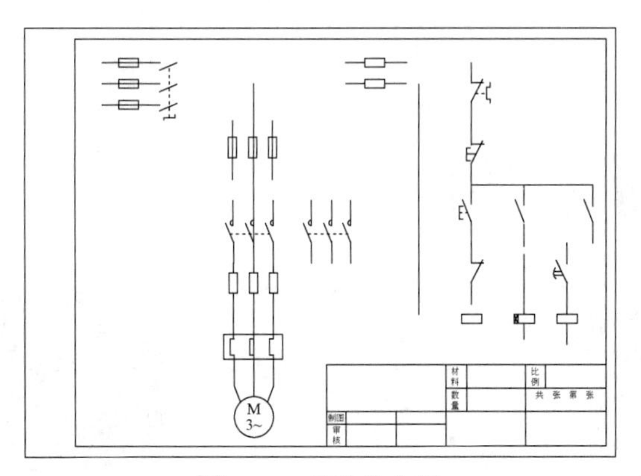

图 4-51　元件分布图

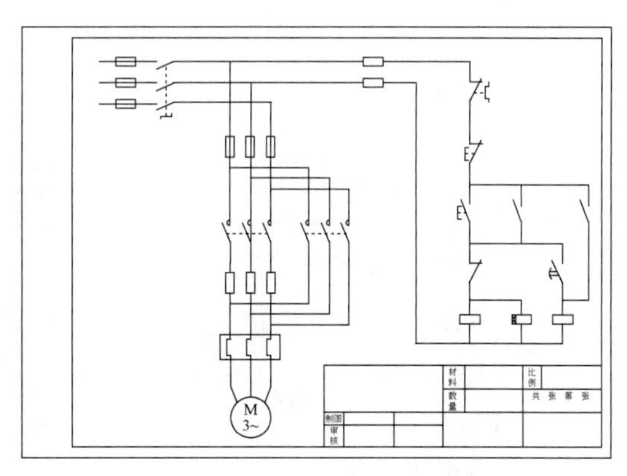

图 4-52　绘制主连接线

第三步：单击“常用”选项卡“绘图”面板中的（圆）按钮，或者在命令行中输入“circle”（圆）命令，选择“两点”模式，在左端导线处绘制直径为 4 的小圆，在交线处绘制直径为 4 的小圆并填充图案，如图 4-53 所示。

第四步：单击“注释”选项卡“文字”面板中的 A （多行文字）按钮，设置字体为“仿宋_GB2312 ”，大小为 4，在图中标出元件名称。单击“常用”选项卡“修改”面板中的（移动）按钮，或者在命令行中输入“move”（移动）命令，捕捉多行文字，移动至图中合适的位置，完成后的效果如图 4-54 所示。

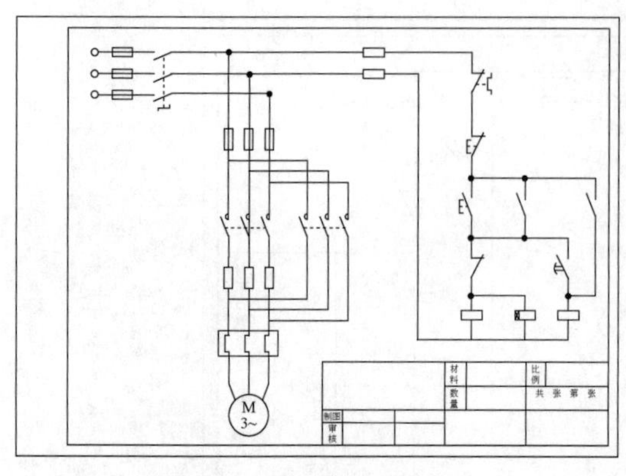

图 4-53　绘制触点和交点

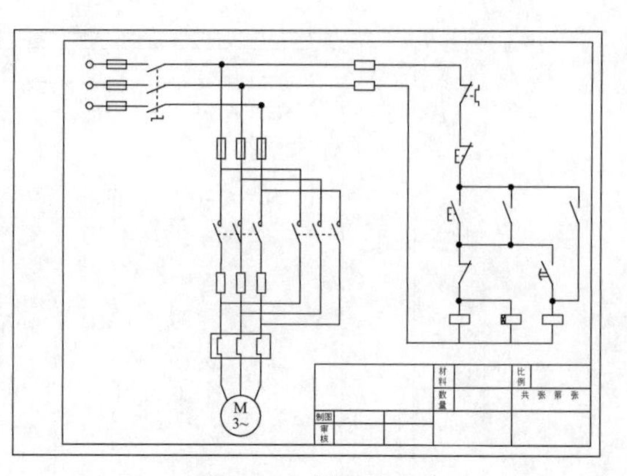

图 4-54　标注文字

任务 4.3
PLC 控制星角降压启动原理图设计

4.3.1　绘图步骤与预览图

电路图绘图分析

（1）电动机星角启动 PLC 接线图绘制步骤如下：

① 绘制电动机星角启动电气原理图；

② 绘制 PLC；

③ 插入电气元件；

④ 连接导线、添加图形注释；

⑤ 保存电动机直接启停的电气原理图。

（2）项目效果预览

绘制完成的电动机星角启动 PLC 接线如图 4-55 所示。

（3）绘制电动机星角启动电气原理图

在项目 4 任务 4.1 中同学们已经绘制了电动机星角启动电气原理图，只要打开已经绘制好的文件即可。如图 4-56 所示。

删除控制电路部分留下主电路，如图 4-57 所示。

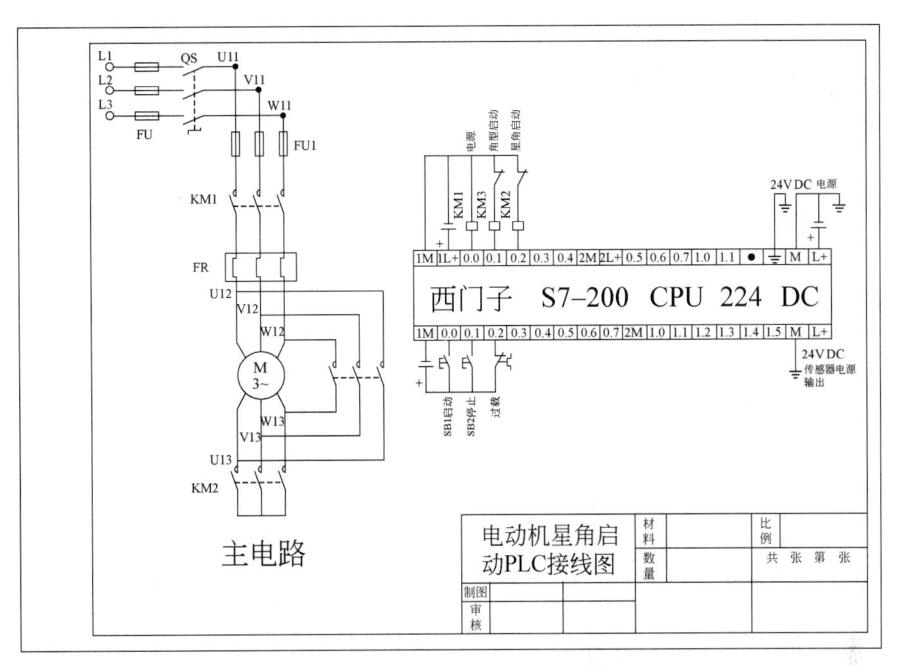

图 4-55　电动机星角启动 PLC 接线图

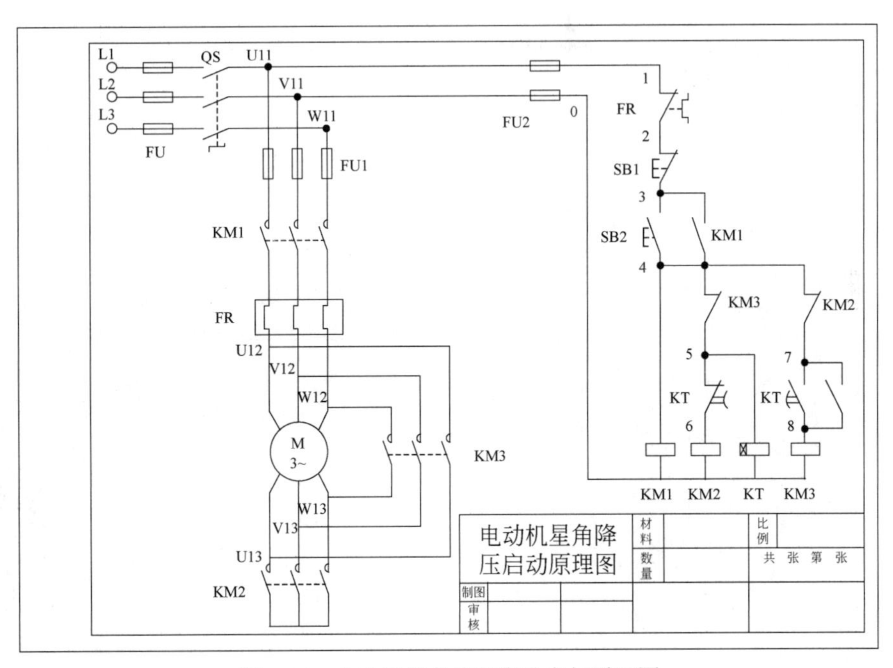

图 4-56　电动机星角降压启动电气原理图

4.3.2　绘制 PLC

把绘制好的 PLC 制成块插入，效果如图 4-58 所示。

绘制 PLC

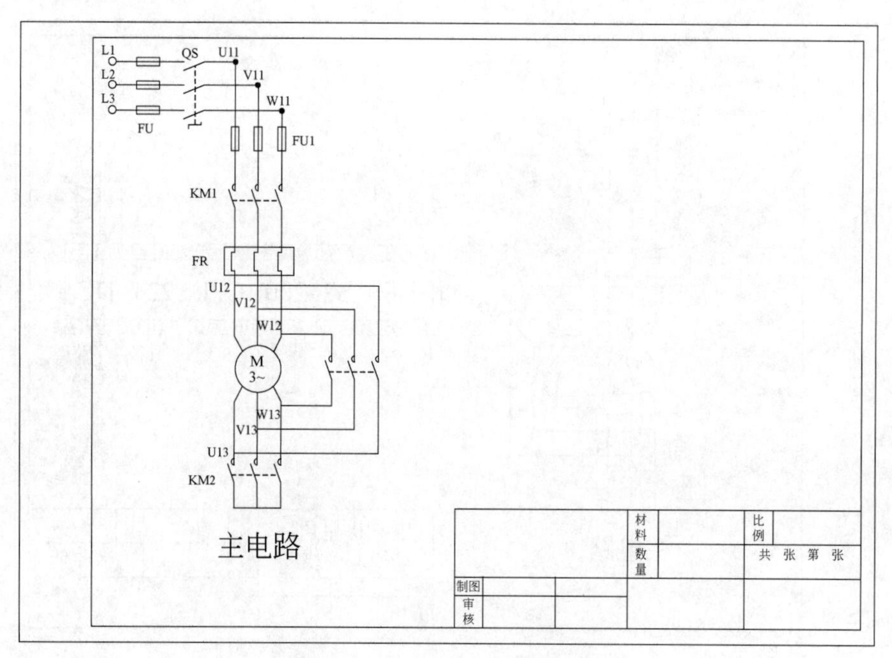

图 4-57　电动机星角启动主电路

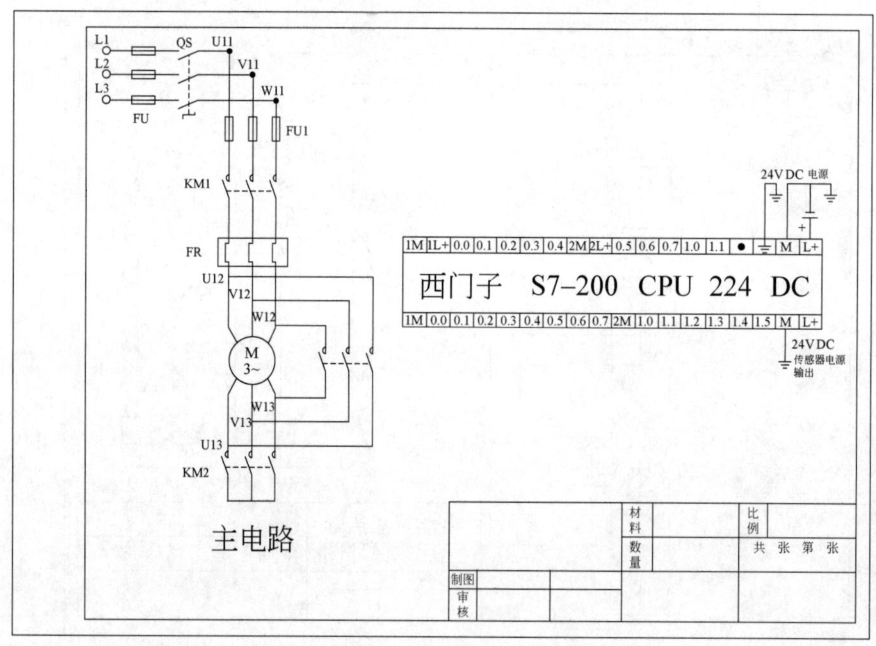

PLC 成块

图 4-58　插入 PLC

4.3.3　插入电气元件

插入元件

需要创建常开按钮块并插入、创建接触器线圈并插入。相关知识前面已经讲过，这里不一一介绍，块插入后效果如图 4-59 所示。

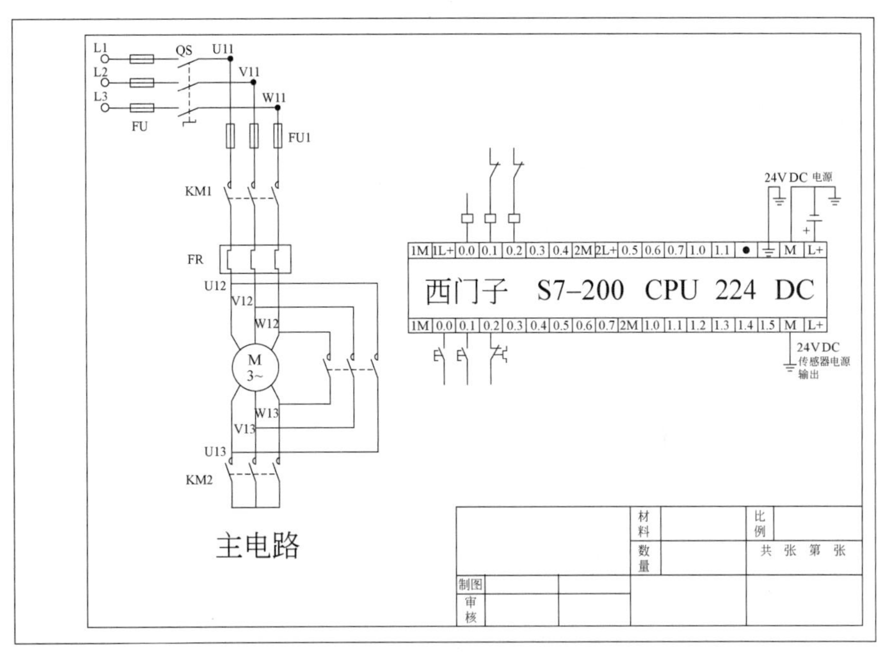

图 4-59 插入电气元件

4.3.4 连接导线、添加图形注释

第一步：对元件进行连线，效果如图 4-60 所示。

第二步：对图形进行标注，效果如图 4-61 所示。

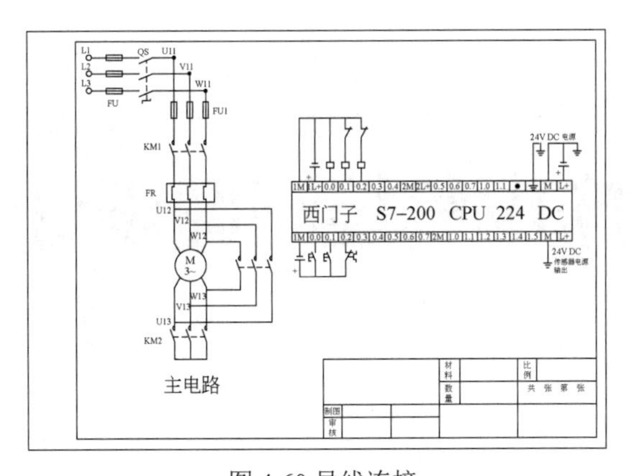

图 4-60 导线连接

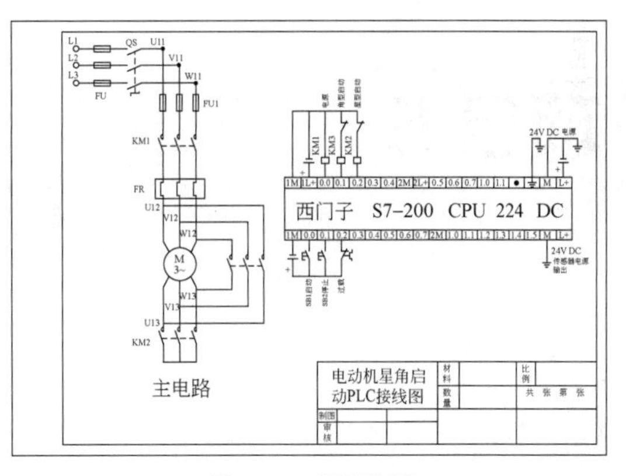

图 4-61 图形标注

单击（另存为）按钮，或者执行菜单栏中的“文件” →“另存为”命令，将图形另存为“电动机星角启动 PLC 接线图.dwg”，将绘制完成的图形进行保存。

至此完成了电动机星角启动 PLC 接线图的绘制。

文字标注

项目 5

钻床电气控制图设计

钻床是一种孔加工机床，可以进行钻孔、扩孔、铰孔、攻螺纹及修刮断面等多种形式的加工。钻床的种类很多，有台钻、立钻、卧钻、专门化钻床和摇臂钻床等。在生产中，经常会用到钻床。钻床的钻头和刀架分别由两台异步电动机控制，电路中主要有交流接触器、熔断器、行程开关、绕组等。

（1）绘制钻床电气控制原理图步骤如下：

① 绘制相关元件、创建块；

② 绘制参照线；

③ 插入电气元件；

④ 连接导线、添加图形注释；

⑤ 保存钻床电气控制图。

电路图绘图分析

（2）项目效果预览

绘制完成钻床电气控制图如图 5-1 所示。

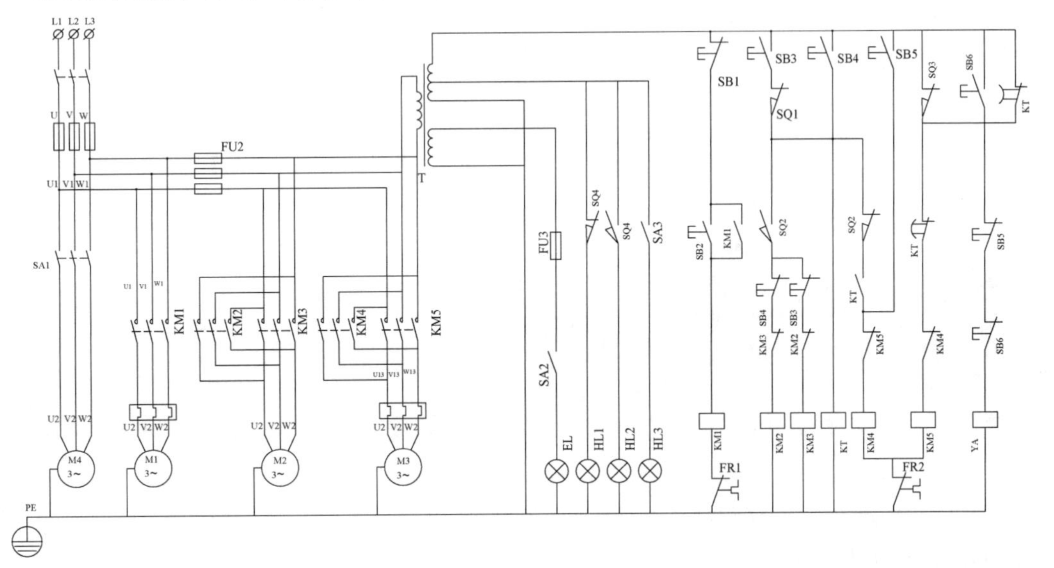

图 5-1　钻床电气原理图

任务 5.1 绘制主线路

绘图环境设置完成，单击【常用】选项卡下【图层】面板中的【图层】按钮，在弹出的下拉列表中选择“细实线层”为当前图层，如图 5-2 所示。

钻床上有 4 台电动机，主线路需要给这 4 台电动机供电。可以先绘制第 1、2 台电动机的线路，然后绘制第 3、4 台电动机的线路。电动机供电线路是基本的动力供电线路。首先绘制前两个电动机的线路结构，为另外两个电动机的绘制提供模板。具体的操作步骤如下。

5.1.1 绘制线路结构图的基本线段

第一步：单击【常用】选项卡下【绘图】面板中的【直线】按钮，以激活“line”命令，并通过命令行操作，绘制一条直线段。具体的命令行操作如下。命令：_ line 指定第一点：在样板图左上角上单击以给出直线起点。指定下一点或【放弃 （U）】：打开【正交】模式，将十字光标移向起点的下方后单击，完成直线的绘制，如图 5-3 所示。

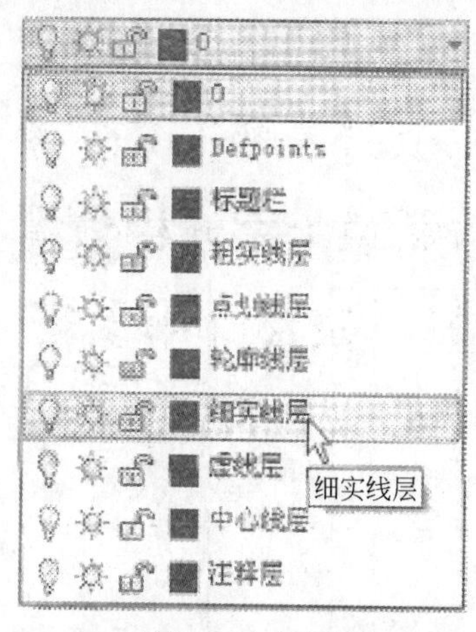

图 5-2 图层面板

图 5-3 绘制直线

第二步：单击【常用】选项卡下【修改】面板中的【偏移】按钮，以激活“offset”命令，并通过命令行操作，绘制直线段的偏移线段。具体的命令行操作如下。

命令：_offset 指定偏移距离或［通过（T）/删除（E）/图层（L）］<15. 8995>：输入“15”，按【Enter】键确认。

选择要偏移的对象，或［退出（E）/放弃（U）］<退出>：选择上一步绘制的竖直线。

指定要偏移的一侧上的点，或［退出（E）/多个（M）/放弃（U）］<退出>：单击直线右侧。选择要偏移的对象，或［退出（E）/放弃（U）］<退出>：选择上一步偏移得到的直线。指定要偏移的一侧上的点，或［退出（E）/多个多个（M）/放弃（U）］<退出>：单击被选择直线的右侧，按【Enter】键确认，完成直线的偏移，如图 5-4 所示。

第三步：单击【常用】选项卡下【修改】面板中的【偏移】按钮，按照步骤①、②的方法绘制出另外 3 条直线，如图 5-5 所示。

绘制主电路参考线

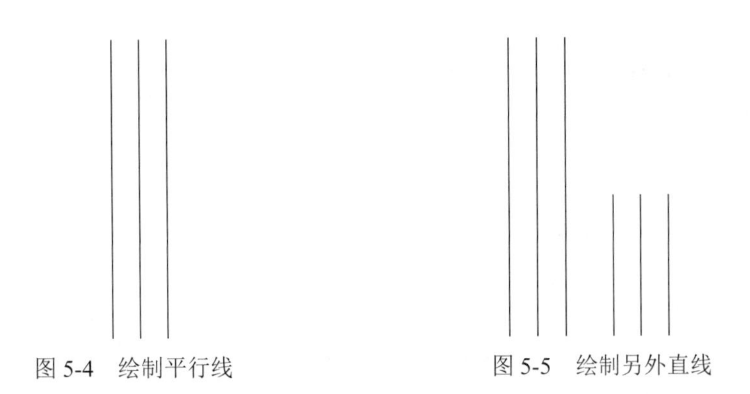

图 5-4　绘制平行线　　　　图 5-5　绘制另外直线

5.1.2　绘制线路图中间的交叉线段

第一步：单击【常用】选项卡下【绘图】面板中的【直线】按钮，以激活“line”命令，并通过命令行操作，绘制 A 点与 B 点之间的直线段。具体的命令行操作如下。

命令：_line

指定第一点：单击捕捉图示 B 点。

指定下一点或【放弃 （U）】：打开【正交】模式，将十字光标移向图示 A 点后单击。

指定下一点或【放弃 （U）】：按【Enter】键确认，完成直线的绘制，如图 5-6 所示。

第二步：单击【常用】选项卡下【修改】面板中的【偏移】按钮，采用 5.1.1 绘制基本线段中步骤①、②的方法画出 3 条水平线，如图 5-7 所示。

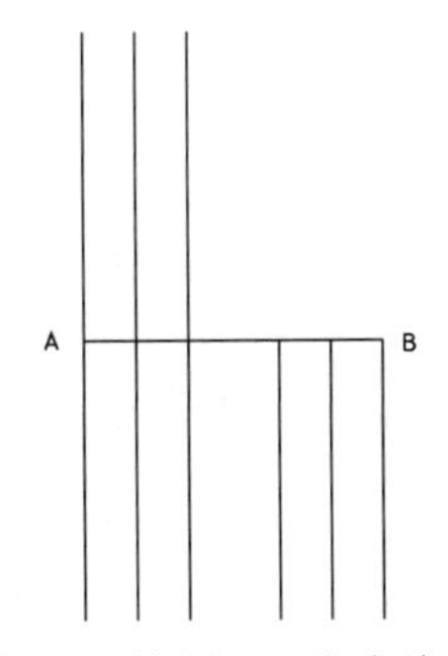

图 5-6　绘制 AB 段直线

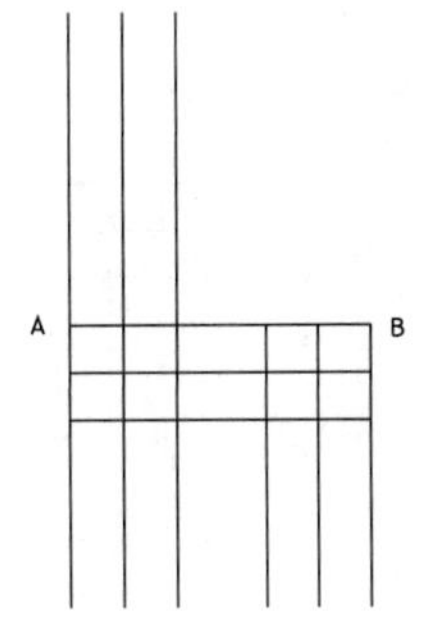

图 5-7　绘制水平直线

第三步：单击【常用】选项卡下【修改】面板中的【修剪】按钮，以激活“trim”命令，并通过命令行操作，完成直线的修剪。具体的命令行操作如下。

命令：_trim

选择剪切边…

选择对象或<全部选择>：单击直线 1。

选择对象：按【Enter】键确认。

选择要修剪的对象，或按住【Shift】键选择要延伸的对象，或【栏选（F）/窗交（C）/投影（P） /边（E）/删除（R） /放弃（U）】：单击直线 3 位于直线 1 左边的部分。

选择要修剪的对象，或按住【shift】键选择要延伸的对象，或【栏选（F）/窗交（C）/

投影（P） /边（E）/删除（R）/放弃（U）】：按【Enter】键确认。//完成直线的修剪

命令：_-trim

选择剪切边…

选择对象或<全部选择>：单击直线 2。

选择对象：按【Enter】键确认。

选择要修剪的对象，或按住【Shift】键选择要延伸的对象，或【栏选（F）/窗交（C）/投影（P） /边（E）/删除（R） /放弃（U）】：单击直线 4 位于直线 2 左边的部分。

选择要修剪的对象，或按住【shift】键选择要延伸的对象，或【栏选（F）/窗交（C）/投影（P） /边（E）/删除（R） /放弃（U）】：按【Enter】键确认，完成直线的修剪，如图 5-8 所示。

第四步：单击【常用】选项卡下【绘图】面板中的【直线】按钮，以激活“line”命令，并通过命令行操作，绘制图示直线段 1。具体的命令行操作如下。

命令：_line

指定第一点：

指定下一点或【放弃（U）】：打开【正交】模式，将十字光标移向 1 点后单击。

指定下一点或【放弃（U）】：按［Enter］键确认。//完成直线的绘制

第五步：单击【常用】选项卡下【修改】面板中的 【偏移】按钮，以激活“offset”命令，采用第一、二步的方法画出图示直线 2，如图 5-9 所示。

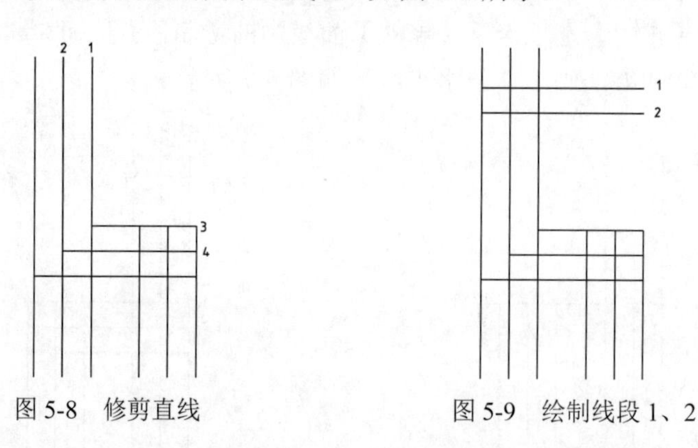

图 5-8　修剪直线　　图 5-9　绘制线段 1、2

第六步：采用第四、五步的方法绘制直线 3、4，直线 5、6 和直线 7、8，如图 5-10 所示。

5.1.3　修剪出电气元件的插入位置

第一步：单击【常用】选项卡下【修改】面板中的 【修剪】按钮，以激活“trim”命令，并通过命令行操作，完成直线 1、2 之间，3、4 之间，5、6 之间的 3 条竖直线的修剪，再完成直线 7、8 之间的 6 条竖直线的修剪，具体的命令行操作如下。

命令：_trim

选择剪切边…

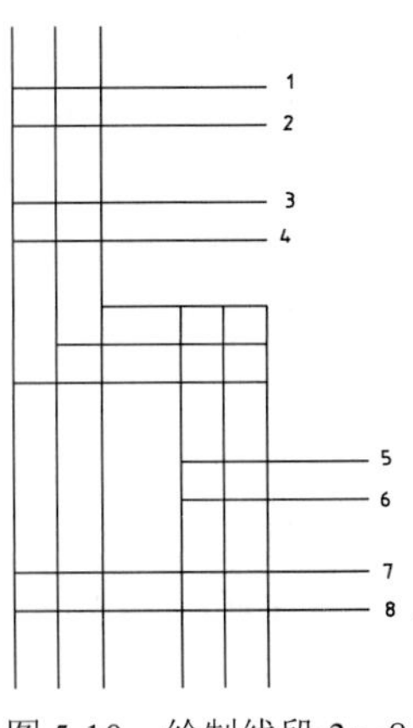

图 5-10　绘制线段 3～8

选择对象或<全部选择>：单击直线 1、2。

选择对象：按【Enter】键确认。

选择要修剪的对象，或按住【Shift】键选择要延伸的对象，或［栏选（F）/窗交（C）/投影（P）/边（E）/删除（R）/放弃（U）】：单击直线 1、2 间的 3 条竖直线。

选择要修剪的对象，或按住［Shift］键选择要延伸的对象，或【栏选（F）/窗交（C）/投影（P）/边（E）/删除（R）/放弃（U）】：按【Enter】键确认。　//完成直线 1、2 间的 3 条竖直线的修剪

按【Enter】键重复 trim 命令。

命令：_-trim

选择剪切边…

选择对象或<全部选择>：单击直线 3、4。

选择对象：按【Enter】键确认。

选择要修剪的对象，或按住【Shift】键选择要延伸的对象，或［栏选（F）/窗交（C）/投影（P）/边（E）/删除（R）/放弃（U）]：单击直线 3、4 间的 3 条竖直线。

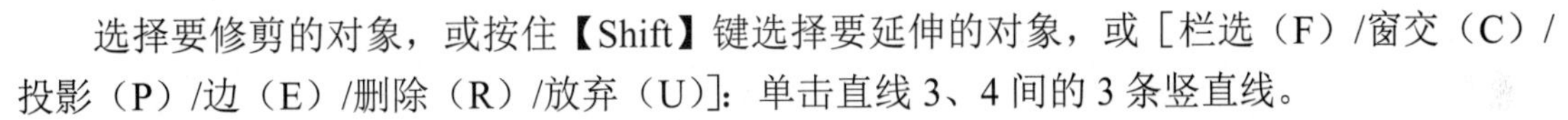

选择要修剪的对象，或按住【Shift】键选择要延伸的对象，或【栏选（F）/窗交（C）/投影（P）/边（E）/删除（R）/放弃（U）】：按【Enter】键确认。　//完成直线 3、4 间的 3 条竖直线的修剪

按【Enter】键重复 trim 命令。

命令：_-trim

选择剪切边…

选择对象或<全部选择>：单击直线 5、6。

选择对象：按【Enter】键确认。

选择要修剪的对象，或按住【Shift】键选择要延伸的对象，或【栏选（F），窗交（C）/投影（P）/边（E）/删除（R）/放弃（U）】：单击直线 5、6 间的 3 条竖直线。

选择要修剪的对象，或按住【Shift】键选择要延伸的对象，或［栏选（F）/窗交（C）/投影（P）/边（E）/删除（R）/放弃（U）】：按【Enter】键确认。　//完成直线 5、6 间的 3 条竖直线的修剪

按【Enter】键重复 trim 命令。

命令：_-trim

选择剪切边…

选择对象或<全部选择>：单击直线 7、8。

选择对象：按【Enter】键确认。

选择要修剪的对象，或按住【Shift】键选择要延伸的对象，或［栏选（F）/窗交（C）/投影（P）/边（E）/删除（R）/放弃（U）]：单击直线 7、8 间的 6 条竖直线。

选择要修剪的对象，或按住【Shift】键选择要延伸的对象，或【栏选（F）/窗交（C）/投影（P）/边（E）/删除（R）/放弃（U）】：按【Enter】键确认。　//完成直线 7、8 间的 6 条竖直线的修剪，如图 5-11 所示。

第二步：单击【常用】选项卡下【修改】面板中的【删除】按钮，以激活“erase”

命令，并通过命令行操作，修剪出各直线之间的插入点。具体的命令行操作如下。

命令：_erase　选择对象：单击直线 1 和 2，按【Enter】键确认，完成直线 1 和 2 的删除。

按【Enter】键重复 erase 命令。

命令：_erase

选择对象：单击直线 3 和 4，按【Enter】键确认，完成直线 3、4 的删除。

按【Enter】键重复 erase 命令。

命令：_erase

选择对象：单击直线 5 和 6，按【Enter】键确认，完成直线 5、6 的删除。

按【Enter】键重复 erase 命令。

命令：_erase

选择对象：单击直线 7 和 8，按【Enter】键确认，完成直线 7、8 的删除，如图 5-12 所示。

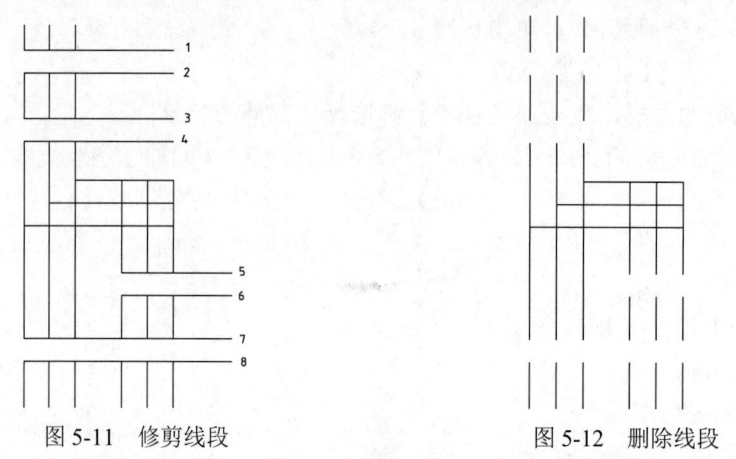

图 5-11　修剪线段　　图 5-12　删除线段

5.1.4　电气元件的绘制及组合

在完成了线路结构图的绘制后，即可进行电气元件的绘制和插入。因为在样板图中已进行了电气元件符号图形块的定义，所以可采用直接调用的方法进行电气元件的插入绘制。

第一步：单击【插入】选项卡下【块】面板中的【插入】按钮，弹出【插入】对话框，在【名称】下拉列表中选择“常开触点”块文件，然后单击【确定】按钮。

命令：_insert

指定插入点或［基点（B）/比例（S）/X/Y/Z/旋转（R）]：单击捕捉图中的点，完成一个常开触点的插入，如图 5-13 所示。

第二步：单击【常用】选项卡下【修改】面板中的 【复制】按钮，以激活“copy”命令，并通过命令行操作，完成 3 个触点的插入绘制。具体的命令行操作如下。

命令：_copy

选择对象：选择刚插入的触点图块。

选择对象：按【Enter】键确认。

当前设置：复制模=多个

指定基点或【位移（D） /模式（O）】<位移>：单击捕捉图示 A 点。

指定第二个点或<使用第一个点作为位移>：单击捕捉图示 B 点。

指定第二个点或［退出（E）/放弃（U）]<退出>：单击捕捉图示 C 点。

指定第二个点或［退出（E）/放弃（U）］【退出】：按【Enter】键确认。 //完成 3 个常开触点的插入，如图 5-14 所示。

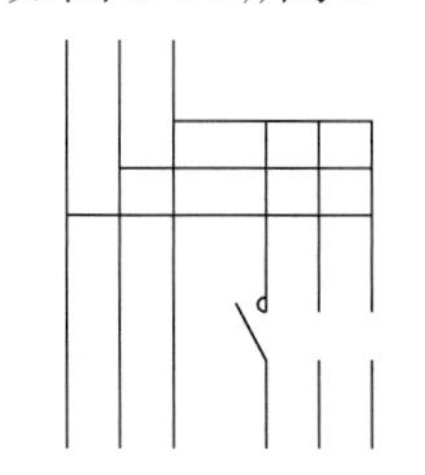
图 5-13　插入一个常开触点

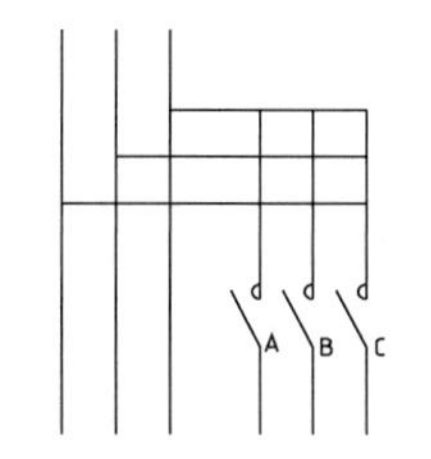

图 5-14　插入三个常开触点

第三步：单击【常用】选项卡下【绘图】面板中的【直线】按钮，以激活“line”命令，并通过命令行操作，绘制图示直线 ab。具体的命令行操作如下。

命令：_line

指定第一点：单击以捕捉图示中点 a。

指定下一点或［放弃（U）]：打开【正交】模式，将十字光标移向中点 b 后单击。

指定下一点或［放弃（U）]：按【Enter】键确认，完成直线 ab 的绘制，如图 5-15 所示。

第四步：按照第一、二步的方法，完成其余电气元件的插入及组合工作，并对图形中电气元件的位置进行调整，如图 5-16 所示。

第五步：单击【常用】选项卡下【修改】面板中的【圆角】按钮，以激活“fillet”命令，并通过命令行操作，在直线 A、B 之间相互倒圆角。具体的命令行操作如下。

命令：_fillet

当前设置：模式=修剪，半径 0.0000。

选择第一个对象或［多段线（P） /半径（R）/修剪（T）/多个（U）]：单击直线 a。

选择第二个对象：单击直线 b //完成直线 a、b 之间的倒圆角，如图 5-17 所示。

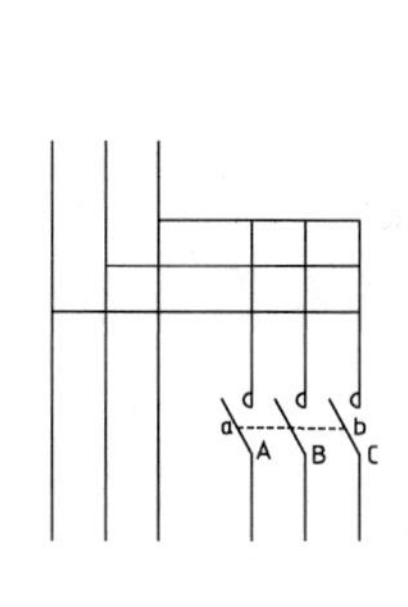

图 5-15　绘制虚线

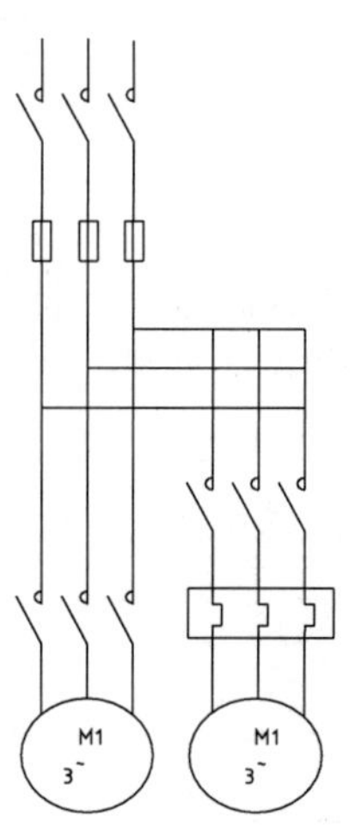

图 5-16　插入其余元件

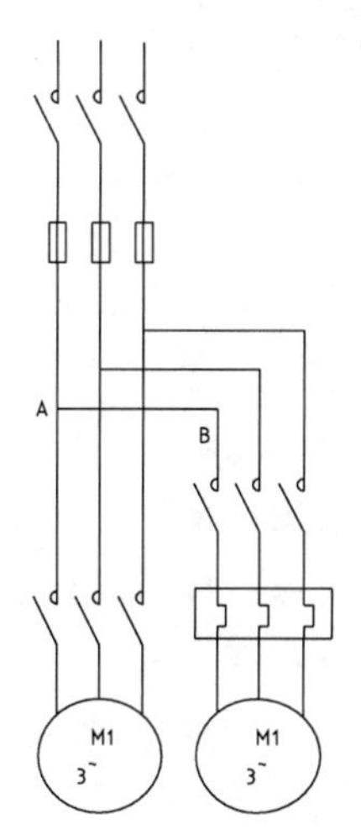

图 5-17　倒圆角操作

第六步：按照第五步的方法，完成另外两条接线的倒圆角。

5.1.5 第 3 台电动机电气元件的绘制及组合

第一步：单击【常用】选项卡下【修改】面板中的【复制】按钮，以激活“copy”命令，并通过命令行操作，复制第 2 台电动机的部分元件。具体的命令行操作如下。

命令：_copy

选择对象：采用交叉窗口方式选择电机元件和接触器元件。

选择对象：按【Enter】键确认，如图 5-18 所示。

指定基点或［位移（D）/模式（O）］<位移>：单击图示 A 点为复制基点。

指定第二个点或<使用第一个点作为位移>：选择右侧 B 点位置放置电气元件，完成元件的复制，如图 5-19 所示。

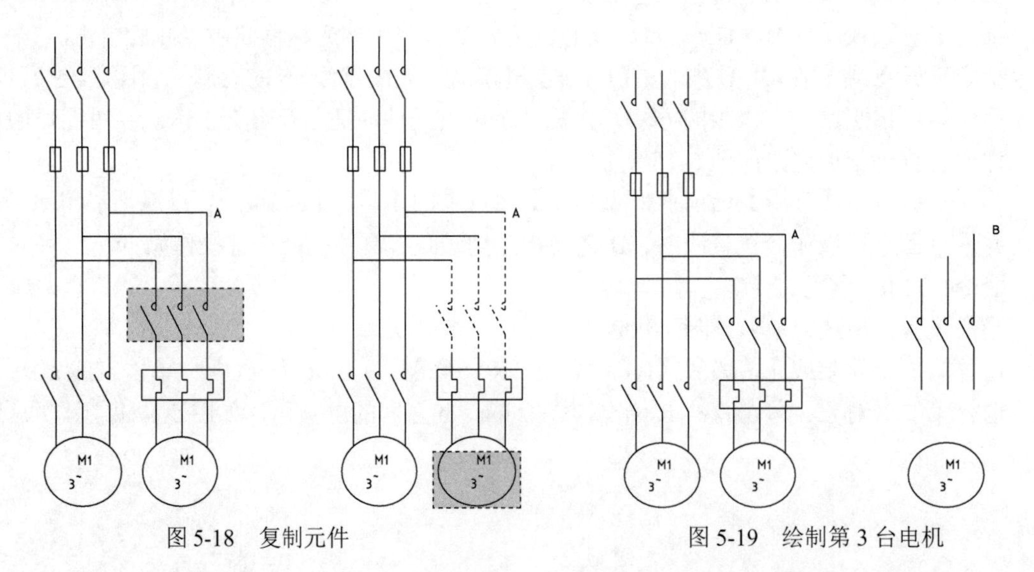

图 5-18　复制元件　　　　图 5-19　绘制第 3 台电机

第二步：单击【常用】选项卡下【修改】面板中的【复制】按钮，以激活“copy”命令，并通过命令行操作，复制第 2 台电动机的部分元件。具体的命令行操作如下。

命令：_copy

选择对象：采用交叉窗口方式选择接触器元件。

选择对象：按【Enter】键确认。

指定基点或［位移（D）/模式（O）］<位移>：单击图示 B 点为复制基点。

指定第二个点或<使用第一个点作为位移>：单击右侧 C 点位置放置电气元件，完成元件的复制，如图 5-20 所示。

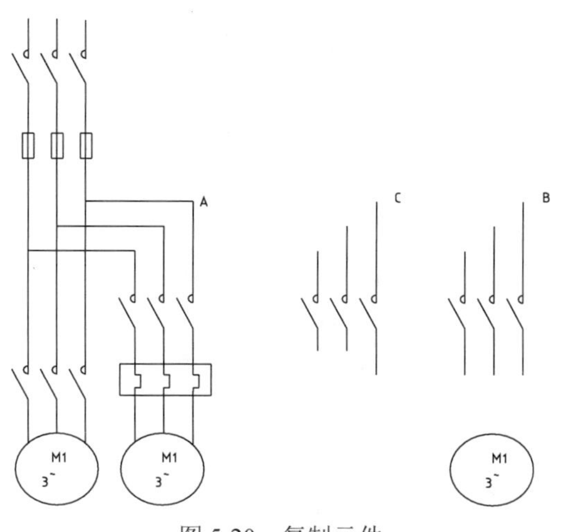

图 5-20　复制元件

第三步：单击【常用】选项卡下【修改】面板中的【拉伸】按钮，以激活“stretch”命令，并通过命令行操作，把方框内的部分适当地拉长。具体的命令行操作如下。

命令：_stretch

选择对象：采用交叉窗口方式单击图示方框的右下角点。

指定对角点：单击图示方框的左上角点。

选择对象：按【Enter】键确认。

指定基点或位移：单击 A 点作为基点。

指定位移的第二个点或<使用第一个点作为位移>：将十字光标上移，在 A 点正上方单击，按【Enter】键确认，完成图形的拉伸，如图 5-21 所示。

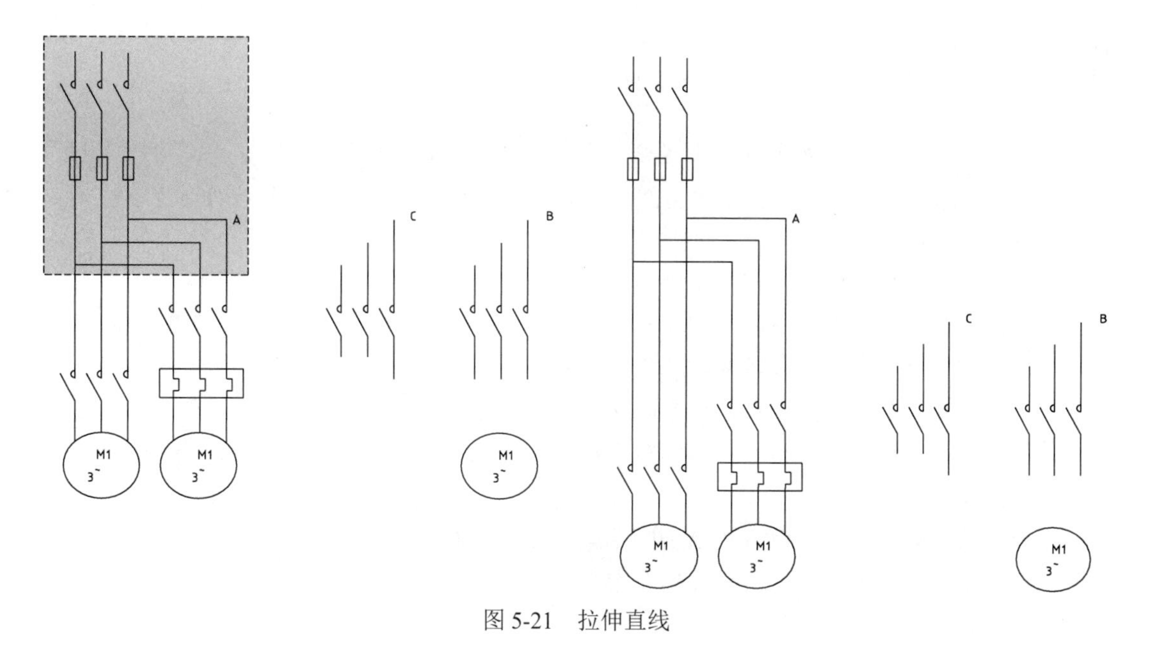

图 5-21　拉伸直线

第四步：采用第三步的方法，完成其他元件位置的调整。

第五步：绘图提示：可以使用各种方式来选择要拉伸的对象，但必须至少使用一次交叉窗口方式。

如果在选择拉伸对象的过程中使用了一次以上的交叉窗口类型，则以最后指定的一种交叉窗口为【拉伸】命令拉伸的交叉窗口。【拉伸】命令只处理选中的对象，对于位于指定交叉窗口之外的对象则不做处理。

在选中的对象中，对于直线、圆弧、实线、实心体和多段线中的直线段和圆弧段，若其整个均在选择交叉窗口内，那么执行的结果则是对其进行移动：当其一端在拉伸交叉窗口内，另一端在拉伸交叉窗口内，则它将成为连接元素，如图 5-22 所示。

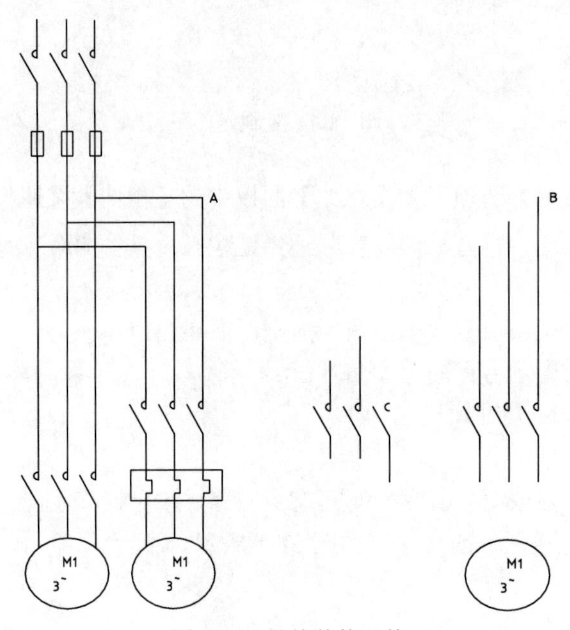

图 5-22　拉伸其他元件

第六步：单击【常用】选项卡下【修改】面板中的 【圆角】按钮，以激活“fillet”命令， 并通过命令行操作，在 a、b 直线之间相互倒圆角。具体的命令行操作如下。

命令：_fillet

当前设置：模式=修剪，半径=0.0000。

选择第一个对象或［多段线（P）/半径（R）/修剪（T）/多个（U)]：选择直线 a。

选择第二个对象：选择直线 b，完成直线 a、b 之间的倒圆角，如图 5-23 所示。

第七步：单击【常用】选项卡下【修改】面板中的 【延伸】按钮，以激活“extend”命令，并通过命令行操作，绘制与第 3 台电动机相连的 3 条连线。具体的命令行操作如下。

命令：_extend

选择对象：采用交叉窗口方式单击图示电机元件的右下角。

指定对角点：单击图示电机元件的左上角。

选择对象：按【Enter】键确认。

选择要延伸的对象，或按【Shift】键选择要修剪的对象，或［投影（P）/边（E）/放弃（U)]：单击电机上方的直线 1，完成直线 1 的延伸。

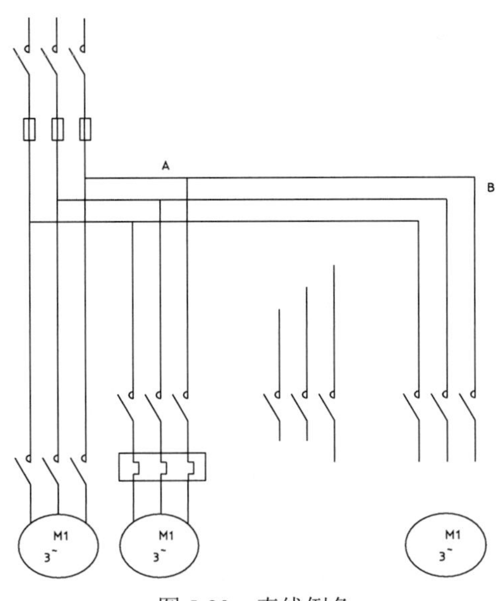

图 5-23　直线倒角

选择要延伸的对象，或按【Shift】键选择要修剪的对象，或［投影（P）/边（E）/放弃（U)]：单击电机上方的直线 2，完成直线 2 的延伸。

选择要延伸的对象，或按【Shift】键选择要修剪的对象，或［投影（P）/边（E）/放弃（U)]：单击电机上方的直线 3，完成直线 3 的延伸。

选择要延伸的对象，或按【Shift】键选择要修剪的对象，或［投影（P）/边（E）/放弃（U)]：按［Enter］键确认，完成 3 条直线的延伸，如图 5-24 所示。

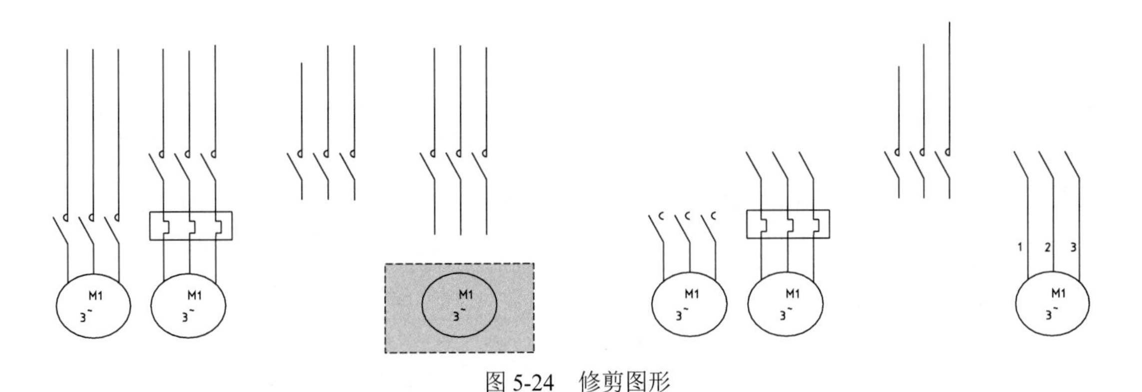

图 5-24　修剪图形

第八步：单击【常用】选项卡下【修改】面板中的 【复制】按钮，以激活“copy”命令，并通过命令行操作，把横向导线向下复制两份。具体的命令行操作如下。

命令：_copy

选择对象：单击图示导 a。

选择对象：单击图示导线 c。

选择对象：单击图示导线 d。

选择对象：按【Enter】键确认。

指定基点或［位移（D）/模式（O）］<位移>：单击并捕捉图示 A 点。

指定第二个点或<使用第一个点作为位移>：单击下方 B 点位置，完成直线的第 1 次复制。

指定第二个点或［退出（E）/放弃（U）］<退出>：单击下方 C 点位置，完成直线的第 2 次复制，如图 5-25 所示。

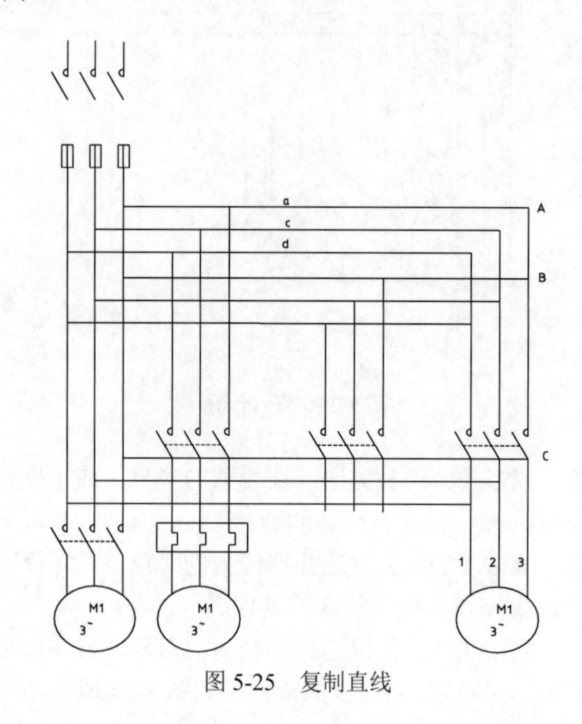

图 5-25　复制直线

第九步：按照第六步的方法，完成直线间的倒圆角，结果如图 5-26 所示。

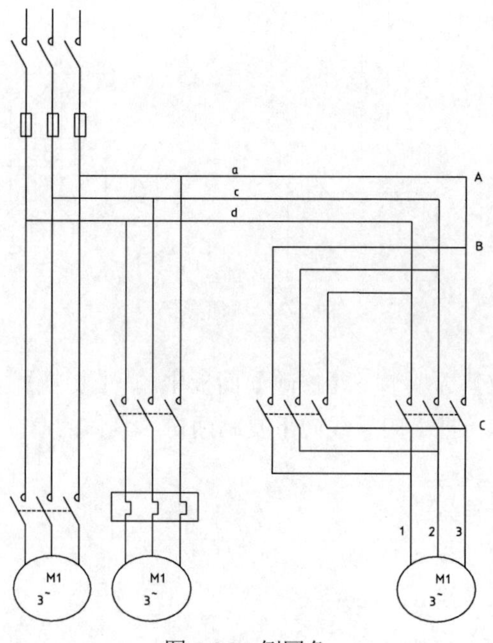

图 5-26　倒圆角

5.1.6 第 4 台电动机电气元件的绘制及组合

第一步：单击【常用】选项卡下【修改】面板中的 【复制】按钮，以激活“copy”命令，并通过命令行操作，复制第 3 台电动机的部分元件。具体的命令行操作如下。

命令：_copy

选择对象：采用交叉窗口方式单击图示方框的右下角。

指定对角点：单击图示方框的左上角。

选择对象，按【Enter】键确认。

指定基点或［位移（D）/模式（O）]<位移>：单击以捕捉 A 点作为复制基点。

指定第二个点或<使用第一个点作为位移>：单击右边 B 点位，完成元件的复制，如图 5-27 所示。

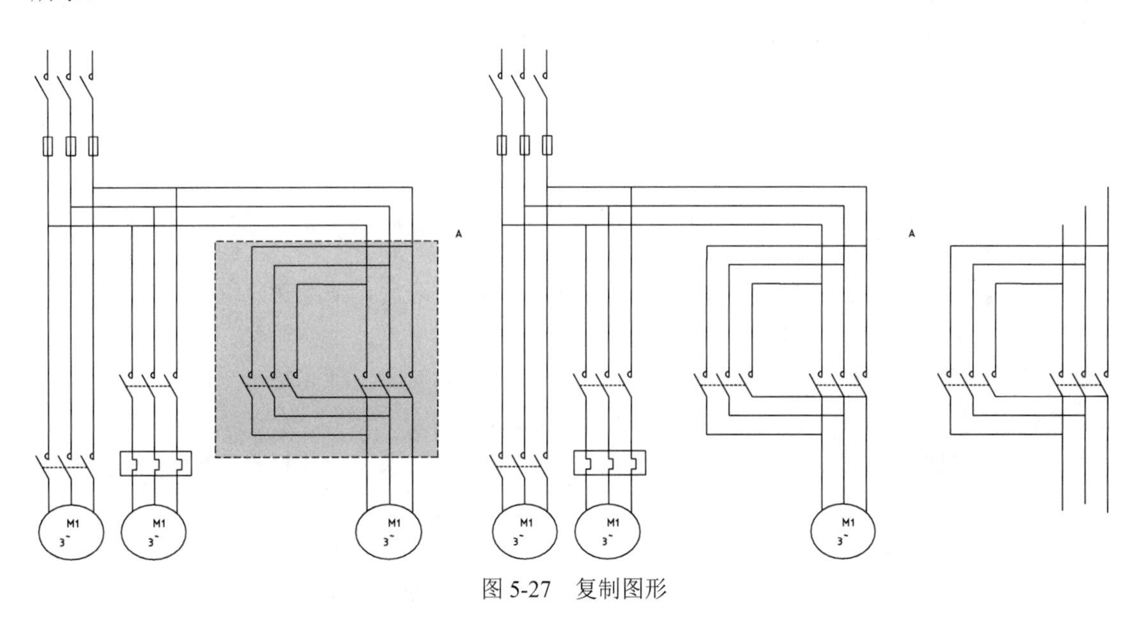

图 5-27　复制图形

第二步：单击【常用】选项卡下【修改】面板中的【复制】按钮，以激活“copy”命令，并通过命令行操作，复制第 2 台电动机的部分元件。具体的命令行操作如下。

命令：copy

选择对象：采用交叉窗口方式单击图示方框的左上角。

指定对角点：单击图示方框的右下角。

选择对象：【Enter】键确认。

指定基点或［位移（D） /模式（O）]<位移>：单击以捕捉 D 点作为复制点。

指定第二个点或<使用第一个点作为位移>：单击右边E点位置，完成元件的复制，如图5-28所示。

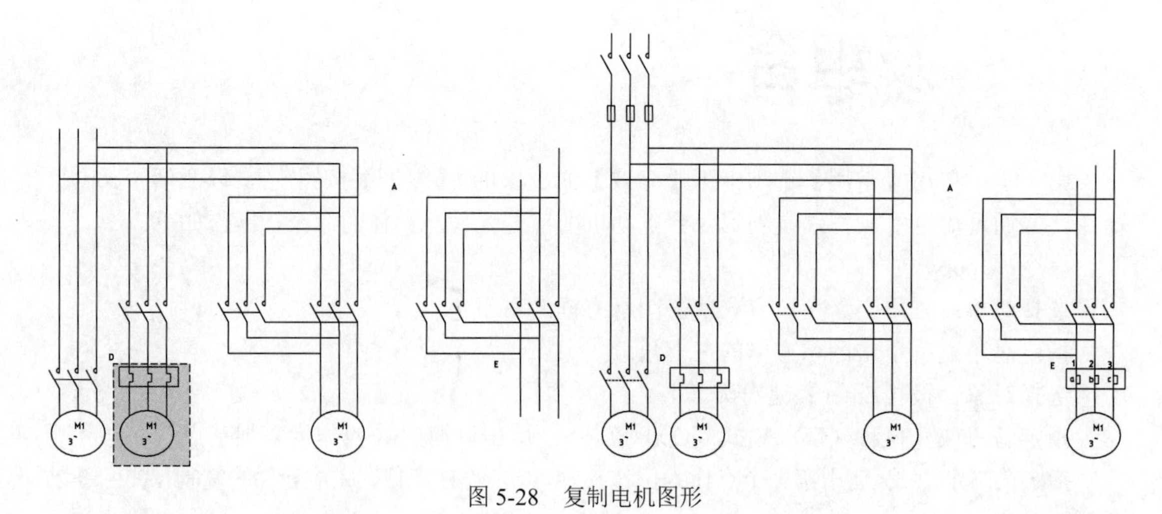

图5-28　复制电机图形

第三步：单击【常用】选项卡下【修改】面板中的 【修剪】按钮，以激活“trim”命令，并通过命令行操作，完成直线1、直线2、直线3的修剪。具体的命令行操作如下。

命令：_trim

选择剪切边…

选择对象或<全部选择>：单击热继电器元件。

选择对象：按【Enter】键确认。

选择要修剪的对象，或按住【Shift】键选择要延伸的对象，或［栏选（F）/窗交（C）/投影（P）/边（E）/删除（R）/放弃（U）］：单击直线a。

选择要修剪的对象，或按住【Shift】键选择要延伸的对象，或［栏选（F）/窗交（C）/投影（P）/边（E）/删除（R）/放弃（U）］：单击直线b。

选择要修剪的对象，或按住【Shift】键选择要延伸的对象，或［栏选（F）/窗交（C）/投影（P）/边（E）/删除（R）/放弃（U）］：单击直线c。

选择要修剪的对象，或按住［Shift］键选择要延伸的对象，或［栏选（F）/窗交（C）/投影（P）/边（E）/删除（R）/放弃（U）］：按【Enter】键确认，如图5-29所示。

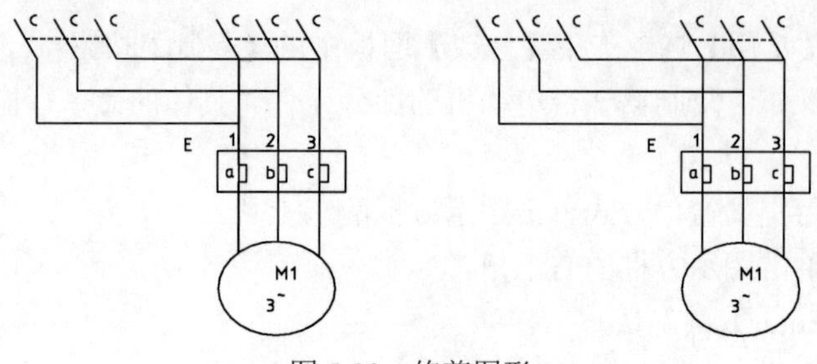

图5-29　修剪图形

第四步：按照5.1.5中第六步的方法，完成直线间的倒圆角，如图5-30所示。

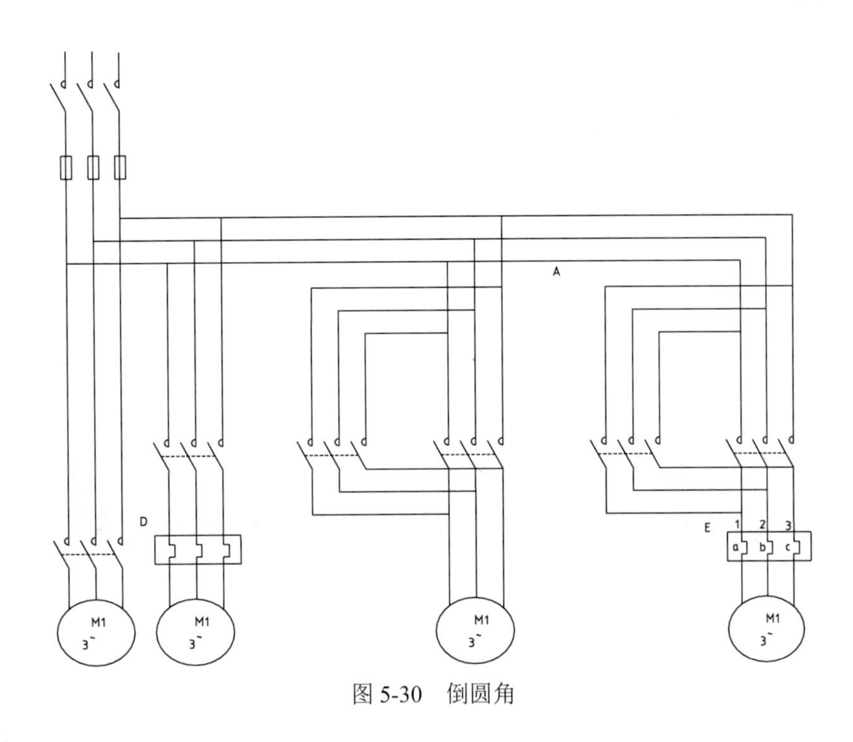

图 5-30　倒圆角

第五步：单击【常用】选项卡下【绘图】面板中的【圆】按钮，以激活“circle”命令，并通过命令行操作，绘制下图所示的小圆圈，作为接线头圆。具体的命令行操作如下。

命令：_circle

指定圆心或［三点（3P）/两点（2P） /相切、相切、半径（T）］：输入“from”，按【Enter】键确认。

基点：单击 a 点作为基点。

基点：<偏移>：输入“@0，2.5”，按【Enter】键确认，输入偏移点的相对坐标。

指定圆的半径或［直径（D）］：输入“2.5”，按【Enter】键确认，输入圆的半径，完成圆的绘制，如图 5-31 所示。

第六步：单击【常用】选项卡下【绘图】面板中的【直线】按钮，绘制一条斜线，单击【常用】选项卡下【修改】面板中的【移动】按钮，把直线以其中心点为移动基准点，圆的圆心为移动目标点进行移动，如图 5-32 所示。

第七步：单击【常用】选项卡下【修改】面板中的【复制】按钮，以激活“copy”命令，并通过命令行操作，以接线头的圆心为复制基准点，把接线头连同斜线向右复制 2 份。具体的命令行操作如下。

命令：_copy

选择对象：采用交叉窗口方式单击图示接线头左上角。

指定对角点：单击图示接线头右下角。

选择对象：按【Enter】键确认。

指定基点或［位移（D） /模式（O）］<位移>：单击以捕捉 a 点作为复制基点。

指定第二个点或［退出（E）/放弃（U）］<退出>：单击以捕捉 b 点。

指定第二个点或［退出（E）/放弃（U）]<退出>：单击以捕捉 c 点。

指定第二个点或［退出（E）/放弃（U）] <退出>：按【Enter】键确认，完成接线头的复制，如图 5-33 所示。

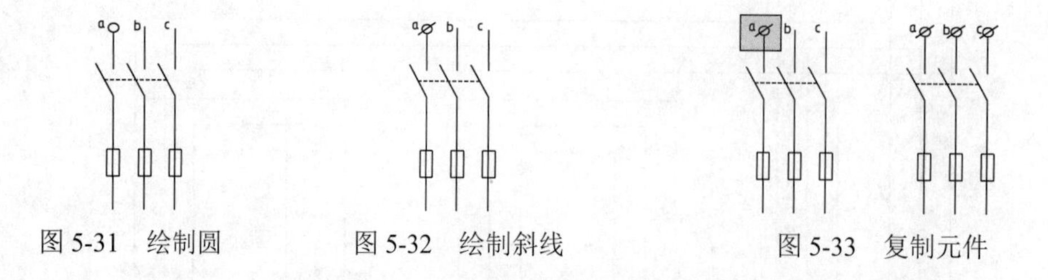

图 5-31　绘制圆　　　图 5-32　绘制斜线　　　图 5-33　复制元件

5.1.7　绘制接地线和插入熔断器

第一步：单击【常用】选项卡下【绘图】面板中的【直线】按钮，以激活“line”命令，并通过命令行操作，绘制接地线。具体的命令行操作如下。

命令：_line

指定第一点：输入“qua”，按【Enter】键确认。

十字光标出现“象限点”时单击图示点，如图 5-34 所示。

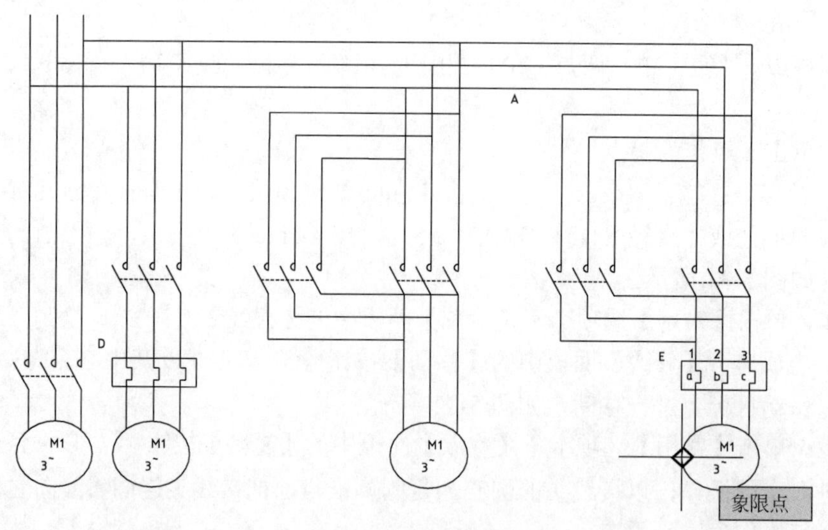

图 5-34　象限点图标

指定下一点或［放弃（U）]：输入“@-10，0”，按【Enter】键确认，完成第 1 条直线的绘制。

指定下一点或［放弃（U）]：输入“@0，-30”，按【Enter】键确认，完成第 2 条直线的绘制。

指定下一点或［闭合（C）/放弃（U）]：输入“@-1300，0”，按【Enter】键确认，完成

第 3 条直线的绘制，如图 5-35 所示。

第二步：参考第一步的方法绘制其他 3 台电动机的接地线，如图 5-36 所示。

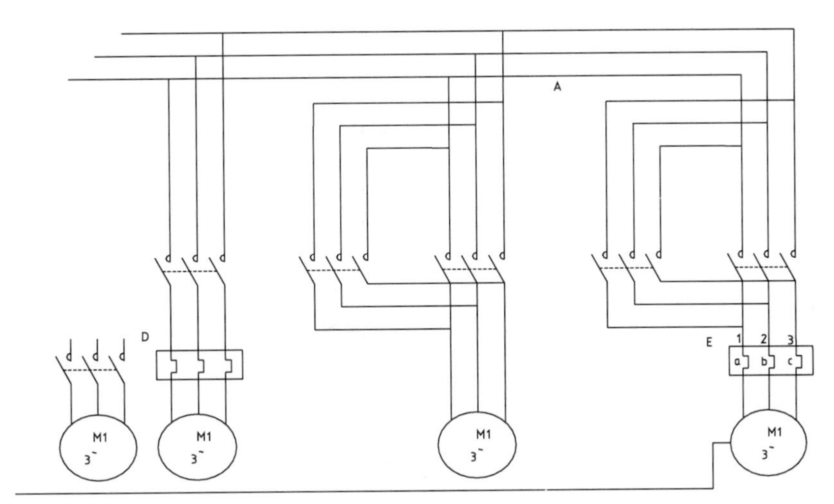

图 5-35　绘制地线

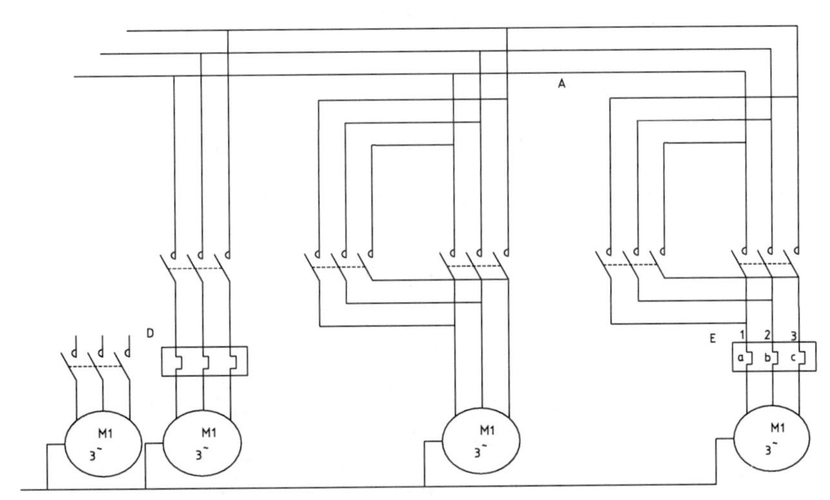

图 5-36　其余地线

第三步：复制以前绘制的接地元件，准备绘制接地图形，如图 5-37 所示。

第四步：单击【常用】选项卡下【绘图】面板中的【圆】按钮，以激活“circle”命令，然后绘制圆，并调整接地元件的位置，使之与接地线相交。

命令：_circle

指定圆心或［三点（3P）/两点（2P）/相切、相切、半径（T）］：单击 a 点作圆。

指定圆的半径或［直径（D）］：输入“15”，按【Enter】键确认。//输入圆的半径，完成圆的绘制，如图 5-38 所示。

第五步：单击【常用】选项卡下【修改】面板中的【复制】按钮，以激活“copy”命令，并通过命令行操作，复制熔断器。具体的命令行操作如下。

命令：_copy

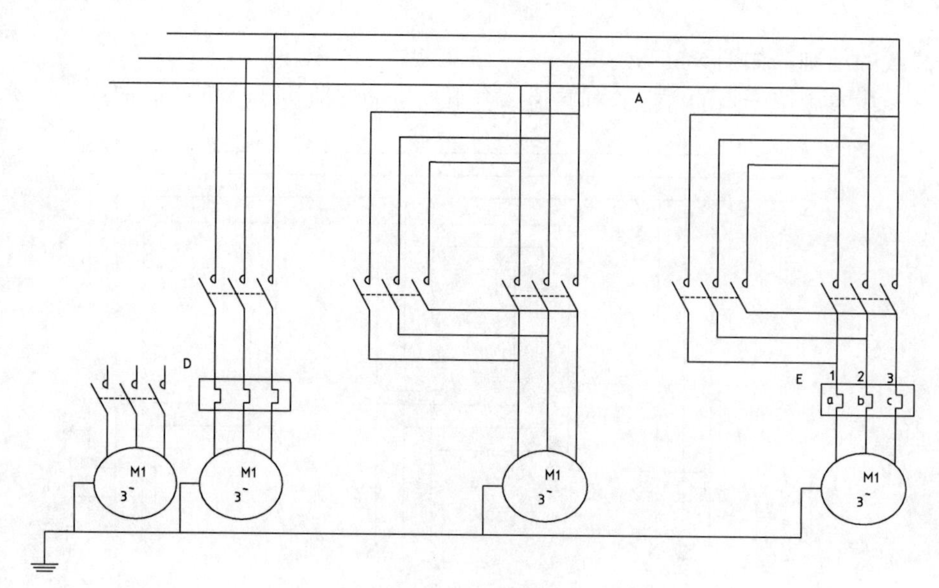

图 5-37　接地线

选择对象：采用交叉窗口方式单击图示方框的左上角。

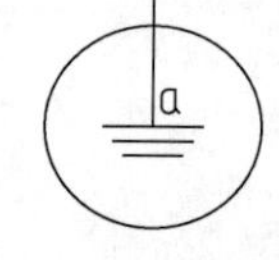

图 5-38　绘制圆

指定对角点：单击图示方框的右下角。

选择对象：按【Enter】键确认。

指定基点或位移［（D）/模式（O）]<位移>：单击以捕捉 a 点。

指定第二个点或<使用第一个点作为位移>：在右侧 b 点位置单击，完成熔断器的复制，如图 5-39 所示。

第六步：单击【常用】选项卡下【修改】面板中的 【旋转】按钮，以激活“rotate”命令，并通过命令行操作，旋转熔断器。具体的命令行操作如下。

命令：_rotate

选择对象：采用交叉窗口方式单击图示方框的左上角。

指定对角点：单击图示方框的右下角。

指定基点：单击 b 点作为基点。

指定旋转角度或［参照（R）　］　：输入“90”，按【Enter】键确认，完成熔断器的旋转，如图 5-40 所示。

第七步：单击【常用】选项卡下【修改】面板中的【移动】按钮，以激活“move”命令，并通过命令行操作，移动熔断器。具体的命令行操作如下。

命令：_move

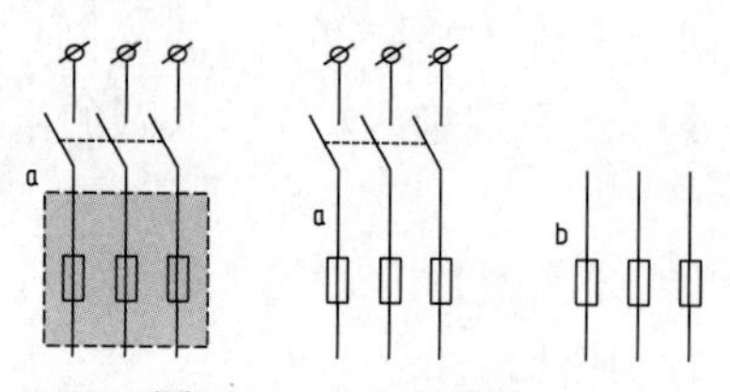

图 5-39　复制熔断器

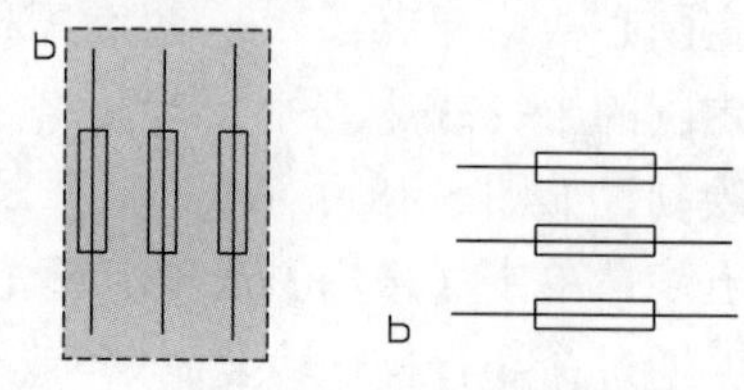

图 5-40　熔断器旋转

选择对象：采用交叉窗口方式单击图示方框的左上角。

指定对角点：单击图示方框的右下角。

指定基点或位移：单击图示 b 点作为移动基点。

指定位移的第二点或<使用第一个点作为位移>：打开【正交】模式，单击图示 c 点。完成熔断器的移动，如图 5-41 所示。

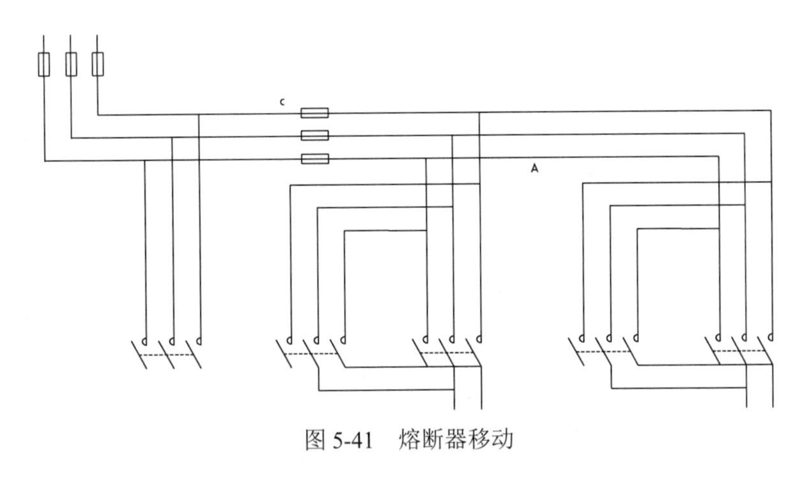

图 5-41 熔断器移动

任务 5.2 绘制控制电路

控制电路用于执行复杂的逻辑功能，因此线路比较复杂。但根据线路两端的接线位置，可以划分为若干条支线。

5.2.1 电气元件的绘制

第一步：单击【常用】选项卡下【绘图】面板中的【直线】按钮 ，以激活“line”命令， 并通过命令行操作，绘制直线。具体的命令行操作如下。

命令：_line

指定第一点：捕捉任意一点。

指定下一点或［放弃（u)]：输入“@15，0”，按【Enter】键确认。//输入下一点的相对坐标。

指定下一点或［放弃（u)]：按【Enter】键确认，完成直线的绘制，如图 5-42 所示。

第二步：单击【常用】选项卡下【修改】面板中的【阵列】按钮，然后选择需要阵列的对象，再单击右键，在选项卡中出现的【阵列创建】选项卡，输入命令：arrayclassic，打开列阵对话框。输入【行数】为“7”，【介于】为“8”，【列数】为“1”，【介于】为“1”，然后单击【关闭阵列】按钮，完成阵列图形的绘制，如图 5-43 所示。

第三步：单击【常用】选项卡下【修改】面板中的 【圆角】按钮，以激活“fillet”命令，并通过命令行操作，在两条虚直线之间相互倒圆角。具体的命令行操作如下。

命令：_fillet

当前设置：模式=修剪，半径=0.0000。

选择第一个对象或［多段线（P）/半径（R）/修剪（T）/多个（U)]：选择任意一条虚线。

选择第二个对象：选择另一条虚线，完成两条虚线之间的倒圆角，如图 5-44 所示。

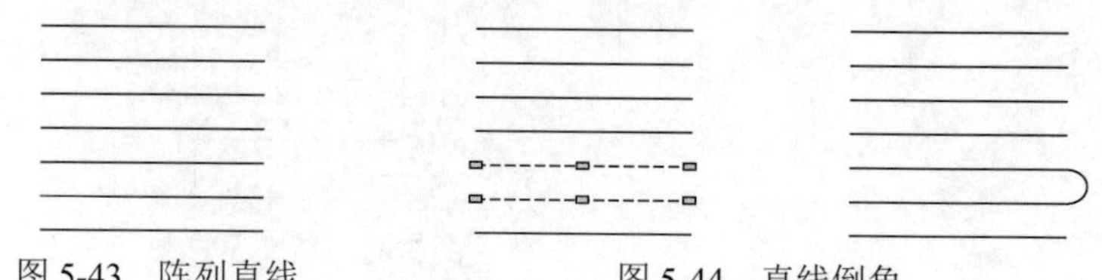

图 5-42　绘制直线　　图 5-43　阵列直线　　图 5-44　直线倒角

第四步：采用第三步的方法，完成其他直线间的倒圆角，如图 5-45 所示。

第五步：单击【常用】选项卡下【修改】面板中的【删除】按钮，以激活“erase”命令，并通过命令行操作，删除图中所示直线。具体的命令行操作如下。

命令：_erase

选择对象：选择图示 5 条直线。

选择对象：按【Enter】键确认，完成直线的删除，如图 5-46 所示。

第六步：单击【常用】选项卡下【绘图】面板中的【直线】按钮，以激活“line”命令，并通过命令行操作，绘制直线。具体的命令行操作如下。

命令：_line

指定第一点：捕捉上边直线右端点。

指定下一点或［放弃（U)]：捕捉圆弧的上端点。

指定下一点或［放弃（U)]：按【Enter】键确认。// 完成直线的绘制

按【Enter】键重复 line 命令。

命令：_line

指定第一点：捕捉上下边直线右端点。

指定下一点或［放弃（U)]：捕捉圆弧的下端点。

指定下一点或［放弃（U)]：按【Enter】键确认，完成直线的绘制，如图 5-47 所示。

图 5-45　其他直线倒角　　图 5-46　删除直线　　图 5-47　绘制直线

第七步：单击【常用】选项卡下【修改】面板中的 【移动】按钮，调整它们之间的位置，如图 5-48 所示。

第八步：单击【常用】选项卡下【绘图】面板中的【直线】按钮，以激活“line”命令，并通过命令行操作，绘制直线。具体的命令行操作如下。

命令：_line

指定第一点：单击以捕捉图示 A 点。

指定下一点或［放弃（U）]：单击以捕捉 B 点。

指定下一点或［放弃（U）]：按【Enter】键确认，完成直线的绘制，如图 5-49 所示。

第九步：单击【常用】选项卡下【修改】面板中的【移动】按钮，以激活“move”命令，并通过命令行操作，完成直线 AB 的移动。具体的命令行操作如下。

命令：_move

选择对象：选择上一步绘制的直线 AB。

指定基点或位移：单击 A 点作为移动基点。

指定位移的第二点或<使用第一个点作为位移>：把直线向左移动到圆弧组中间，完成直线的移动，如图 5-50 所示。

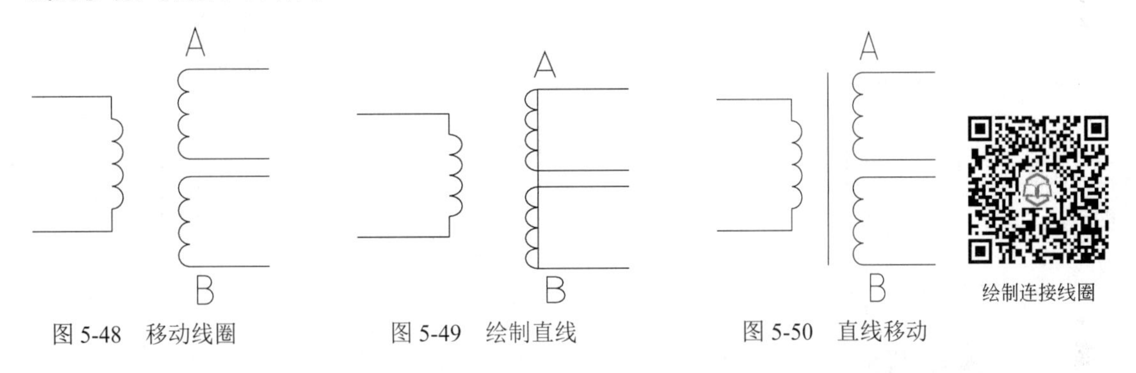

图 5-48 移动线圈　　图 5-49 绘制直线　　图 5-50 直线移动

5.2.2 插入电气元件和绘制连接线

第一步：单击【插入】选项卡下【块】面板中的【插入】按钮，弹出【插入】对话框，在【名称】下拉列表中选择“指示灯”块文件，选中【插入点】栏中的【在屏幕上指定】复选框，然后单击【确定】按钮。

命令：_insert

指定插入点或［比例（S）/X/Y/Z/旋转（R）/预览比例（PS）/PY/PZ/预览旋转（PR)]：单击 a 点作为插入点，完成照明灯的插入，如图 5-51 所示。

第二步：采用第一步的方法，完成其他电气元件的插入。

第三步：单击【常用】选项卡下【绘图】面板中的【直线】按钮，以激活“line”命令，并打开【正交】模式，绘制电气元件间的连接线，如图 5-52 所示。

第四步：采用第一、三步的方法，完成其余电气元件的插入、组合以及连线工作，如图 5-53 所示。

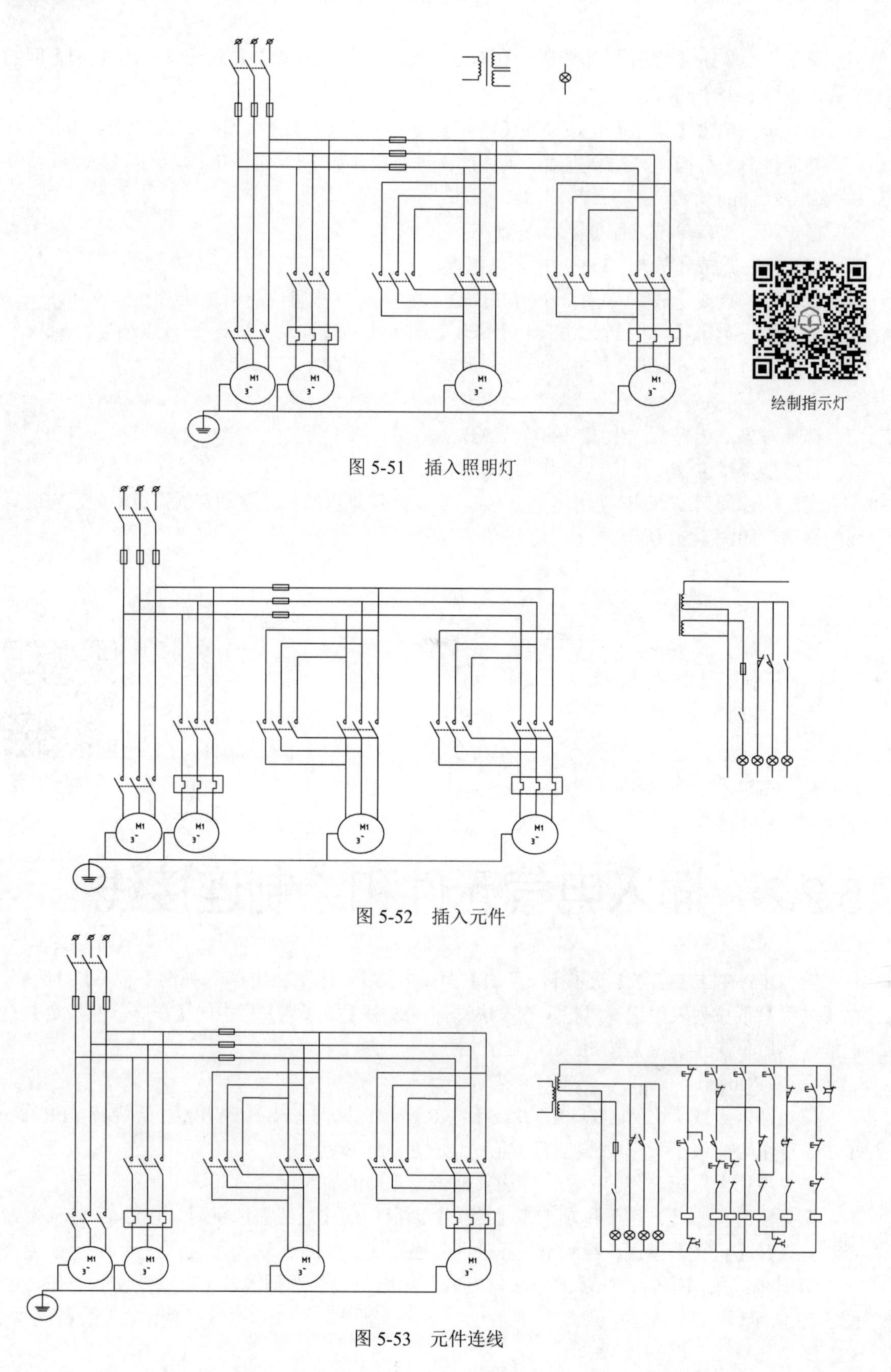

图 5-51　插入照明灯

图 5-52　插入元件

图 5-53　元件连线

任务 5.3
合并电路图

完成主线路和控制电路的绘制后，接下来将两部分合二为一，完成整幅电路图的绘制。

第一步：单击【常用】选项卡下【修改】面板中的【移动】按钮，以激活“move”命令，并通过命令行操作，移动控制电路。具体的命令行操作如下。

命令：_move

选择对象：采用交叉窗口方式选择整个控制电路。

指定对角点：单击整个控制电路的左上角。

选择对象：单击未选入的控制电路部分。

指定基点或位移：单击图示 a 点作为移动基点。

指定位移的第二点或<使用第一个点作为位移>：单击图示 b 点作为移动终点，使变压器线圈位于主线上面，完成控制电路的移动，如图 5-54 所示。

第二步：单击【常用】选项卡下【修改】面板中的【删除】按钮，以激活“erase”命令，并通过命令行操作，删除变压器下面的横导线。具体的命令行操作如下。

命令：_erase

选择对象：单击图示直线 AB。

选择对象：按【Enter】键确认，完成直线的删除，如图 5-55 所示。

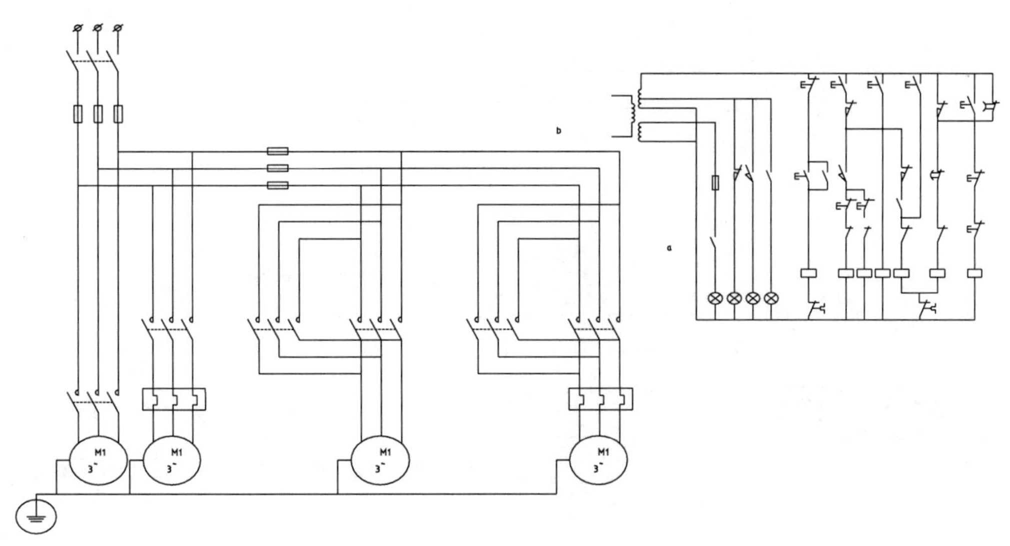

图 5-54　调整电路

第三步：单击【常用】选项卡下【修改】面板中的【圆角】按钮，以激活“fillet”命令， 并通过命令行操作，完成直线的倒圆角。 具体的命令行操作如下。

命令：_fillet

当前设置：模式=修剪，半径=0.000。

选择第一个对象或［多段线（P）/半径（R）/修剪（T）/多个（U）]：选择任意一条虚线。

选择第二个对象：单击图示直线 1。

选择第二个对象：单击图示直线 2，完成直线之间的倒圆角，如图 5-56 所示。

图 5-55 删除直线

图 5-56 直线之间倒圆角

第四步：采用第三步方法，完成其他直线之间的倒圆角，如图 5-57 所示。

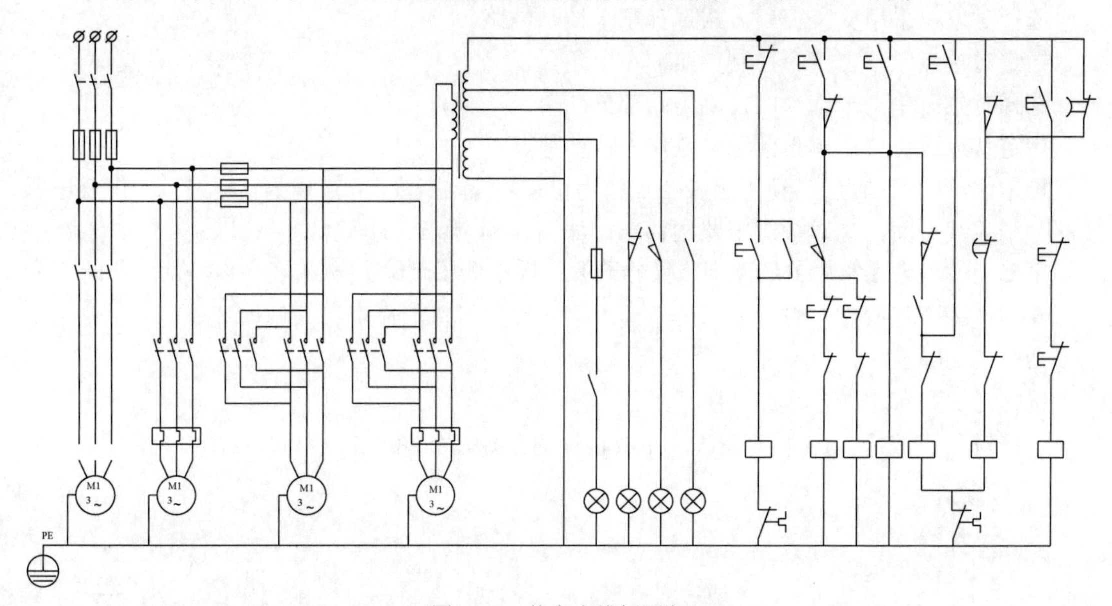

图 5-57 其余直线倒圆角

任务 5.4 注释文字

选择【绘图】➢【文字】➢【多行文字】菜单命令，以激活“MTEXT”命令，并通过命令行操作，完成注释的添加。具体的命令行操作如下。

命令：_MTEXT

当前文字样式：“standard”文字高度：2.5

注释性：否

指定第一角点：选择电气元件附近。

指定对角点［高度（H）/对正（J）/旋转（R）/样式（S）/宽度（w）栏（C）]：在适当的位置处单击指定。

弹出【文字格式】对话框，将文字样式设置为“standard”，字高设置为“2.5”，然后在需要进行文字标注的地方框选出文字输入区域，如图 5-58 所示。

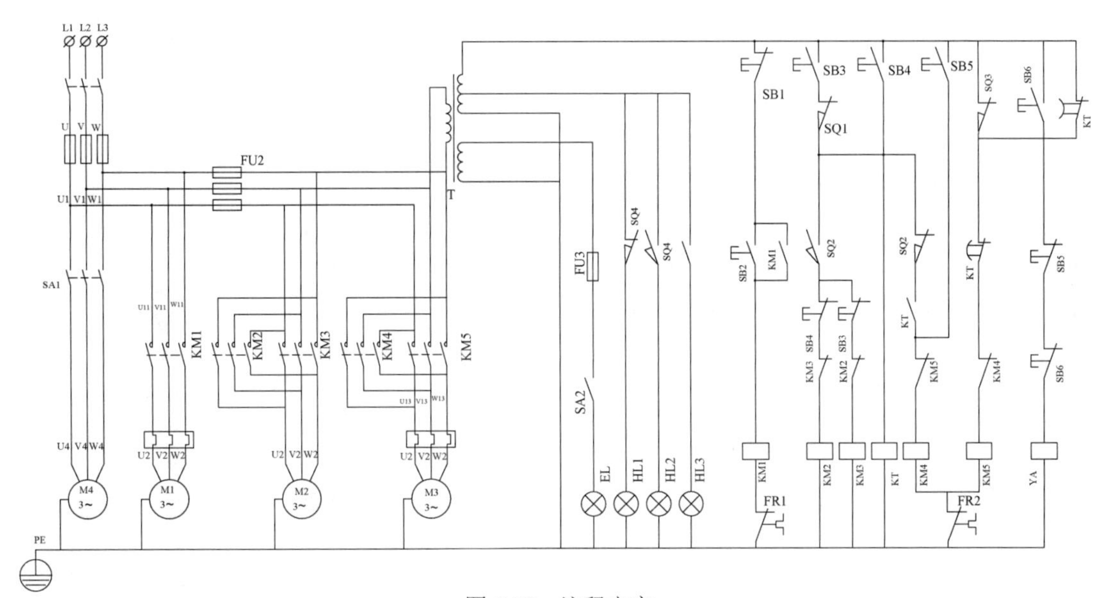

图 5-58 注释文字

项目 6

电镀生产线 PLC 外部接线图的设计

《电气简图用图形符号》中规定电子元件符号属于电气图符号，首先选择绘制简单的电镀生产线 PLC 的外部接线图，其中既包含了电子元件，也有电气元件，在对电子元件画法了解的同时，也让学生对电气图的绘制步骤有一定的了解。

电镀生产线 PLC 系统外部接线图如图 6-1 所示。

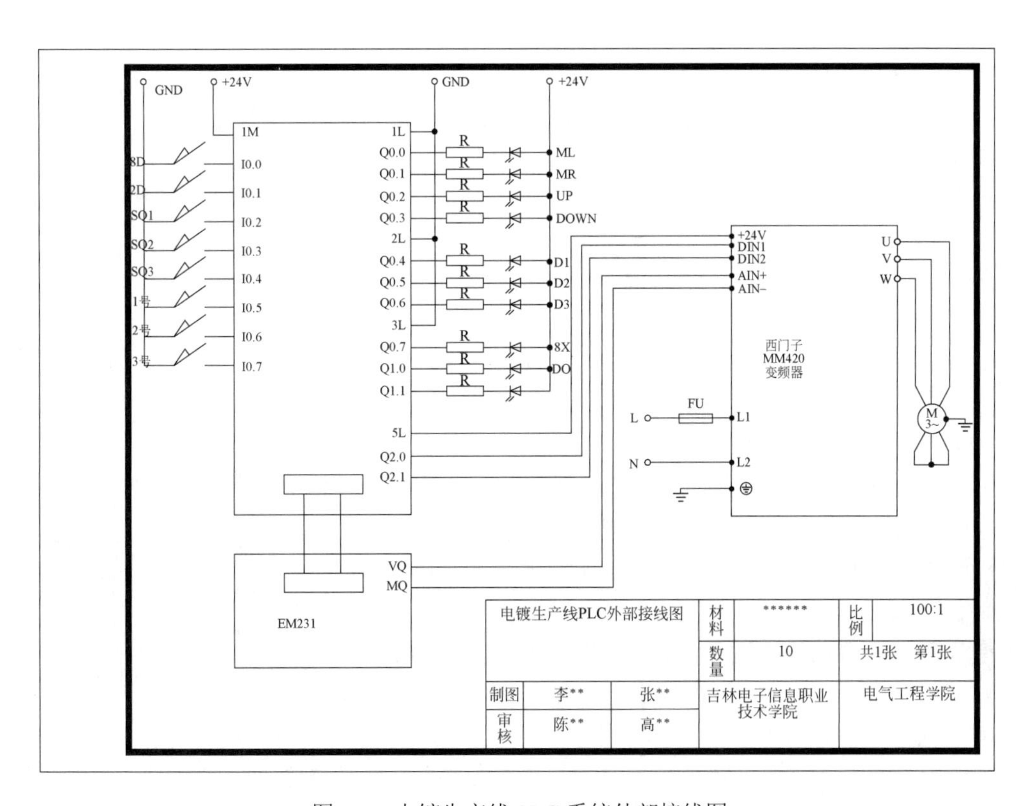

图 6-1　电镀生产线 PLC 系统外部接线图

任务 6.1 绘制电气元件并创建图块

6.1.1 绘制电阻元件

（1）设置绘图环境

在命令行输入“limits”命令，按回车键确认，具体的命令行操作如下。

命令：_limits

指定左下角点或［开（ON）/关（OFF）］<0.0000，0.0000> 0，0

指定右上角点<420.0000，297.0000> 20，10

在命令行输入“zoom”命令，按回车键确认，具体的命令行操作如下。

命令：_zoom

指定窗口角点，输入比例因子（nX 或 nXP），或［全部（A）/中心点（C）/动态（D）/范围（E）/上一个（P）/比例（S）/窗口（W）］<实时>： A

（2）绘制图形并创建图块

第一步：单击【常用】选项卡下【绘图】面板中的【矩形】按钮，以激活“rectang”命令，并通过命令行操作，绘制一个矩形，如图 6-2 所示。具体的命令行操作如下。

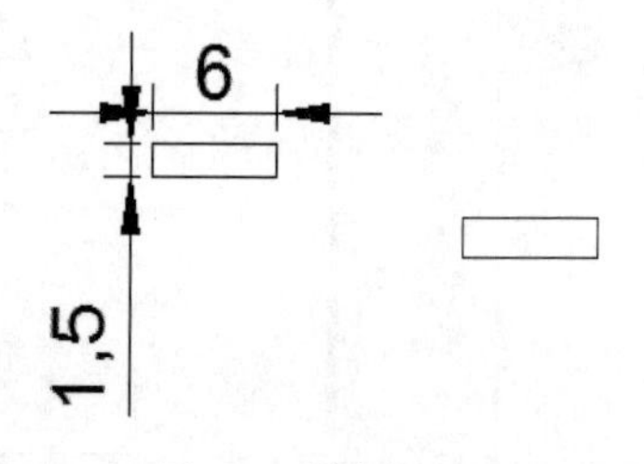

图 6-2 绘制矩形

命令：_rectang

指定第一个角点或［倒角（C）/标高（E）/圆角（F）/厚度（T）/宽度（W）］：//在图框的适当位置任选一点

指定另一个角点或［面积（A）/尺寸（D）/旋转（R）］：@6，-1.5

第二步：单击【常用】选项卡下【绘图】面板中的【直线】按钮，以激活“line”命令，同时打开“对象捕捉”模式，右键选择“中点捕捉”，绘制直线段，如图 6-3 所示。

命令：_line

指定第一个点：　　　　　　　　//捕捉矩形左边的中点

指定下一个点或【放弃（U）】：@5<180

指定下一个点或【放弃（U）】：//回车键确认

绘制电阻元件

第三步：重复 line 命令，绘制直线，如图 6-4 所示。

命令：_line

指定第一个点：　　　　　　　　//捕捉矩形右边的中点

指定下一个点或【放弃（U）】：@5<0

指定下一个点或【放弃（U）】：//回车键确认

图 6-3　绘制直线　　　　图 6-4　重复绘制直线

第四步：创建块

在电路中多次使用电阻对象，所以要将该对象定义成块。

有 3 种方式可以打开如图 6-5 所示的“块定义”对话框进行“创建块”操作。

a.命令行输入“block”，按回车键确认。

b.通过下拉菜单，选择菜单栏“插入”/创建块。

c.单击“块”工具栏中的创建图标。

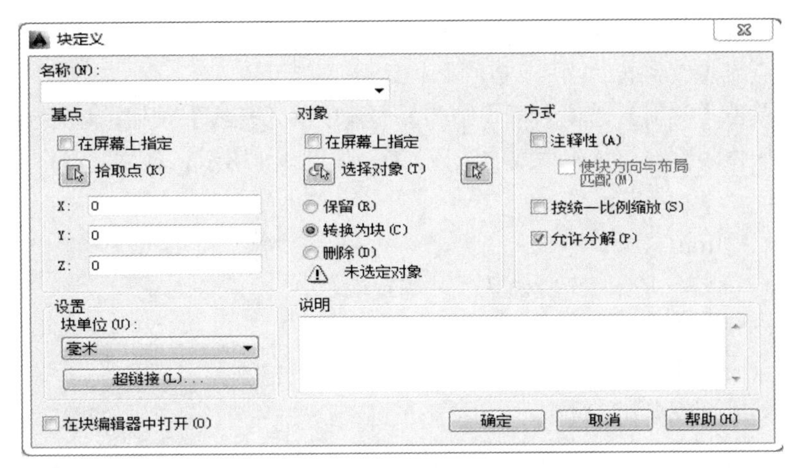

图 6-5　创建块工具栏

点击“选择对象”，选取图中的所有图形，右键确认，同时再次打开“块定义”对话框，

点击“拾取点”，捕捉电阻中心位置，左键确认同时返回“块定义”对话框，如图 6-6 所示，创建名为“电阻”的图形块，单击“确定”完成块生成操作。生成块后，单独的线条元素变成一个整体图符。完成块生成后，设置保存路径，保存图块，供后面需要时调用。再次使用电阻元件时，可以使用“插入块”或对块进行多次复制即可。

图 6-6　创建电阻块工具栏

第五步：选择文件/保存菜单命令，将文件保存为“电阻.dwg”。

6.1.2 绘制发光二极管元件

绘制发光二极管

第一步：单击【常用】选项卡下【绘图】面板中的【直线】按钮，以激活“line”命令，并通过命令行操作，绘制图示 A 点到 B 点的直线段，如图 6-7 所示。具体的命令行操作如下。

命令：_line

指定第一点：　　　　　　//在绘图区域中的适当位置单击选取起点 A

指定下一点或［放弃（U）］：@15，0

指定下一点或［放弃（U）］：//按回车确认

第二步：单击【常用】选项卡下【绘图】面板中的【直线】按钮，以激活“line”命令，并通过命令行操作，绘制与 AB 垂直的线段 CD，如图 6-8 所示。具体的命令行操作如下。

命令：_line

指定第一点：from

基点：end　　　　//按回车键确认，并捕捉端点 A

<偏移>：@5，2.5

指定下一点或［放弃（U）］：@0，-5

指定下一点或［放弃（U）］：　//按回车键确认

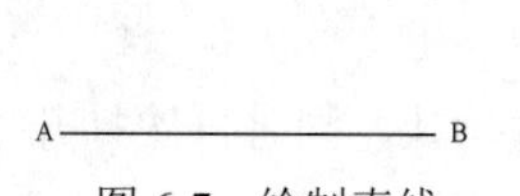

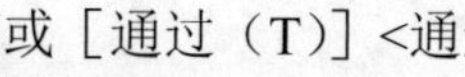

图 6-7　绘制直线

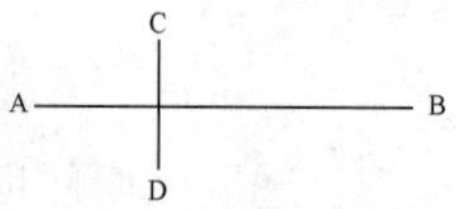

图 6-8　绘制垂直直线

第三步：单击【常用】选项卡下【修改】面板中的【偏移】按钮，以激活“offset”命令，并通过命令行操作，完成直线段 CD 的偏移，如图 6-9 所示。具体的命令行操作如下。

命令：_offset

指定偏移距离或［通过（T）］<通过>：5

选择要偏移的对象或<［退出（E）/多个（M）/放弃（U）］>：　//选择直线 CD

指定要偏移的一侧上的点：　//单击直线 CD 的右侧

选择要偏移的对象或<［退出（E）/多个（M）/放弃（U）］>：　//按回车键确认

第四步：单击【常用】选项卡下【绘图】面板中的【直线】按钮，以激活“line”命令，并通过命令行操作，完成线段 CE 和 ED 的绘制，如图 6-10 所示。具体的命令行操作如下。

命令：_line

指定第一点：　//捕捉端点 C

指定下一点或［放弃（U）］：//捕捉交点 E

指定下一点或［放弃（U）］：//捕捉交点 D

指定下一点或［闭合（C）/放弃（U）］：//按回车键确认

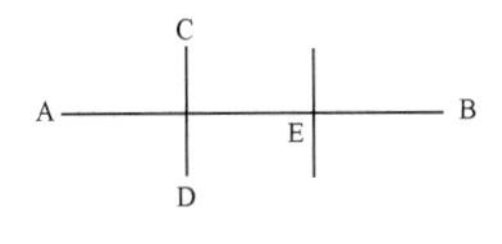

图 6-9　直线偏移

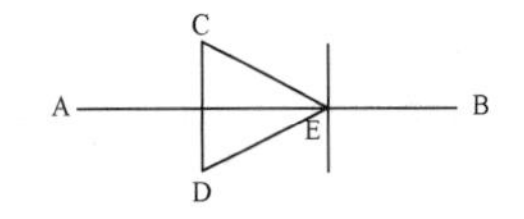

图 6-10　绘制直线段

第五步：单击【常用】选项卡下【绘图】面板中的【多段线】按钮，以激活“pline”命令，并通过命令行操作，完成箭头的绘制，如图 6-11 所示。具体的命令行操作如下。

命令：_pline

指定第一点：//选二极管上方合适位置

指定下一个点或［圆弧（A）半宽（H）长度（L）放弃（U）宽度（W）］：@4<45

指定下一个点或［圆弧（A）半宽（H）长度（L）放弃（U）宽度（W）］：w

指定起点宽度<0.0000>：0.5

指定端点宽度<0.5000>：0

指定下一点或［闭合（C）/放弃（U）］：@2<45

指定下一个点或［圆弧（A）半宽（H）长度（L）放弃（U）宽度（W）］：//回车确认

第六步：单击【常用】选项卡下【修改】面板中的【复制】按钮，以激活“copy”命令，并通过命令行操作，完成箭头的复制，如图 6-12 所示。具体的命令行操作如下。

命令：_copy

选择对象：//单击选中箭头

选择对象：//回车键确认

指定基点或［位移（D）模式（O）］<位移>：//指定中心点为基点

指定第二个点或［阵列（A）］：@2.5<0

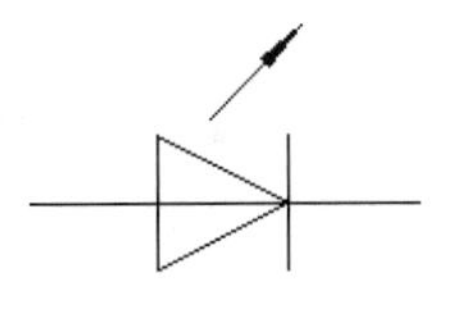
图 6-11　绘制箭头

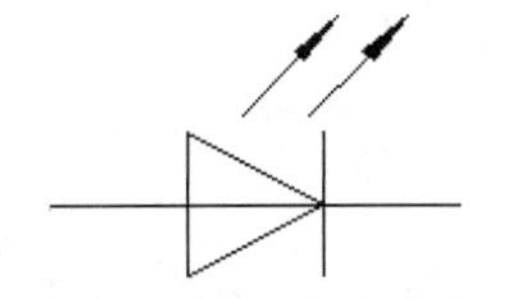
图 6-12　复制箭头

第七步：创建块，单击“块”工具栏中的创建图标，创建名为“发光二极管”的图形块。

6.1.3　绘制熔断器元件

绘制熔断器

第一步：单击【修改】工具栏【复制】按钮，或者字命令行中输入“copy”（复制）命令，复制电阻元件，如图 6-13 所示。

命令：_copy

选择对象：　　　　　　　//选择电阻元件，右键确认

指定基点或［位移（D）模式（O）］：　　//选择电阻中心位置

指定第二个点或［阵列（A)］：　　　//任选一点

第二步：单击【常用】选项卡下【绘图】面板中的【直线】按钮，以激活“line”命令，并通过命令行操作，绘制直线，如图 6-14 所示。具体的命令行操作如下。

命令：_line

指定第一点：　　　　　　//捕捉矩形左边中点

指定下一点或［放弃（U)］：　//捕捉矩形右边中点

指定下一点或［放弃（U)］：//按回车确认

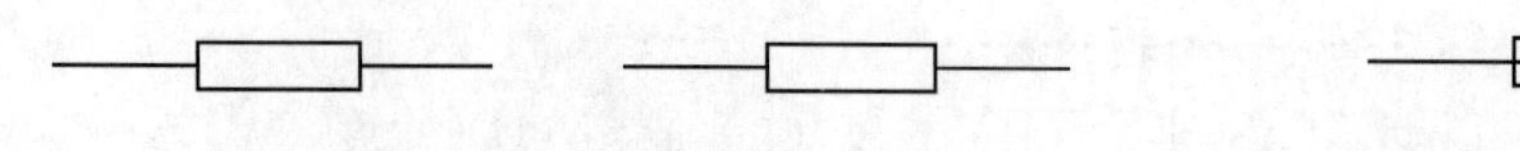

图 6-13　复制电阻元件　　　　图 6-14　绘制直线

第三步：单击“块”工具栏中的创建图标，创建名为“熔断器”的图形块。

6.1.4　绘制行程开关

绘制行程开关

第一步：单击【常用】选项卡下【绘图】面板中的【直线】按钮，以激活“line”命令，并通过命令行操作，绘制一条竖直向上的直线，如图 6-15 所示。具体的命令行操作如下。

命令：_line

指定第一点：//在绘图区域任意位置单击选定一点，并打开正交模式

指定下一点或［放弃（U)］：@5<90

指定下一点或［放弃（U)］：@5<120　//按回车键确认

指定下一点或［闭合（C）/放弃（U)］：//按回车键确认

第二步：单击【常用】选项卡下【绘图】面板中的【直线】按钮，以激活“line”命令，同时打开【对象追踪】模式中【外观交点】捕捉，绘制直线，如图 6-16 所示。

命令：_line

指定第一点：//捕捉图中的点

指定下一点或［放弃（U)］：@5<90　//按回车键确认

指定下一点或［放弃（U)］：　//按回车键确认

第三步：单击【常用】选项卡下【绘图】面板中的【直线】按钮，以激活“line”命令，并通过命令行操作，如图 6-17 所示。

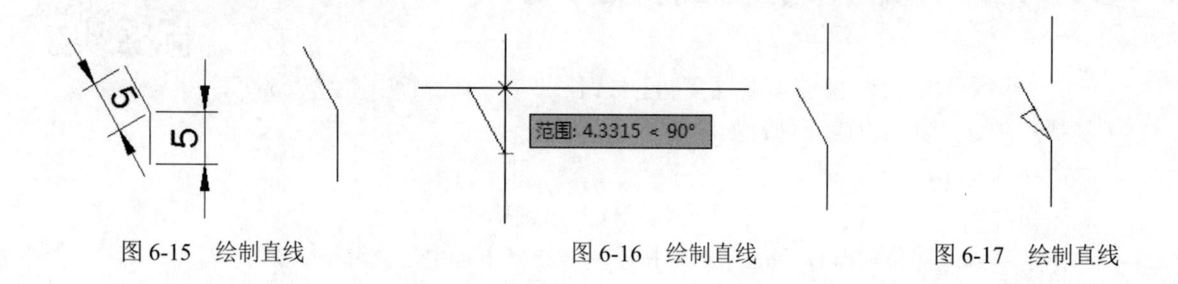

图 6-15　绘制直线　　　　图 6-16　绘制直线　　　　图 6-17　绘制直线

命令：_line
指定第一点：//捕捉直线与斜线的交点
指定下一点或［放弃（U）］：@3<145
指定下一点或［放弃（U）］：//捕捉斜线的垂足
指定下一点或［放弃（U）］：//回车键确认
第四步：单击“块”工具栏中的创建图标，创建名为“行程开关常开”的图形块。

6.1.5 绘制接地图形符号

第一步：单击【常用】选项卡下【绘图】面板中的【直线】按钮，以激活“line”命令，并通过命令行操作，完成直线的绘制，如图 6-18 所示。具体的命令行操作如下：

命令：_line
指定第一个点：　　　　　　　　//任意点
指定下一个点或【放弃（U）】：@10，0
指定下一个点或【放弃（U）】：//回车键确认

第二步：单击【常用】选项卡下【绘图】面板中的【直线】按钮，以激活“line”命令，打开“中点捕捉”，并通过命令行操作，完成直线的绘制，如图 6-19 所示。具体的命令行操作如下：

命令：_line
指定第一个点：　　　　　　　　//水平直线的中点
指定下一个点或【放弃（U）】：@14<90
指定下一个点或【放弃（U）】：//回车键确认

绘制接地图形符号

第三步：单击【常用】选项卡下【修改】面板中的【偏移】按钮，按照图中所给出的尺寸通过偏移操作创建其他线段，如图 6-20 所示。

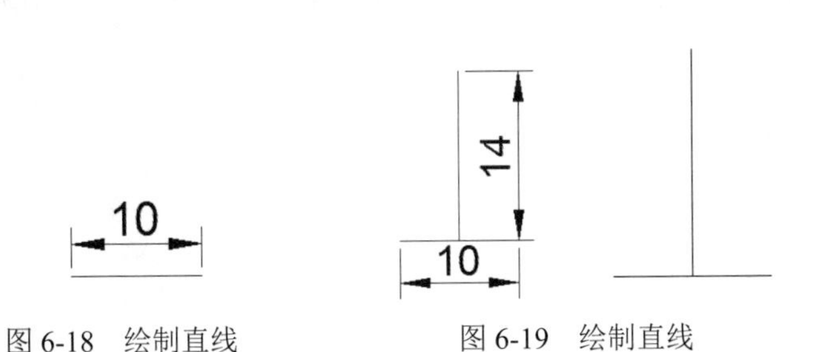

图 6-18　绘制直线　　图 6-19　绘制直线

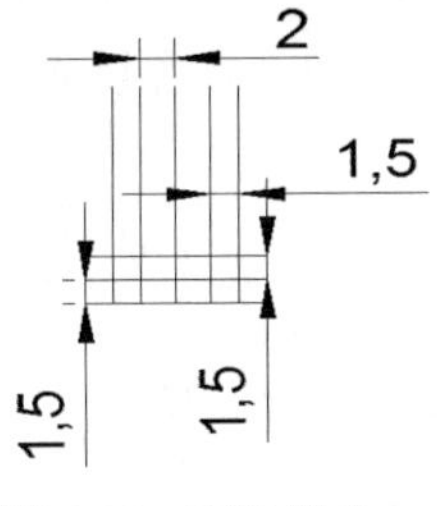

图 6-20　直线偏移

第四步：单击【常用】选项卡下【修改】面板中的【修剪】按钮，将图形修剪如图 6-21 所示。

第五步：单击【常用】选项卡下【修改】面板中的【删除】按钮，选择不需要的线段并按“回车”键将它们删除，结果如图 6-22 所示。

第六步：单击“块”工具栏中的创建图标，创建名为“一般接地”的图形块。

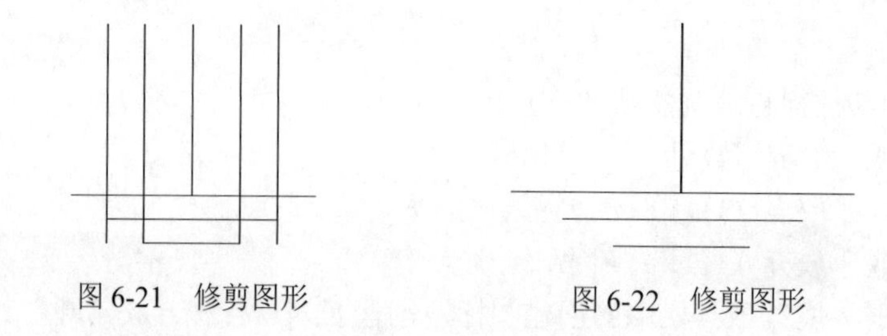

图 6-21　修剪图形　　　　图 6-22　修剪图形

6.1.6　绘制插头和插座

第一步：单击【常用】选项卡【绘图】面板中的【圆】按钮，或者在命令行中输入“circle”命令，选用“半径”模式，绘制半径为 4 的圆，完成后的效果如图 6-23 所示。

第二步：单击【常用】选项卡【绘图】面板中的（构造线）按钮，或者在命令行中输入“xline”命令，绘制一条铅直直线作为辅助线，如图 6-24 所示。

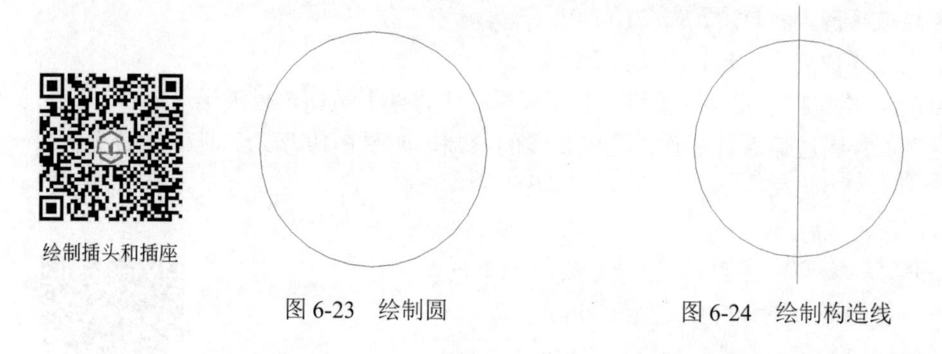

绘制插头和插座

图 6-23　绘制圆　　　　图 6-24　绘制构造线

第三步：单击【常用】选项卡【修改】面板中的（修剪）按钮，或者在命令行中输入“trim”命令，修剪对象、剪切边如图所示，完成后的效果如图 6-25 所示。

第四步：单击【常用】选项卡【修改】面板中的（删除）按钮，或者在命令行中输入“erase”命令，删除对象为构造线，完成后的效果如图 6-26 所示。

图 6-25　修剪圆　　　　图 6-26　删除半圆

第五步：单击【常用】选项卡【绘图】面板中的（多段线）按钮，或者在命令行中输入“pline”命令，绘制一条宽直线，完成后的效果如图 6-27 所示。

第六步：单击【常用】选项卡【绘图】面板中的 （直线）按钮，或者在命令行中输入“line”命令，绘制直线，直线位置、尺寸如图所示，完成后的效果如图 6-28 所示。

图 6-27　绘制多线段　　　　图 6-28　绘制直线

第七步：单击【常用】选项卡【绘图】面板中的 （直线）按钮，或者在命令行中输入“line”命令，绘制直线，直线位置、尺寸如图所示，完成后的效果如图 6-29 所示。

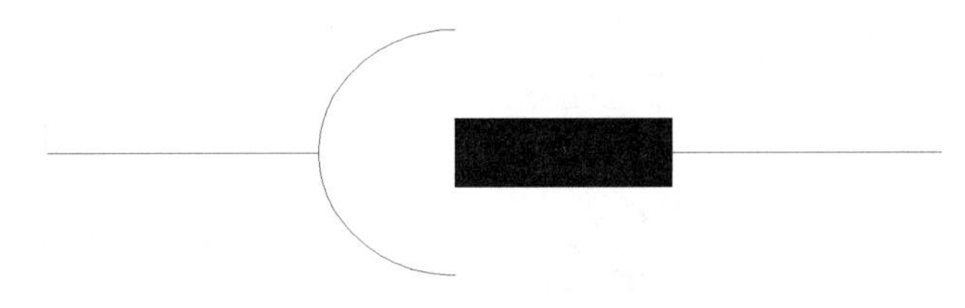

图 6-29　绘制直线

第八步：单击【插入】选项卡“块定义”面板中的 （创建块）按钮，或者在命令行中输入“block”命令，在弹出的“块定义”对话框中输入块名称“插头和插座”，指定图中的横向直线的左端点为基准点，选择插头和插座为块定义对象，设置“块单位”为“毫米”，将绘制的插头和插座存储为图块，以便调用。

任务 6.2 绘制电镀生产线 PLC 外部接线图

6.2.1　绘制线路结构图

观察图 6-1 可知，图中所有的元器件之间都是用直线连接而成的，如果除去元器件，电路图就变为只有直线的结构图，我们称为线路结构图，许多电路图的绘制都是在线路结构图基础上添加元器件、设备的图块来完成的。图 6-1 中的线路结构图绘制结果图如图 6-30 所示。

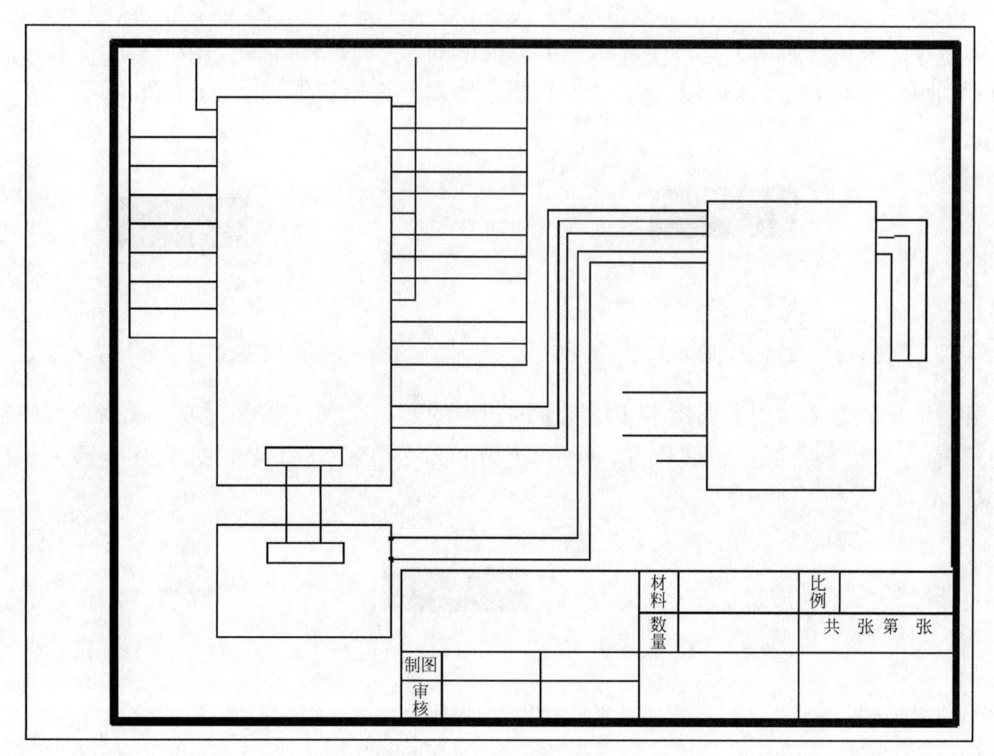

图 6-30　线路结构图

第一步：将图层切换到“线路层”，关闭“元器件层”，打开“正交”“对象捕捉追踪”模式，打开“最近点捕捉”。调用“矩形”命令，画 6 个矩形，如图 6-31 所示。

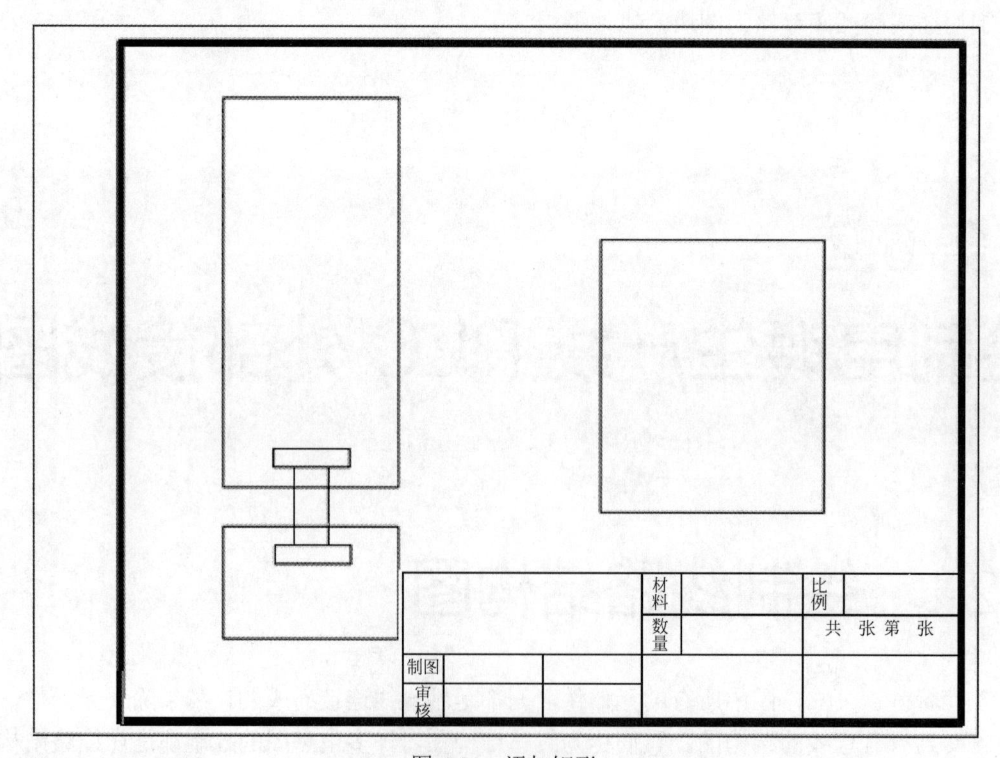

图 6-31　添加矩形

第二步：调用“直线”命令，画一条直线，如图 6-32 所示。

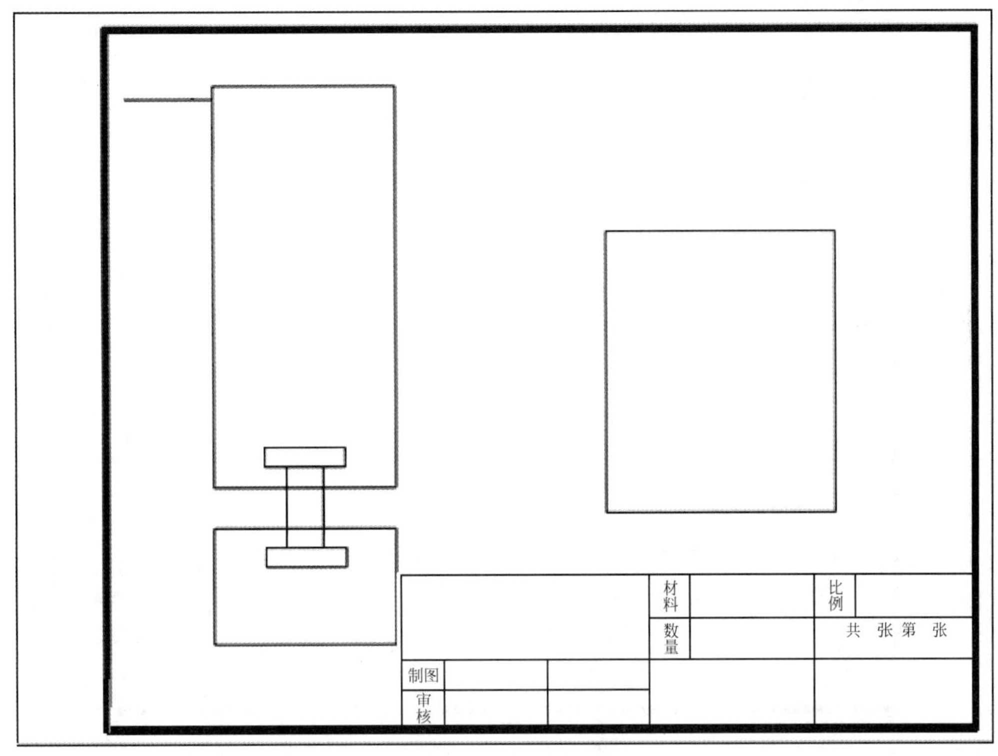

图 6-32 添加直线

第三步：调用“偏移”命令，偏移距离为 8，画出其他 8 根直线，如图 6-33 所示。

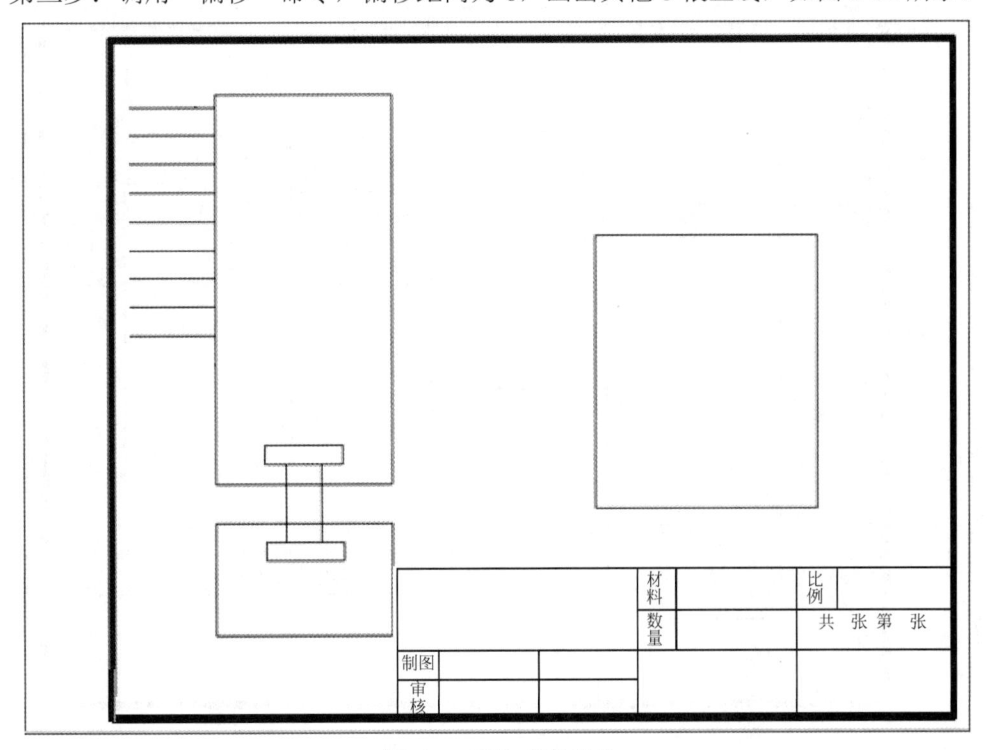

图 6-33 添加其他直线

第四步：调用“直线”命令，打开“正交”模式，画垂直的两条直线，如图 6-34 所示。

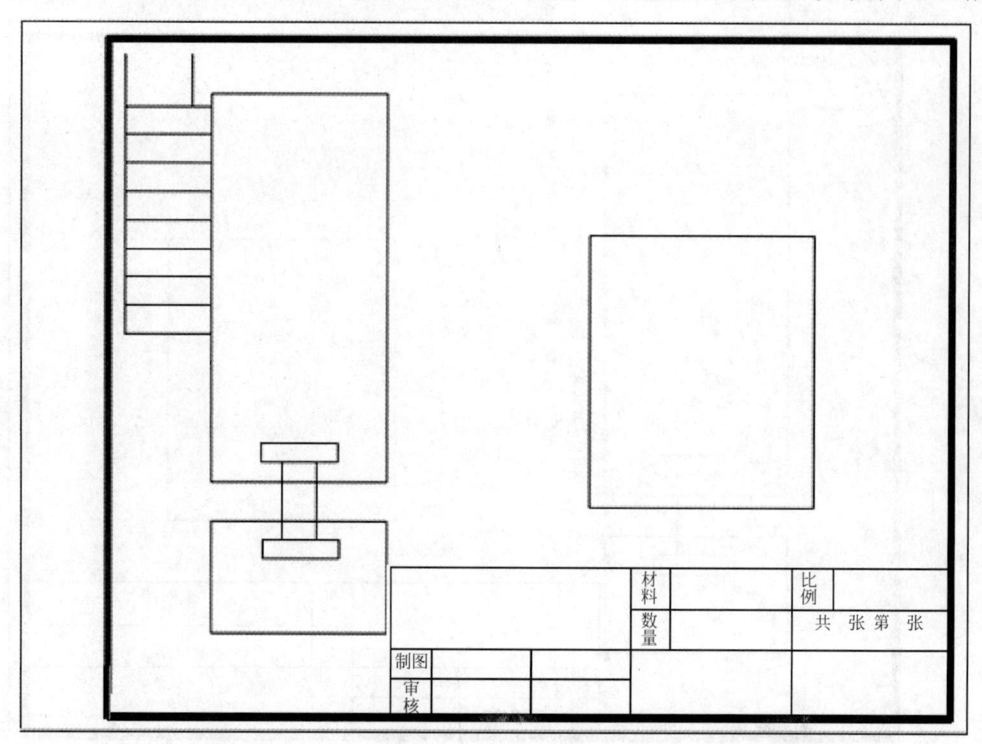

图 6-34 添加垂线

第五步：同理，重复用“直线”和“偏移”命令绘制出如图 6-35 所示的直线。

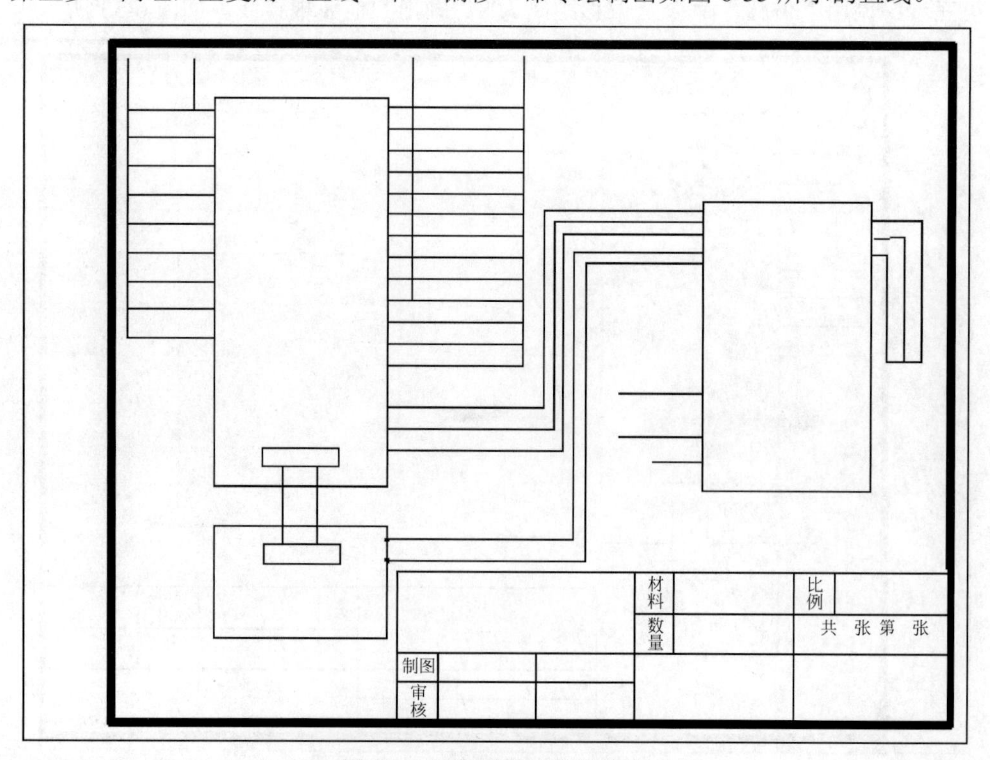

图 6-35 添加其他直线及垂线

第六步：调用“修剪”命令完成多余线条修剪，即可得到如图 6-36 所示的线路结构图。

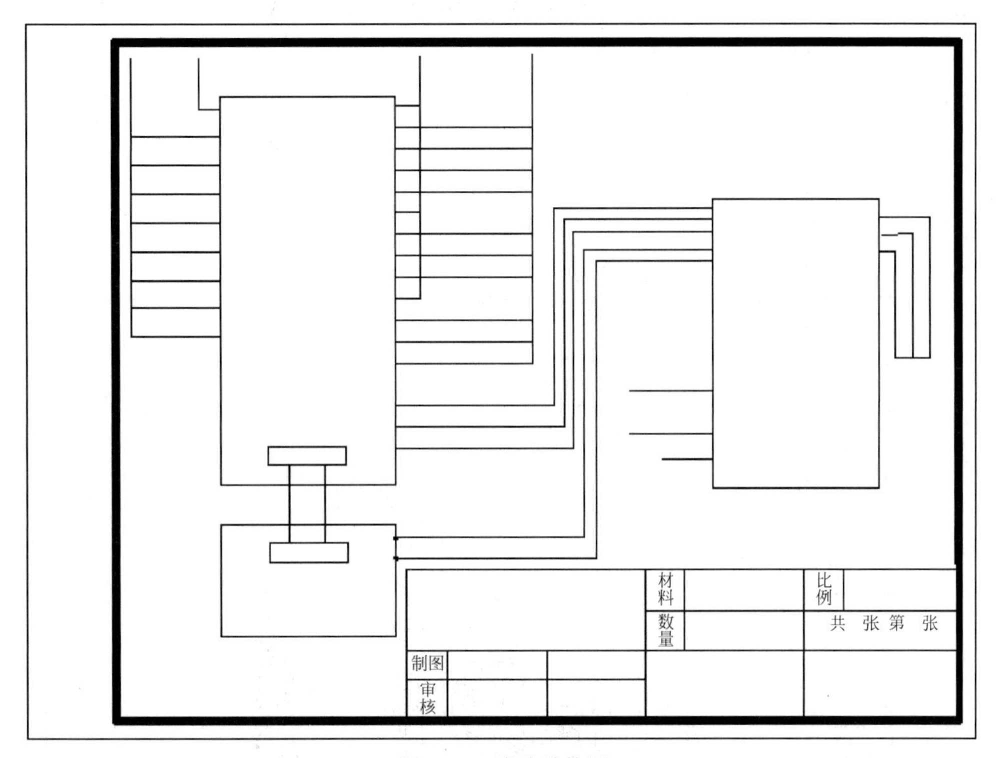

图 6-36　线路结构图

6.2.2　插入电气元件图块

打开“元器件层”，将前面画好的元器件图形符号依次复制、移动到线路结构图的相应位置上。插入过程中，结合使用“对象捕捉”等功能，同时注意各图形符号的大小与线路结构不协调时，要根据实际需要利用“缩放”功能来即时调整。

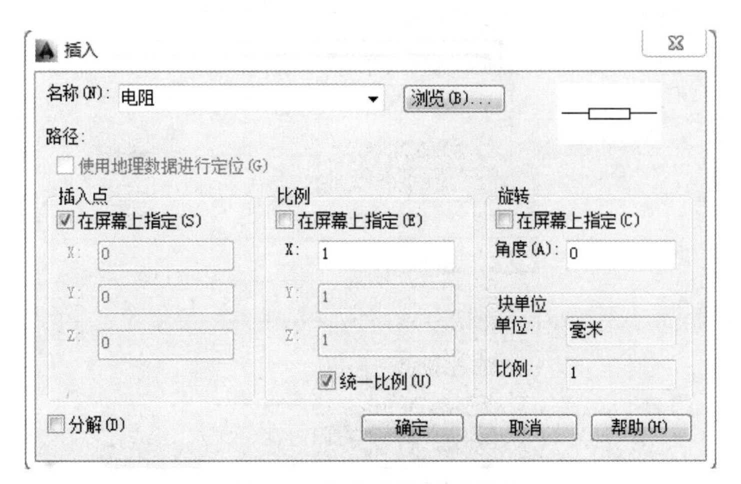

图 6-37　插入电阻块对话框

本例中图形符号比较多，下面以将电阻符号插入到导线之间这一操作为例来说明插入、调整块的操作方法。

第一步：调用“插入块”命令，在对话框里选择“电阻”为插入对象，如图 6-37 所示。插入点在屏幕上插入位置（AB 线）附近选一点，若插入位置和电阻预览图形方向不一致，可在“旋转角度”输入框内输入旋转角度，通常为 90°/–90°（垂直翻转）或 180°（水平翻转），也可以先插入，然后再根据需要执行“旋转”命令调整。这里直接单击“确定”插入电阻符号，结果如图 6-38 所示。

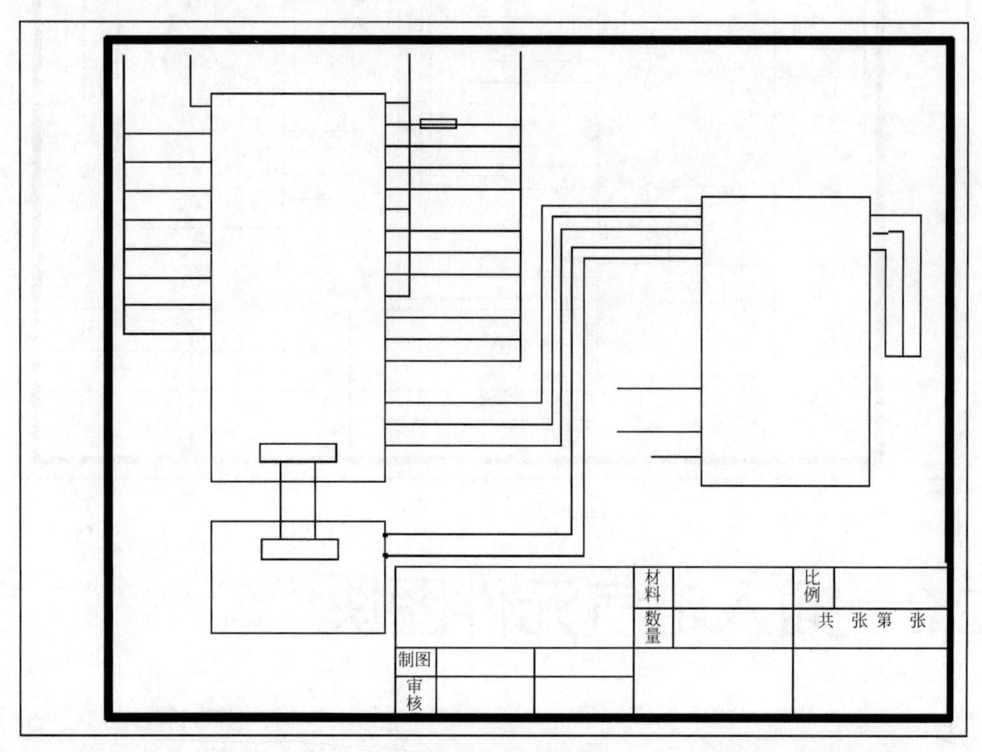

图 6-38　插入电阻图块

第二步：用“修剪”命令去掉电阻内的直线，如图 6-39 所示。

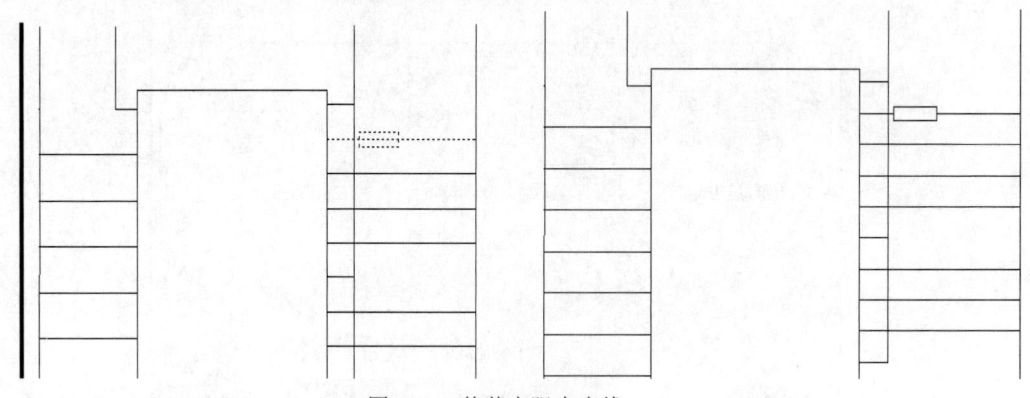
图 6-39　修剪电阻内直线

第三步：如电阻元件尺寸过小，可选中电阻块，执行“缩放”命令，按下面命令行提示操作，得到图 6-40 所示图形。（此步骤根据情况，可以不设置。）

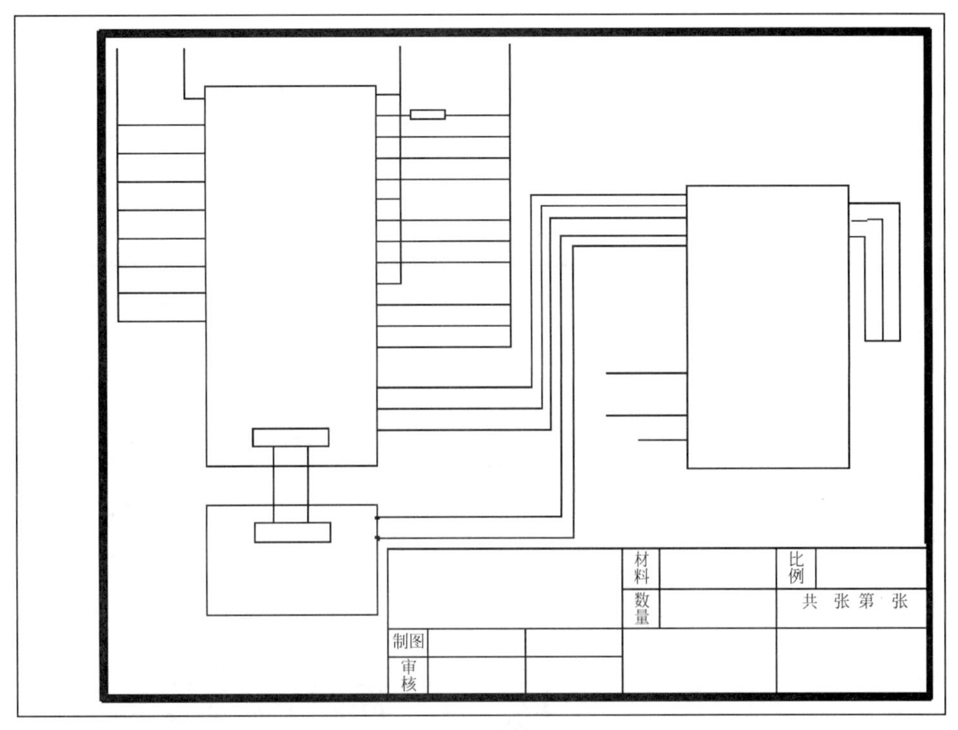

图 6-40 调整电阻尺寸

命令：_scale
选择对象：找到一个 //单击电阻块
选择对象： //单击右键确认
指定基点： //电阻中心点
指定比例因子或［复制（C）/参照（R）］：2。

第四步：第一个电阻插入完成后，其他的电阻就可以通过复制这个电阻块而得到，并保持整个图的统一性。其他元件块第一次插入时采用的方法和上述电阻块插入方法一致。

第五步：按照上述方法将全部的元器件插入完成后的电路图如图 6-41 所示。

6.2.3 添加文字和注释

第一步：打开“文字层”，单击菜单栏/注释，单击“文字”工具栏的“文字样式”，选择“管理文字样式”，打开“文字样式”对话框，如图 6-42 所示。

第二步：字体选“仿宋”，高度选择默认值为 0，宽度比例输入值为 0.7，倾斜角度默认值为 0。检查预览区文字外观，如果合适，单击“应用”和“关闭”按钮，如图 6-43 所示。

第三步：文字格式设置好了，下面进行文字输入。单击“注释”工具栏“单行文字 A”图标，在要添加文字位置上单击确定文字框，在光标闪烁的框内输入“1M”，按回车键确认。用同样的方法输入全部元器件名称。整个电路图就画好了，如图 6-44 所示。

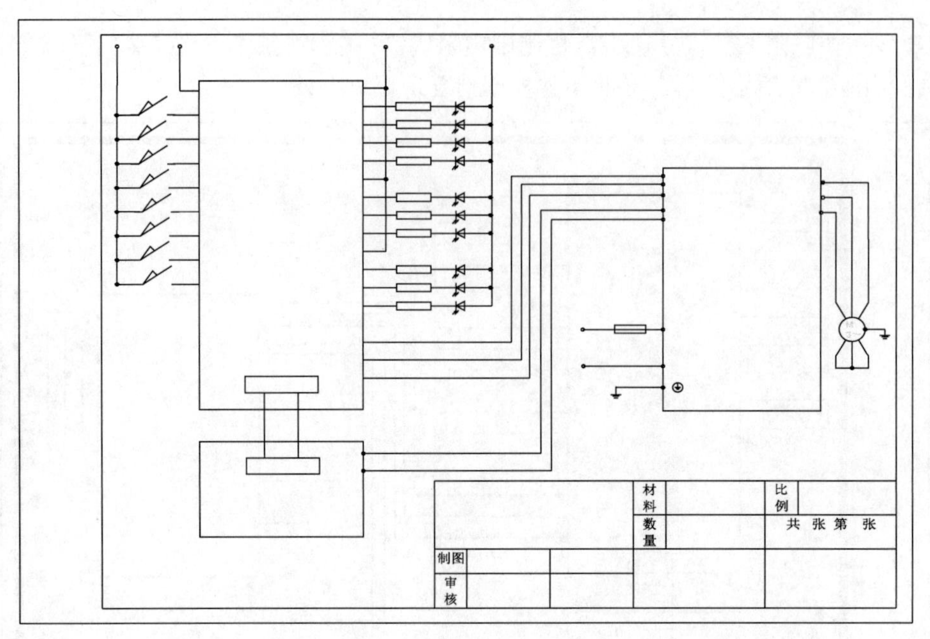

图6-41 插入所有元件

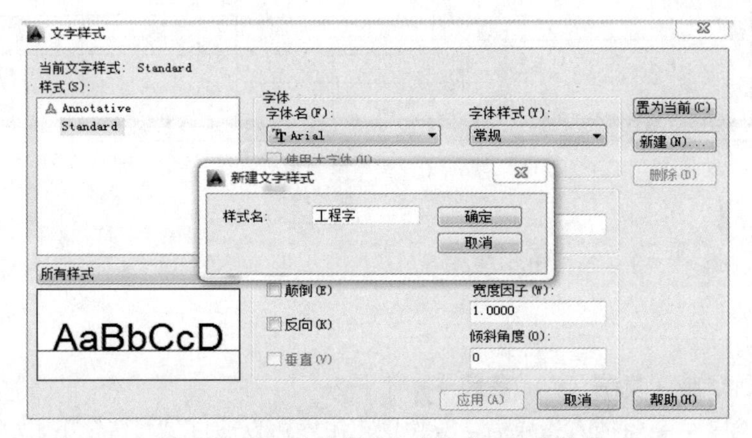

图6-42 在“文字样式”中新建工程字样式

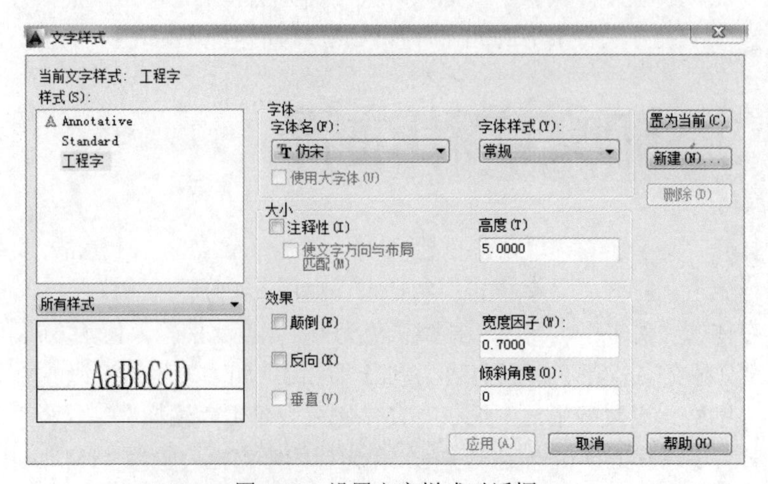

图6-43 设置文字样式对话框

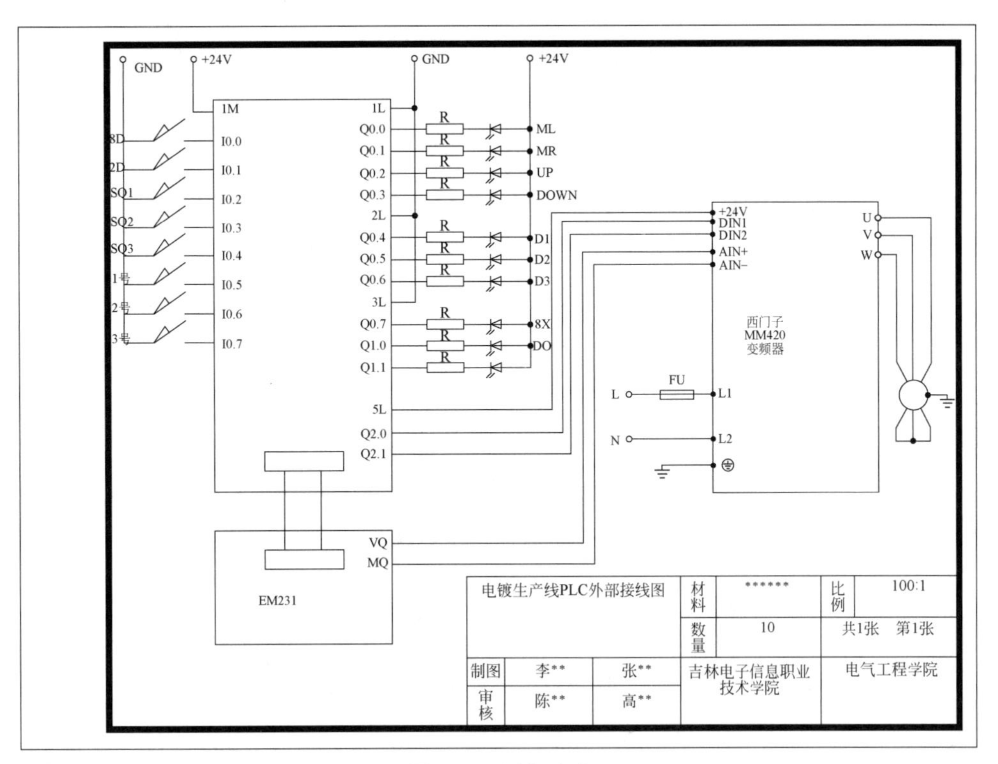

图 6-44 添加文字

6.2.4 保存电镀生产线 PLC 外部接线图

选择文件/保存菜单命令，将文件保存为“电镀生产线 PLC 外部接线图.dwg”。

任务 6.3 绘制电镀生产线 PLC 外部接线图分解图

对于复杂的电气图，通常采用多页图纸的绘制方法，将整体的电气图进行分解，也称为分解图。本例中将以简单的电镀生产线PLC外部接线图为例，介绍带图幅分区的分解图绘制方法。

6.3.1 项目效果预览

PLC原理图、变频器原理图分别如图6-45、图6-46所示。

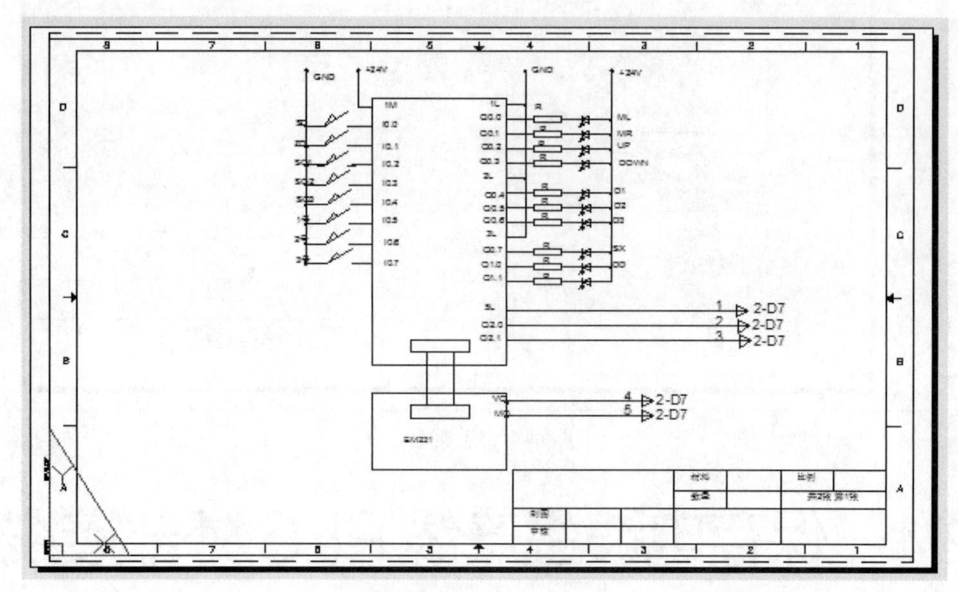

图6-45　PLC原理图

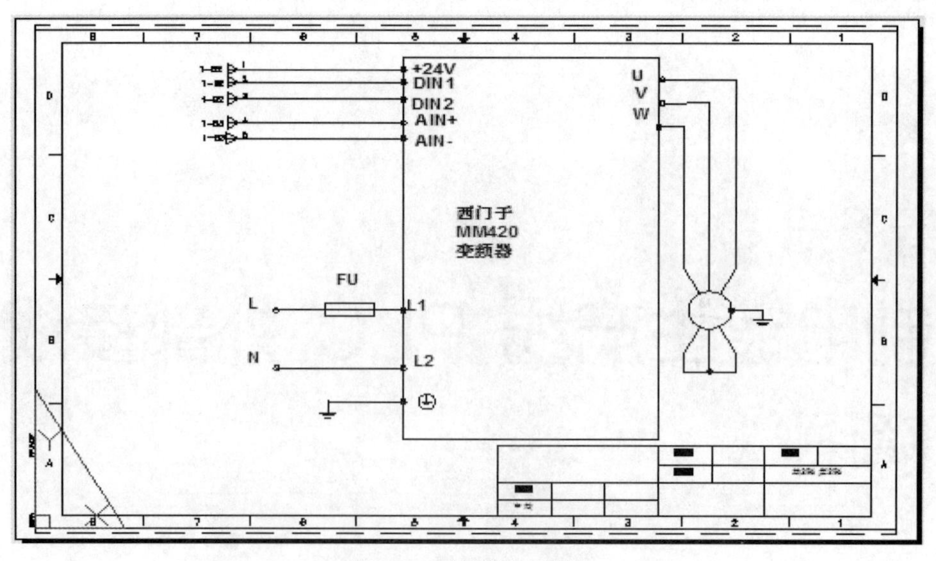

图6-46　变频器原理图

6.3.2 绘制带图幅分区的样板图

第一步：打开 AutoCAD 2013，选择“新建图形文件”，样板文件中选择“Tutorial-iMfg.dwt”，如图 6-47 所示，样板文件中自带图幅分区，如图 6-48 所示。

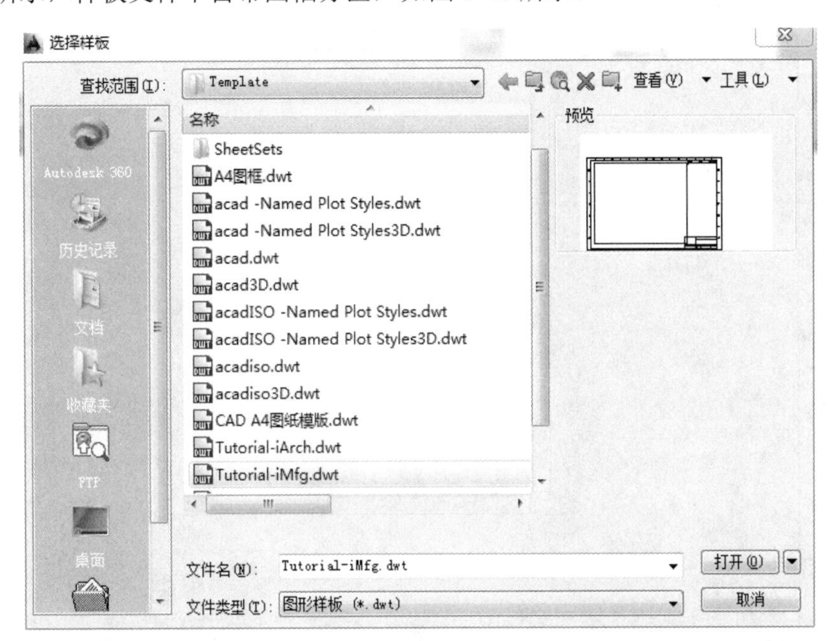

图 6-47　选择样板文件

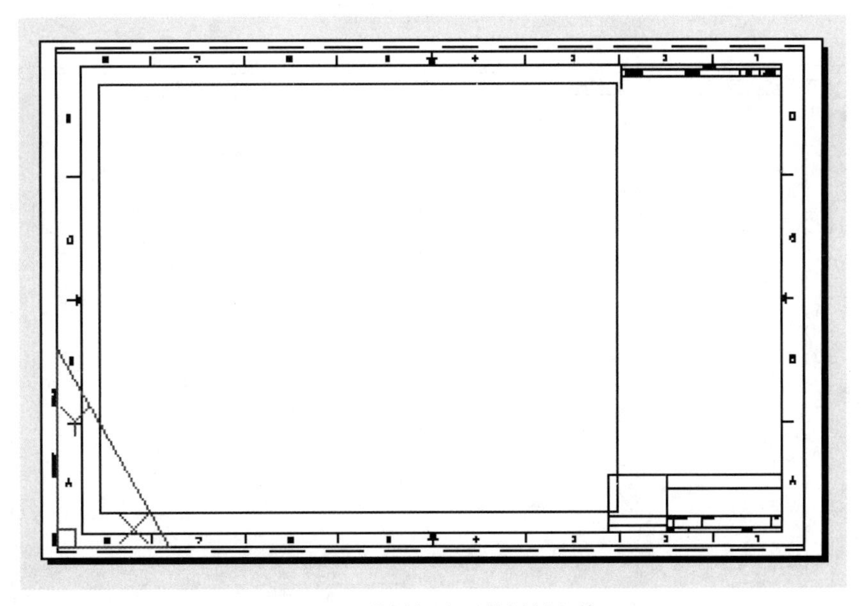

图 6-48　带图幅分区的样板文件

第二步：选中分区，单击【常用】选项卡下【修改】面板中的【分解】按钮，将分区分解。单击【修改】面板中的【删除】按钮，将样板文件删除如图 6-49 所示。

第三步：绘制标题栏，也可使用“复制”命令将标题栏复制到新的样板文件中，添加完标题栏如图 6-50 所示。

第四步：选择菜单栏中的“另存为”命令，选择图形样板，将图形保存为“带图幅分样板图.dwt”格式文件即可。

图 6-49　删除多余部分

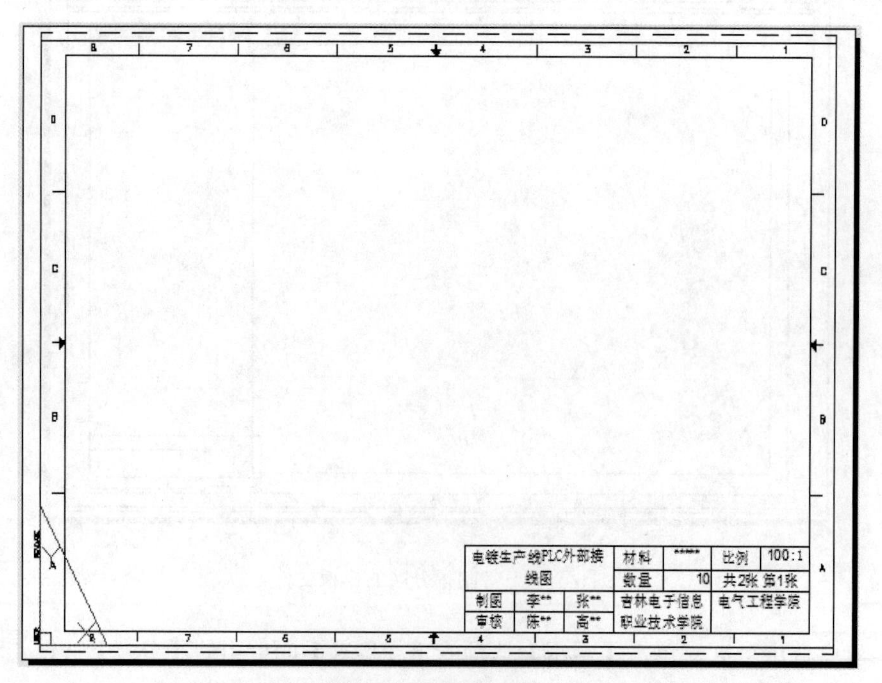

图 6-50　添加标题栏

6.3.3 绘制接线图

通过分析图 6-1，可以电镀生产线 PLC 原理图分解成 PLC 部分及变频器部分原理图，如图 6-51、图 6-52 所示。

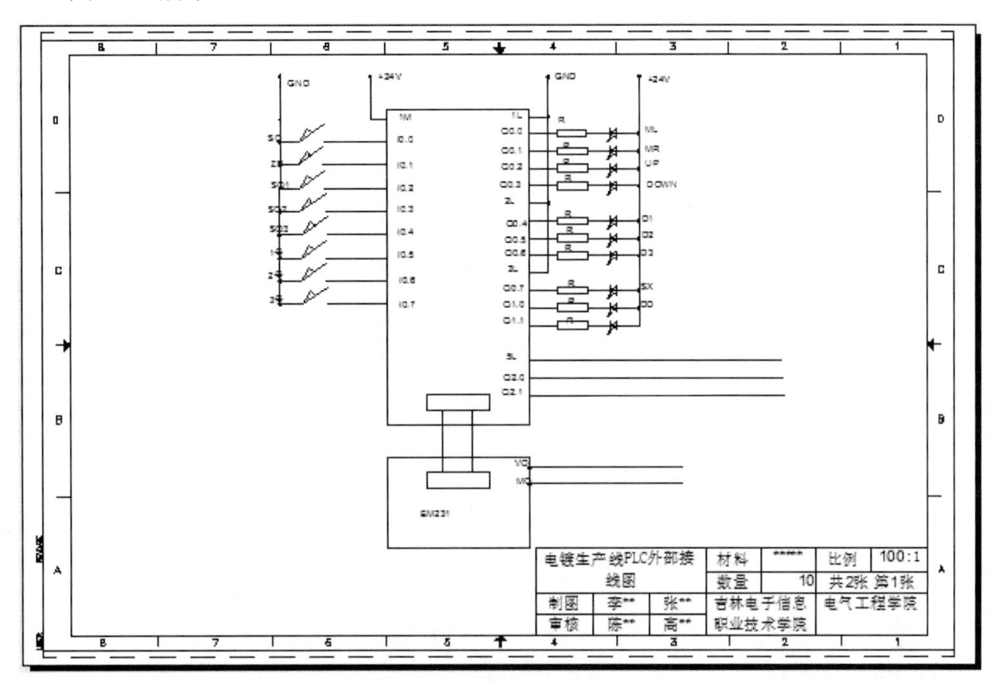

图 6-51　PLC 部分原理图

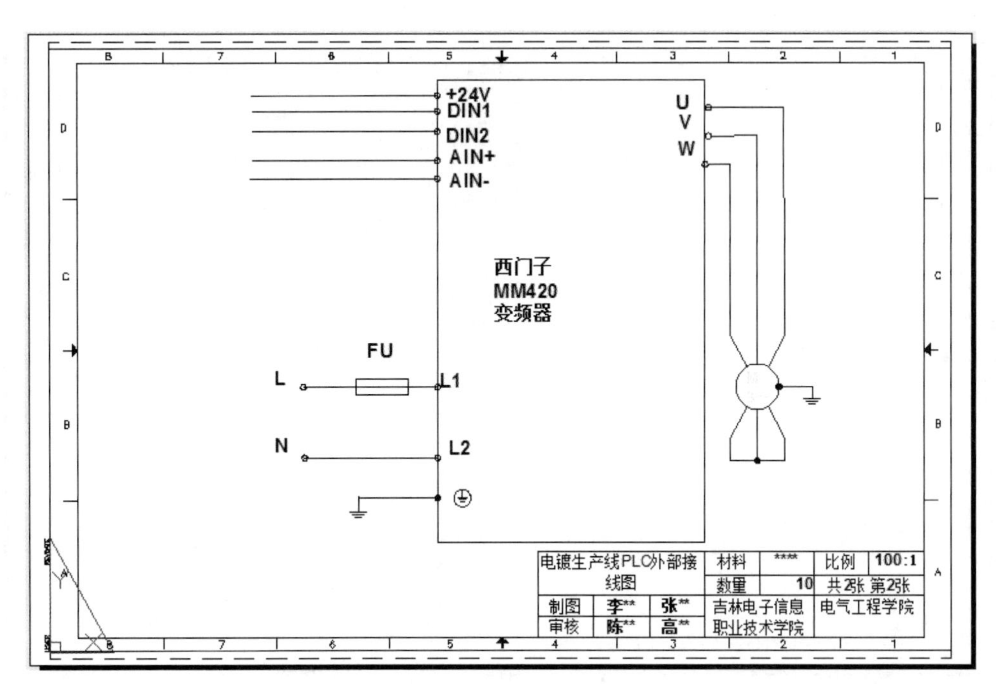

图 6-52　变频器部分原理图

6.3.4 绘制多页图纸连接符号

多页图纸连接符号分为出线符号及进线符号，可使用“多边形”命令或“直线”命令绘制，出线符号顶点指向图纸外部，如图 6-53 所示，进线符号顶点指向图纸内部，如图 6-54 所示。

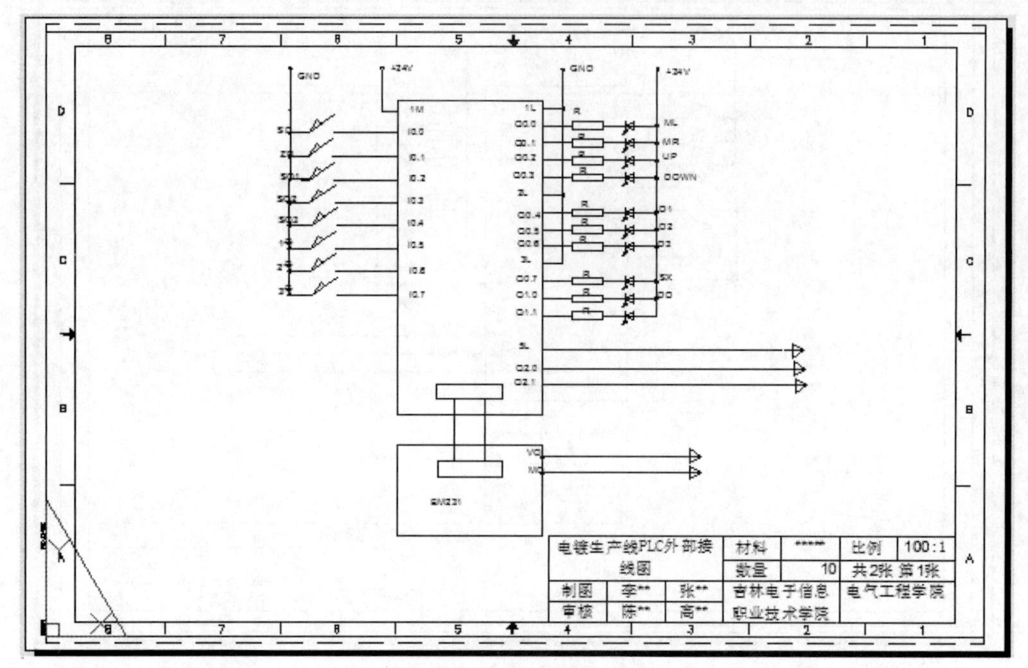

图 6-53 添加出线符号

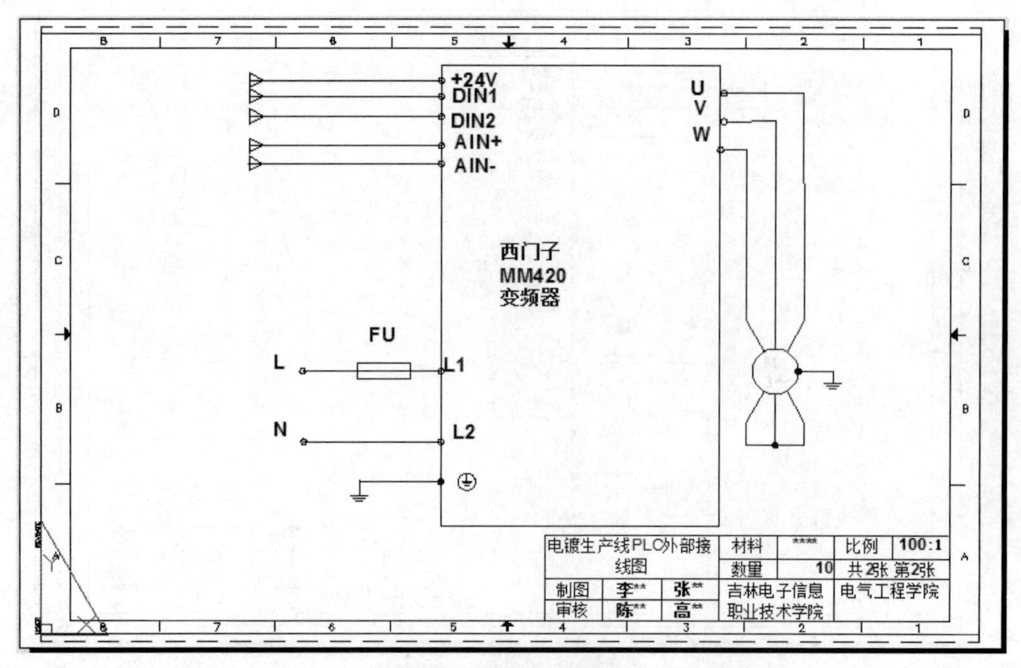

图 6-54 添加进线符号

6.3.5 添加进线及出线文字和注释

分析图 6-1 可知，PLC 部分原理图 5L 端点应该接到变频器原理图+24V 上，而 5L 端点位于图 6-51 的 B2 分区内 1 号引脚，因此变频器+24V 端点处添加文字为 1-B2。1 代表+24V 端点和图 6-51 的 B2 分区的 1 号引脚相连。单击“文字”工具栏的“文字样式”，选择“管理文字样式”，打开“文字样式”对话框，字体选“仿宋”，高度选择默认值为 0，宽度比

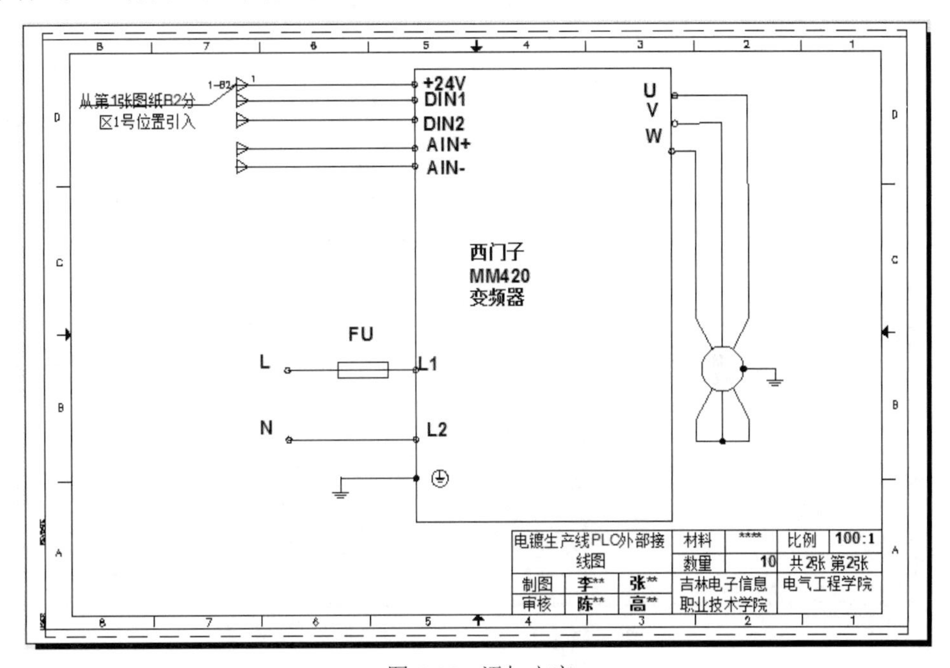

图 6-55 添加文字

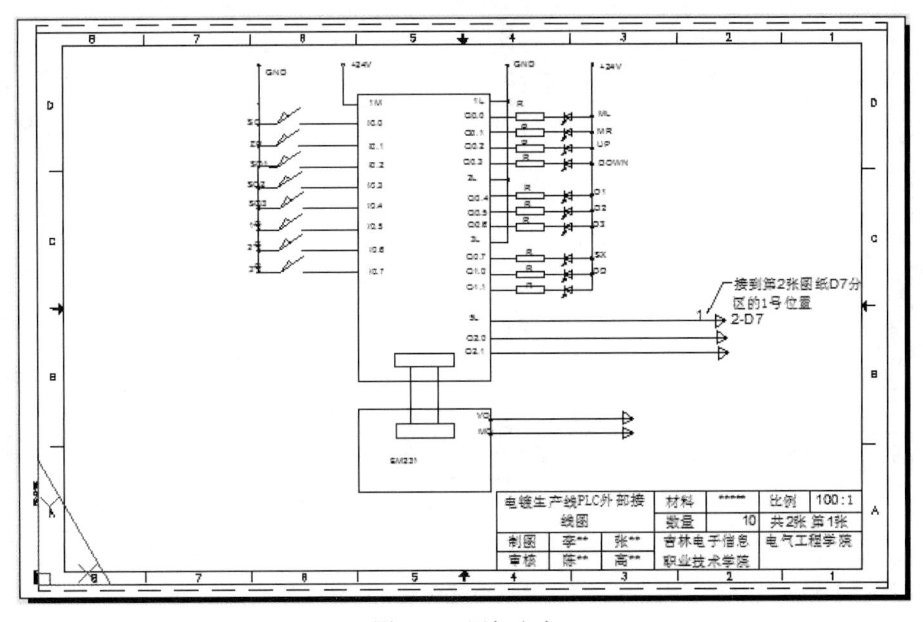

图 6-56 添加文字

例输入值为 0.7，倾斜角度默认值为 0。单击“注释”工具栏“单行文字 A”图标，在要添加文字位置上单击确定文字框，在光标闪烁的框内分别输入“1-B2”和“1”，按回车键确认。如图 6-55 所示。

同理，变频器原理图+24V 端点位于图 6-52 的 D7 分区 1 号引脚，PLC 部分原理图 5L 端点处添加“1”和“2-D7”，代表 5L 端点和图 6-52 的 D7 分区的 1 号引脚相连，如图 6-56 所示。

同样方法，添加所有的文字及注释，如图 6-57、图 6-58 所示。

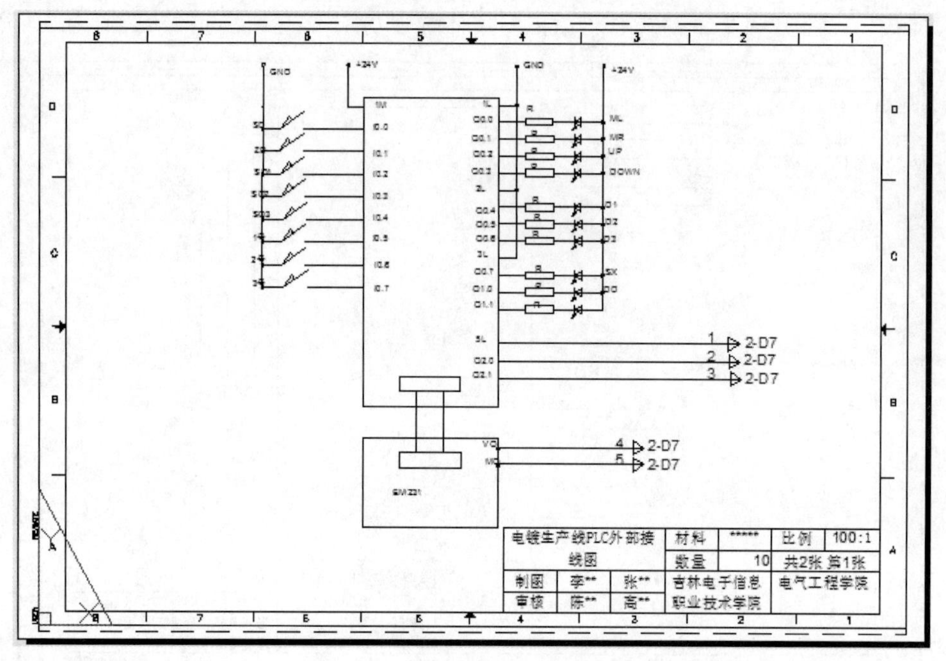

图 6-57　添加所有出线符号注释

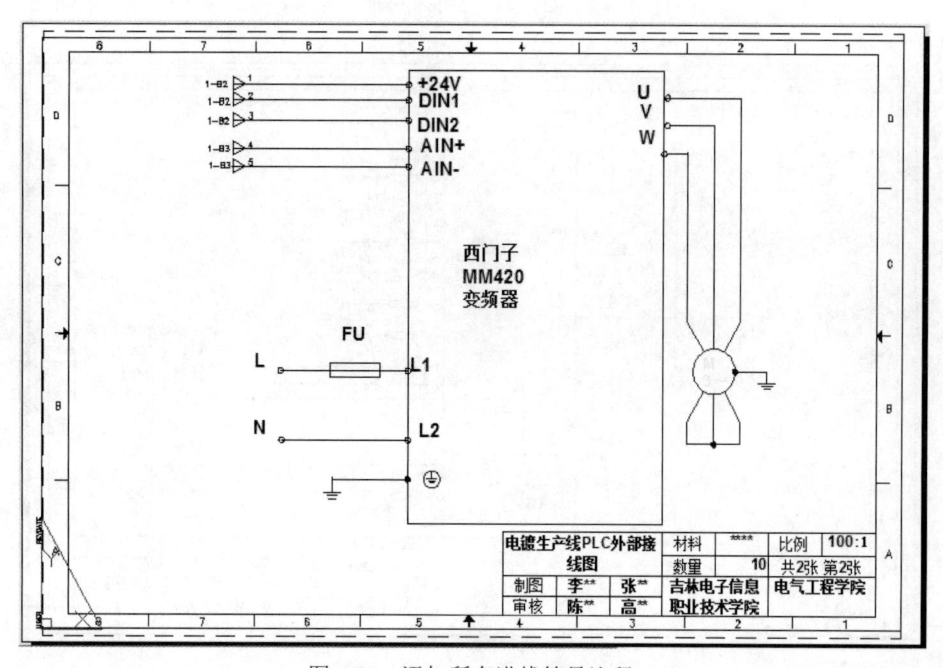

图 6-58　添加所有进线符号注释

在电气图中，经常会使用接插件的方法，接线过程中不用连接长线，并且配上线号，可以减少故障率，在指定位置插入插头和插座符号即可。如图 6-59 所示。

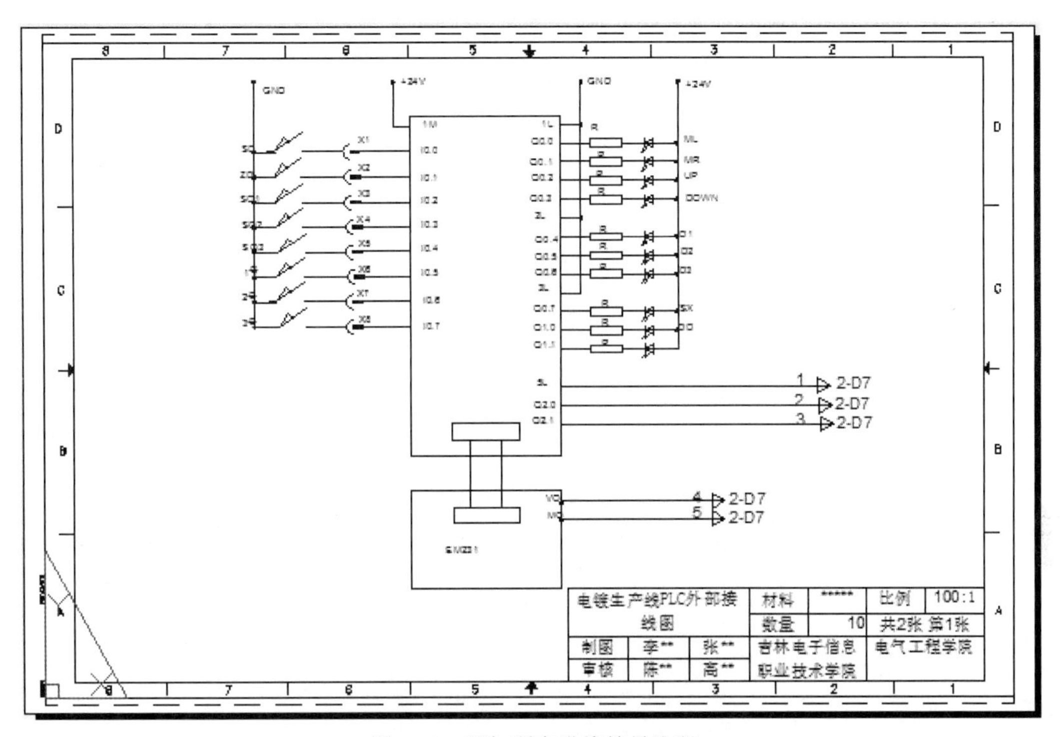

图 6-59　添加所有进线符号注释

6.3.6　保存电镀生产线 PLC 外部接线图分解图

选择文件/保存菜单命令，分别将文件保存为“电镀生产线 PLC 部分原理图.dwg”及“电镀生产线变频器部分原理图.dwg”。

项目 7

室内建筑设计平面图

照明系统电气图是在建筑平面图的基础上添加图形符号绘制而成的，它描述了该建筑各层的电气照明线路和照明设备布置间的关系。

电气照明平面图又称为平面布线图，简称照明平面图，主要反映了建筑物中各种电气设备的安装（敷设）位置和方式，设备的规格、型号、数量及房间的设计照度值等，还应标注出照明入户线路、照明干线、支线的导线型号、规格、根数及敷设方式。

（1）电气照明平面图描述的内容

① 电源进线和电源配电箱及各分配电箱的类型、安装位置及电源配电箱内的电气系统。

② 照明系统中导线的根数、型号、规格（截面积）、线路走向、敷设位置、配线方式、导线的连接方式等。

③ 照明灯具的类型、灯泡灯管的功率、灯具的安装方式及安装位置等。

④ 照明开关的类型、安装位置及连线等。

⑤ 插座及其他日用电器的类型、容量、安装位置及连线等。

多层建筑照明有标准层时一般可只绘制出标准层平面布置；对于较复杂的照明工程，应绘制出局部平面图。

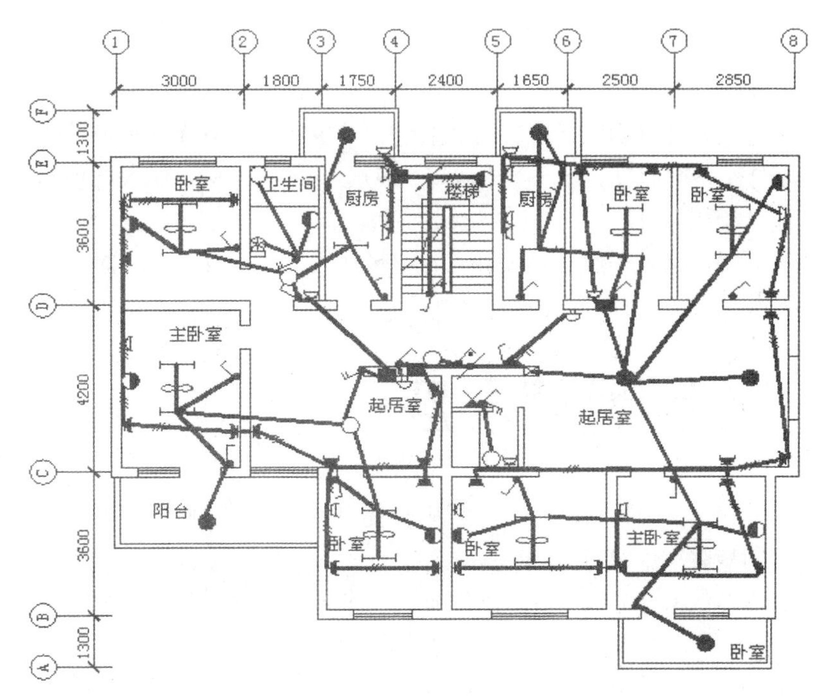

图 7-1　某建筑照明平面图

照明系统电气图由矩形、直线和圆形等构成，在绘制过程中会使用“矩形”“直线”“圆弧”“圆角”“阵列”“对象捕捉”“多段线”“镜像”“复制”“图案填充”“修剪”“偏移”“多行文字”等命令。

（2）项目绘制步骤

① 绘制建筑照明平面图的相关元件、创建块；

② 绘制建筑平面图；

③ 插入电气元件；

④ 连接导线；

⑤ 添加图形注释、完成图形绘制；

⑥ 保存建筑照明平面图。

（3）项目效果预览

绘制完成的某建筑照明平面图如图 7-1 所示。

任务 7.1 绘制电气元件并创建图块

本项目相关电气元件有明装插座、暗装插座、单极开关、双极开关、智能开关、白炽灯和荧光灯、壁灯灯座、球形灯、壁灯、排风扇、风扇 、对讲门铃、暗装配电箱、三根导线连接符号、垂直通过配线符号。

下面以明装插座、暗装插座、单极开关、双极开关、智能开关、白炽灯和荧光灯为例进行元件的绘制，其余部分元件请同学们自行绘制。

7.1.1 绘制明装插座

明装插座由直线、圆组成，在绘制过程中会使用“直线”“圆”“偏移”“修剪”“删除”等命令，绘制步骤如下。

第一步：单击“常用”选项卡“绘图”面板中的 ⁄（直线）按钮，或者在命令行中输入“line”（直线）命令，绘制直线，尺寸如图 7-2 所示。

第二步：单击“常用”选项卡“绘图”面板中的 ⊙（圆）按钮，或者在命令行中输入“circle”（圆）命令，绘制圆，尺寸如图 7-3 所示。

第三步：单击“常用”选项卡“修改”面板中的（偏移）按钮，或者在命令行中输入“offset”（偏移）命令，偏移直线，尺寸如图 7-2 所示。

第四步：单击“常用”选项卡“修改”面板中的（修剪）按钮，或者在命令行中输入“trim”（修剪）命令，修剪对象、剪切边如图 7-3 所示。

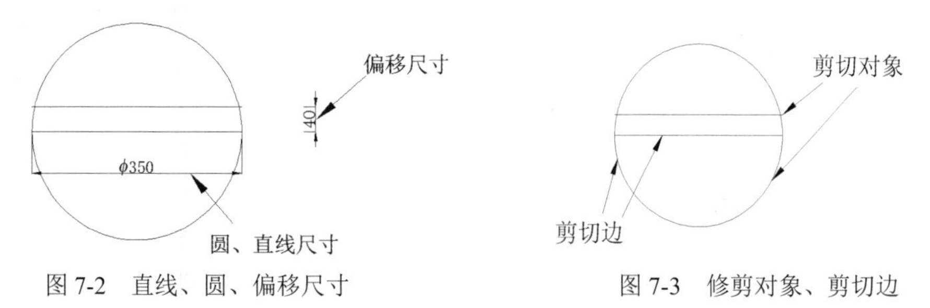

图 7-2　直线、圆、偏移尺寸

图 7-3　修剪对象、剪切边

第五步：单击“常用”选项卡“修改”面板中的（删除）按钮，或者在命令行中输入“erase”（删除）命令，删除对象如图 7-4 所示，完成后的效果如图 7-5 所示。

第六步：单击“常用”选项卡“绘图”面板中的（直线）按钮，或者在命令行中输入“line”（直线）命令，绘制直线，尺寸及位置如图 7-6 所示，完成后的效果如图 7-7 所示。

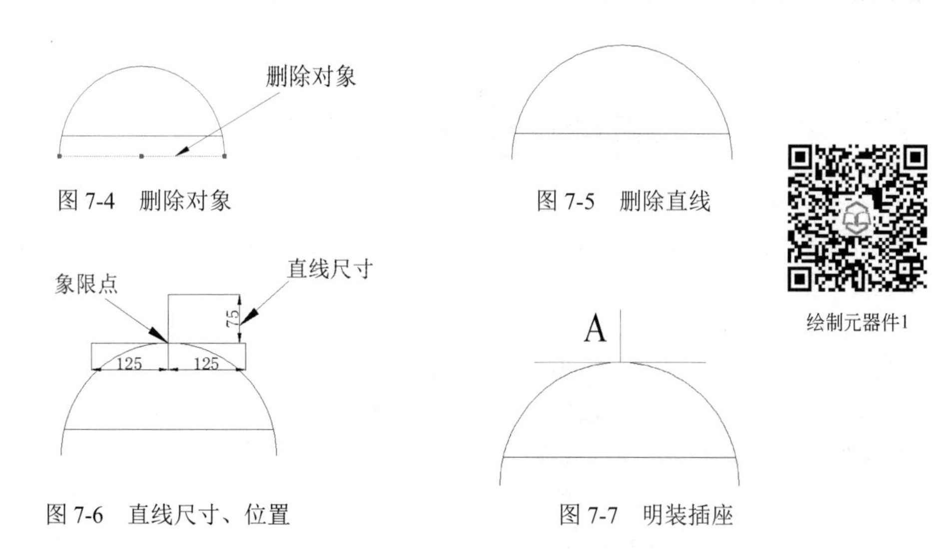

图 7-4　删除对象

图 7-5　删除直线

图 7-6　直线尺寸、位置

图 7-7　明装插座

绘制元器件1

第七步：单击“插入”选项卡“块定义”面板中的（创建块）按钮，或者在命令行中输入“block”命令，在弹出的“块定义”对话框中输入块名称“明装插座”，指定图 7-7 中的 A 点为基准点，选择明装插座为块定义对象，设置“块单位”为“毫米”，将绘制的明装插座存储为图块，以便调用。

7.1.2　绘制暗装插座

暗装插座主要是在明装插座的基础上进行图案填充而绘制的，在绘制过程中会使用“复制”“图案填充”等命令，绘制步骤如下。

第一步：单击“常用”选项卡“修改”面板中的（复制）按钮，或者在命令行中输入“copy”（复制）命令，复制图7-7中的明装插座，如图7-8所示。

第二步：单击“常用”选项卡“绘图”面板中的（图案填充）按钮，或者在命令行中输入“bhatch”（图案填充）命令，打开“图案填充和渐变色”对话框，选择“图案”为SOLID，单击“添加：拾取点”按钮，在图7-8中复制的明装插座的半圆内单击鼠标，完成后的效果如图7-9所示。

第三步：单击“插入”选项卡“块定义”面板中的（创建块）按钮，或者在命令行中输入“block”命令，在弹出的“块定义”对话框中输入块名称“暗装插座”，指定图7-9中的A点为基准点，选择暗装插座为块定义对象，设置“块单位”为“毫米”，将绘制的暗装插座存储为图块，以便调用。

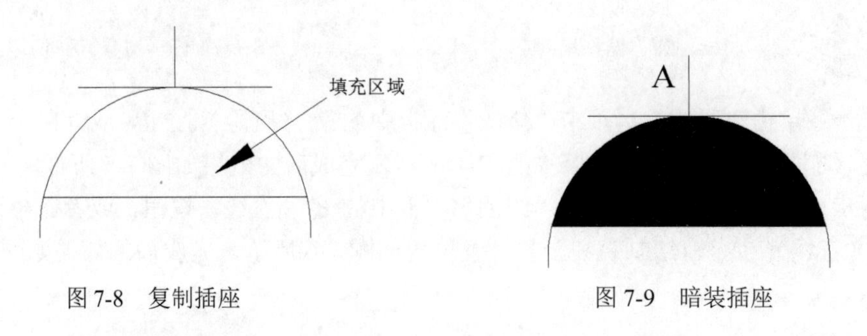

图7-8　复制插座　　图7-9　暗装插座

7.1.3　绘制单极开关

单极开关由直线、圆、图案填充组成，在绘制过程中会使用“圆”“直线”“图案填充”等命令，绘制步骤如下。

第一步：单击“常用”选项卡“绘图”面板中的（圆）按钮，或者在命令行中输入“circle”（圆）命令，绘制圆，尺寸如图7-10所示。

第二步：单击“常用”选项卡“绘图”面板中的（直线）按钮，或者在命令行中输入“line”（直线）命令，绘制直线，尺寸如图7-10所示。

第三步：单击“常用”选项卡“绘图”面板中的（图案填充）按钮，或者在命令行中输入“bhatch”（图案填充）命令，输入t，打开“图案填充和渐变色”对话框，选择“图案”为SOLID，单击“添加：拾取点”按钮，在第一步中绘制的圆内单击鼠标，完成后的效果如图7-11所示。

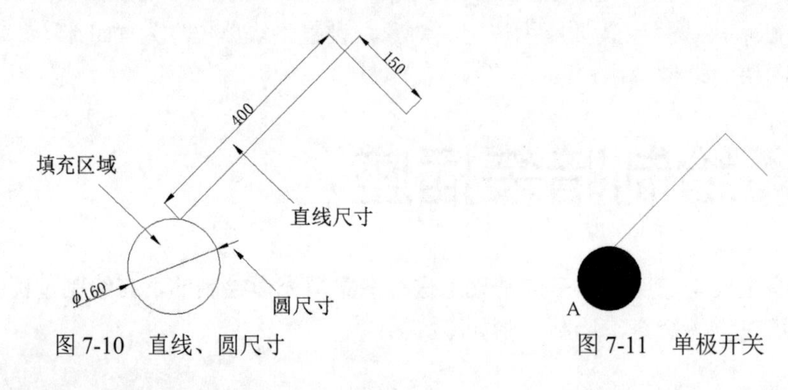

图7-10　直线、圆尺寸　　图7-11　单极开关

第四步：单击“插入”选项卡“块定义”面板中的（创建块）按钮，或者在命令行中输入“block”命令，在弹出的“块定义”对话框中输入“单极开关”，指定图 7-11 中的 A 点为基准点，选择单极开关为块定义对象，设置“块单位”为“毫米”，将绘制的单极开关存储为图块，以便调用。

7.1.4 绘制双极开关

第一步：单击“常用”选项卡“修改”面板中的（复制）按钮，或者在命令行中输入“copy”（复制）命令，复制图 7-11 中的单极开关，如图 7-12 所示。

第二步：单击“常用”选项卡“修改”面板中的（偏移）按钮，或者在命令行中输入“offset”（偏移）命令，偏移直线，尺寸如图 7-12 所示，完成后的效果如图 7-13 所示。

第三步：单击“插入”选项卡“块定义”面板中的（创建块）按钮，或者在命令行中输入“block”命令，在弹出的“块定义”对话框中输入块名称“双极开关”，指定图 7-13 中的 A 点为基准点，选择双极开关为块定义对象，设置“块单位”为“毫米”，将绘制的双极开关存储为图块，以便调用。

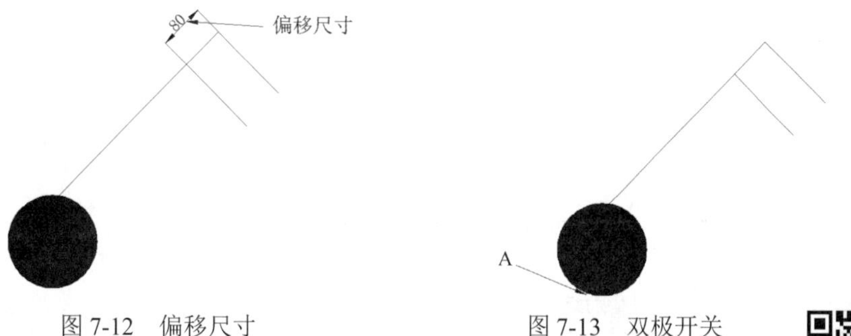

图 7-12　偏移尺寸　　图 7-13　双极开关

绘制元器件2

7.1.5 绘制智能开关

第一步：单击“常用”选项卡“修改”面板中的（复制）按钮，或者在命令行中输入“copy”（复制）命令，复制图 7-11 中的单极开关，完成后的效果如图 7-14 所示。

第二步：单击“注释”选项卡“文字”面板中的 A（多行文字）按钮，设置字体为“仿宋GB_2312”，大小为 85，对齐为“正中”，在文字输入框中输入 t，完成后的效果如图 7-15 所示。

图 7-14　复制单极开关　　图 7-15　智能开关

第三步：单击“插入”选项卡“块定义”面板中的（创建块）按钮，或者在命令行中输入“block”命令，在弹出的“块定义”对话框中输入块名称“智能开关”，指定图7-15中的A点为基准点；选择智能开关为块定义对象，设置“块单位”为“毫米”，将绘制的智能开关存储为图块，以便调用。

7.1.6 绘制白炽灯和荧光灯

白炽灯和荧光灯由圆、直线、多行文字组成，在绘制过程中会使用“直线”“圆”“多行文字”等命令，绘制步骤如下。

第一步：单击“常用”选项卡“绘图”面板中的（圆）按钮，或者在命令行中输入“circle”命令，绘制圆，尺寸如图7-16所示，完成后的效果如图7-17所示。

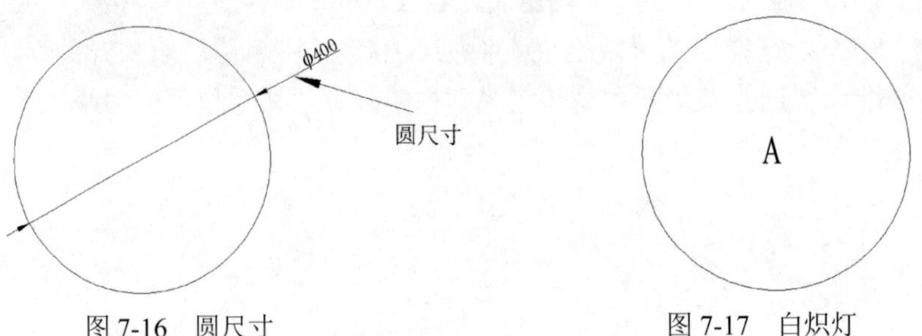

图7-16　圆尺寸　　图7-17　白炽灯

第二步：单击“插入”选项卡“块定义”面板中的（创建块）按钮，或者在命令行中输入“block”命令，在弹出的“块定义”对话框中输入块名称“白炽灯”，指定图7-17中的A点为基准点，选择白炽灯为块定义对象，设置“块单位”为“毫米”，将绘制的白炽灯存储为图块，以便调用。

第三步：单击“常用”选项卡“绘图”面板中的（直线）按钮，或者在命令行中输入“line”（直线）命令，绘制直线，尺寸如图7-18所示，效果如图7-19所示。

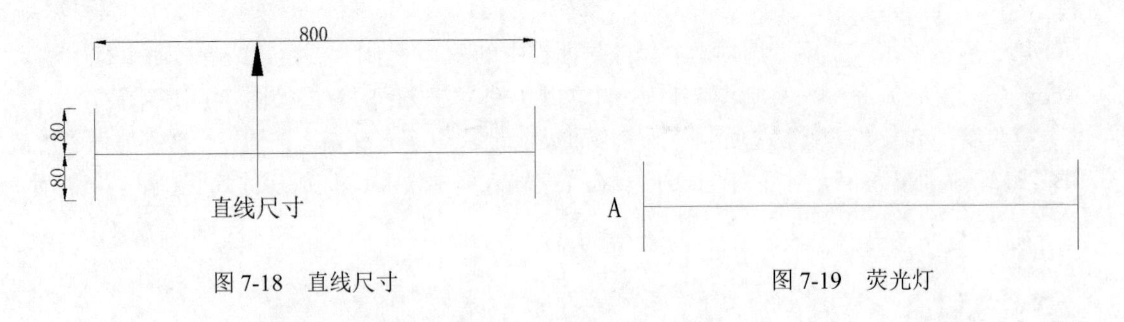

图7-18　直线尺寸　　图7-19　荧光灯

第四步：单击“插入”选项卡“块定义”面板中的（创建块）按钮，或者在命令行中输入“block”命令，在弹出的“块定义”对话框中输入块名称“荧光灯”，指定图7-19中的A点为基准点，选择荧光灯为块定义对象，设置“块单位”为“毫米”，将绘制的荧光灯存储为图块，以便调用。

7.1.7 绘制其他元件

绘制元器件3

本项目其他相关元件如图 7-20～图 7-28 所示，请同学自行绘制。

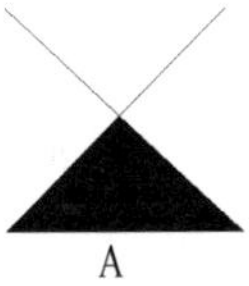

图 7-20 壁灯灯座

图 7-21 球形灯

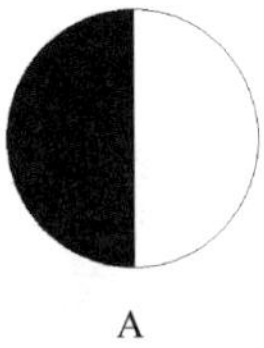

图 7-22 壁灯

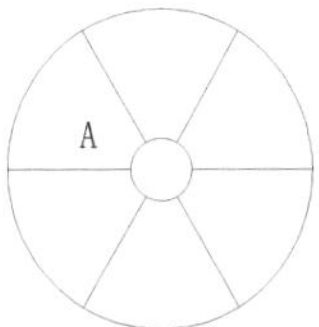

图 7-23 排风扇

图 7-24 风扇

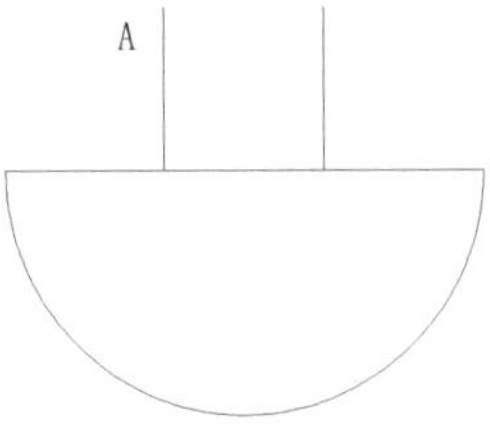

图 7-25 对讲门铃

图 7-26 暗装配电箱

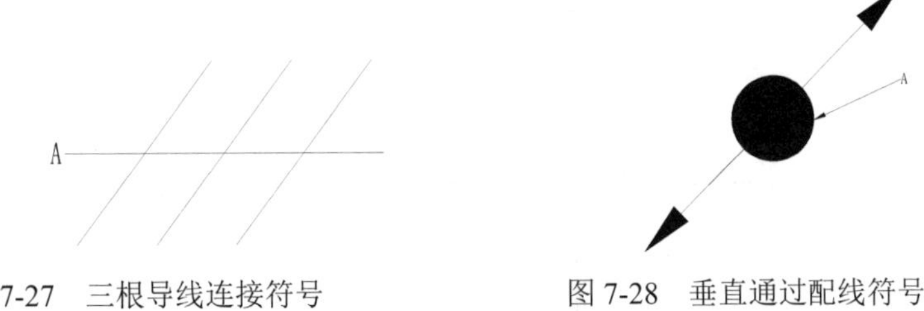

图 7-27 三根导线连接符号

图 7-28 垂直通过配线符号

任务 7.2 绘制建筑照明平面图

7.2.1 绘制建筑平面图

建筑平面图用来清楚地表示线路、灯具的布置，图中按比例用细实线简略地绘制出该建筑物的墙体、门窗、楼梯、承重梁柱的平面结构，用定位轴线和尺寸线表示出各部分的尺寸关系。

绘制该图时采用 1:1 的比例，在开始绘制建筑平面图之前，新建两个图层：“定位轴线”层，设置线型为 CENTER，线宽选择“默认”；“建筑平面图”层，设置线型为 Continuous，线宽选择“默认”。

本节中的定位轴线都在“定位轴线”层中绘制，而除了定位轴线之外的物体，如墙体、门窗、楼梯等，都在“建筑平面图”层中绘制。

（1）绘制定位轴线

第一步：在“图层”面板的“图层”下拉列表框中，设置“定位轴线”层为当前层。

第二步：单击“常用”选项卡“绘图”面板中的 ⁄（直线）按钮，或者在命令行中输入“line”（直线）命令，在屏幕上向右拖动鼠标，绘制长度为 15950 的水平直线。

第三步：单击“常用”选项卡“绘图”面板中的 ⁄（直线）按钮，或者在命令行中输入“line”（直线）命令，捕捉第二步中绘制的直线的左端点，向下拖动鼠标，绘制长度为 14000 的铅直直线。

第四步：单击“常用”选项卡“修改”面板中的（偏移）按钮，或者在命令行中输入“offset”（偏移）命令，捕捉第二步中绘制的直线，多次执行“偏移”命令，向下偏移距离为 1300、4900、9100、12700、14000，绘制出各水平定位轴线。

第五步：单击“常用”选项卡“修改”面板中的（偏移）按钮，或者在命令行中输入“offset”（偏移）命令，捕捉第三步中绘制的直线，多次执行“偏移”命令，向右偏移距离为 3000、4800、6550、8950、10600、13100、15950，绘制出各铅直定位轴线，完成后的效果如图 7-29 所示。

绘制定位轴线

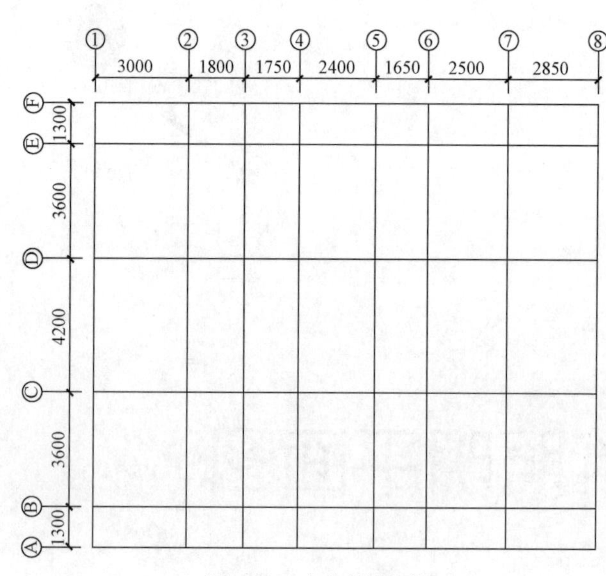

图 7-29　定位轴线图

（2）绘制墙体、门窗

墙体的厚度按实际厚度绘制，较厚的墙体（承重墙）采用厚度为 240 的墙；阳台、非承重墙等采用厚度为 120 的墙；对于门窗类，采用的厚度为 80。

第一步：执行菜单栏中的“绘图”→“多线”命令，或者输入 mline 命令，命令行提示如下。

命令：_mline↙　　　　　　　　　　（执行“多线”命令）
当前设置：对正=上，比例=20.00，样式=STANDARD
指定起点或【对正（J）/比例（S）/样式（ST）】：s↙　　　　（选择“比例”）
输入多线比例<20.00>：　240↙　　　　（设置多线比例为 240）
当前设置：对正=上，比例=240.00，样式=STANDARD
指定起点或【对正（J）/比例（S）/样式（ST）】：　j↙　　　　（选择“正对”）
输入对正类型【上（T）/无（Z）/下（B）】<上>：　z↙　　　　（设置为无对正）
当前设置：对正=无，比例=240.00，样式=STANDARD
指定起点或【对正（J）/比例（S）/样式（ST）】：　　　　（捕捉多线第一点）
指定下一点：　　　　（捕捉多线下一点）
指定下一点或【闭合（C）/放弃（U）】：　　　　（可以选择闭合多线）

第二步：继续执行“多线”命令，绘制多线，其位置、效果如图 7-30 所示。

第三步：执行“多线”命令，绘制周边多线，如图 7-31 所示。

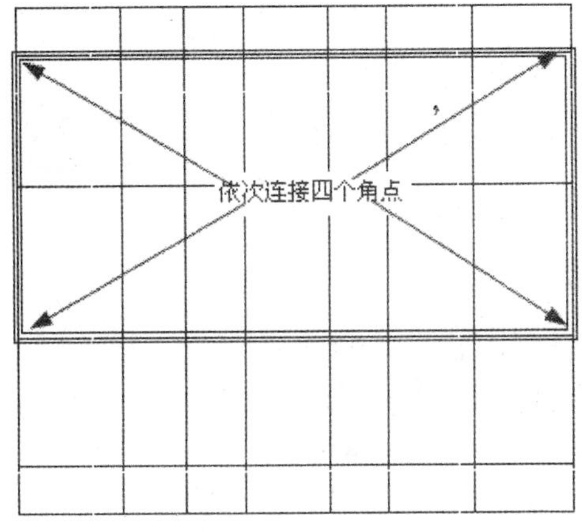

图 7-30　绘制多线

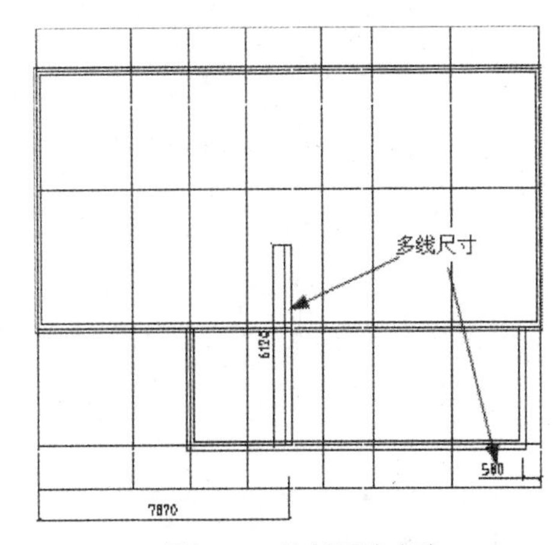

图 7-31　绘制周边多线

第四步：执行“多线”命令，绘制内部多线，如图 7-32 所示。完成后的效果如图 7-33 所示（关闭“定位轴线”层）。

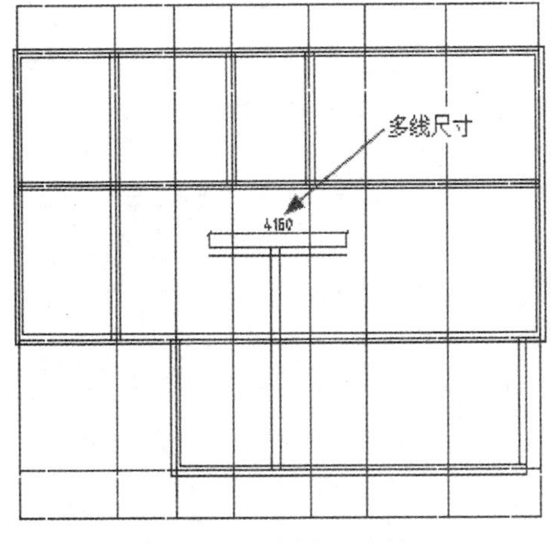

图 7-32　绘制内部多线

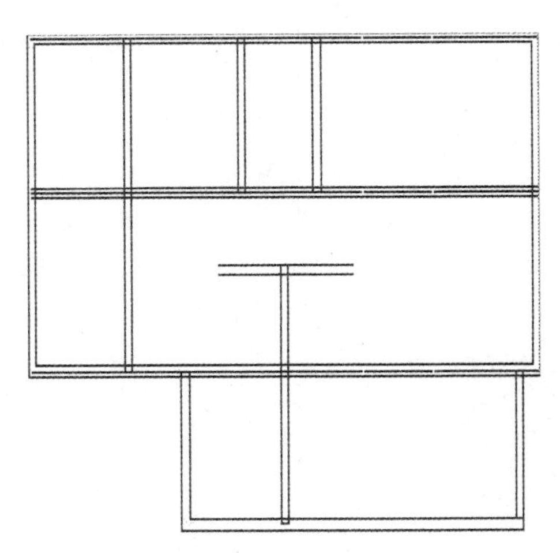

图 7-33　承重墙

第五步：执行“多线”命令，设置“比例”为 120，“对正类型”为“无”，此设置用于绘制非承重墙。

第六步：打开“定位轴线”层，执行“多线”命令，以第五步中的设置绘制上侧多线（阳台），位置如图 7-34 所示。

第七步：执行“多线”命令，以第五步中的设置绘制下侧多线（阳台），位置如图 7-35 所示。

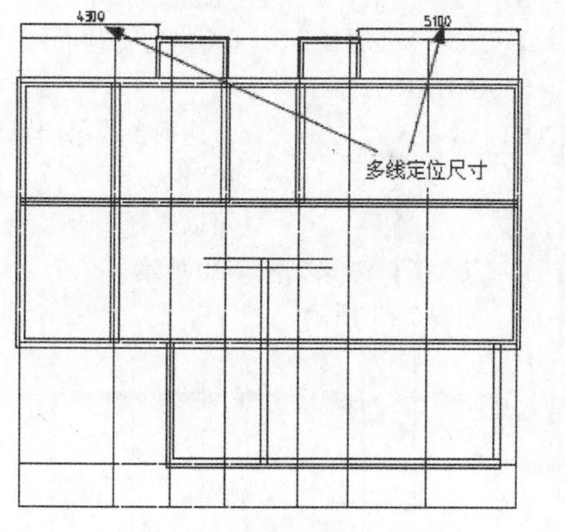

图 7-34　绘制上侧阳台

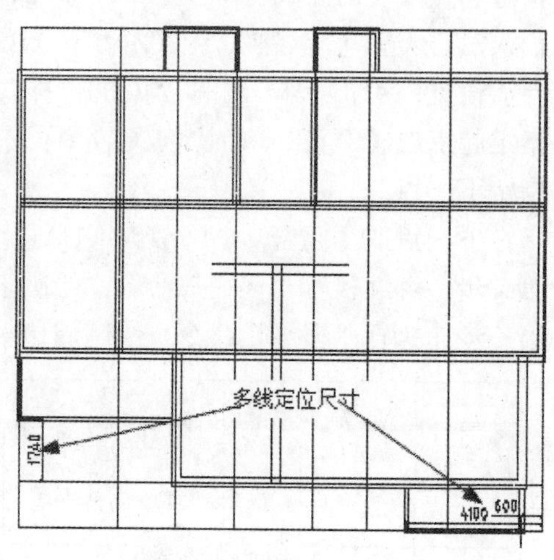

图 7-35　绘制下侧阳台

第八步：执行“多线”命令，以第五步中的设置绘制内部多线（隔墙），位置如图 7-36 所示，完成后的效果如图 7-37 所示（关闭“定位轴线”层）。

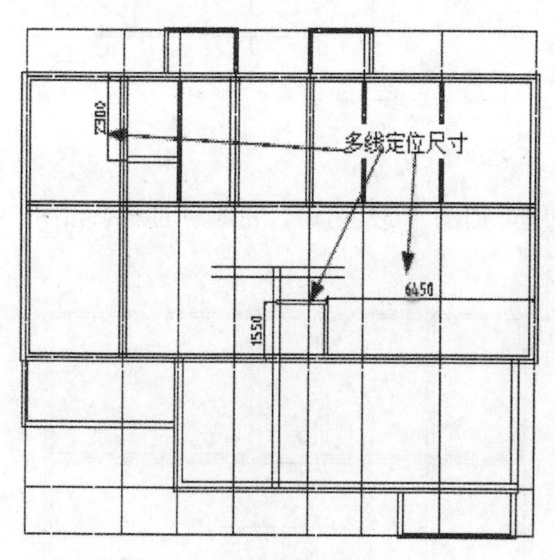

图 7-36　绘制内部隔墙

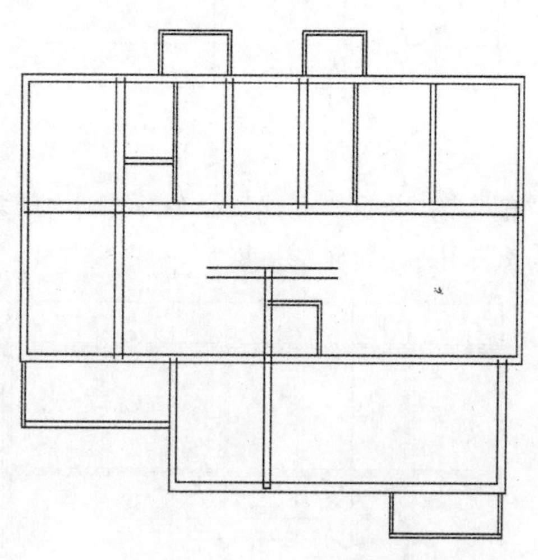

图 7-37　绘制非承重墙

绘制墙体

第九步：执行“多线”命令，设置“比例”为“80”，“对正类型”为“无”，此设置用于绘制窗体。

第十步：打开“定位轴线”层，执行“多线”命令，以第九步中的设置绘制窗体，位置如图 7-38 所示，完成后的效果如图 7-39 所示（关闭“定位轴线”层）。

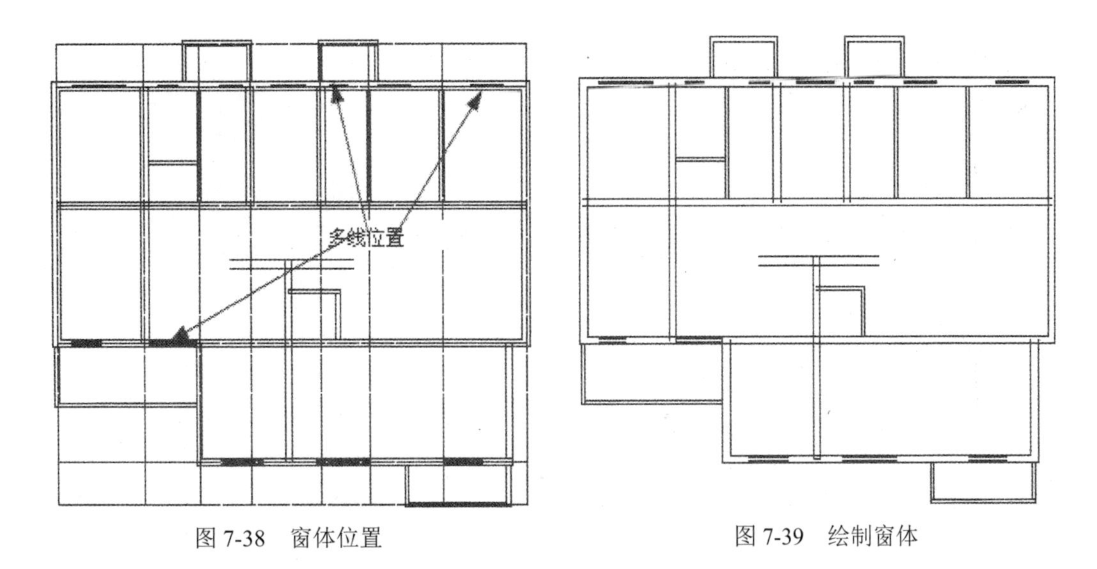

图 7-38　窗体位置　　　　　　　　图 7-39　绘制窗体

第十一步：单击“常用”选项卡“绘图”面板中的 （直线）按钮，或者在命令行中输入“line”（直线）命令，绘制窗体轮廓线，如图 7-40 所示。

第十二步：执行菜单栏中的“修改”→“对象”→“多线”命令，或者输入“mledit”命令，弹出“多线编辑工具”对话框，如图 7-41 所示。单击其中的“十字打开”“T 形打开”图标，在图中分别捕捉图形中承重墙的交叉处的两条多线，如图 7-42 所示。

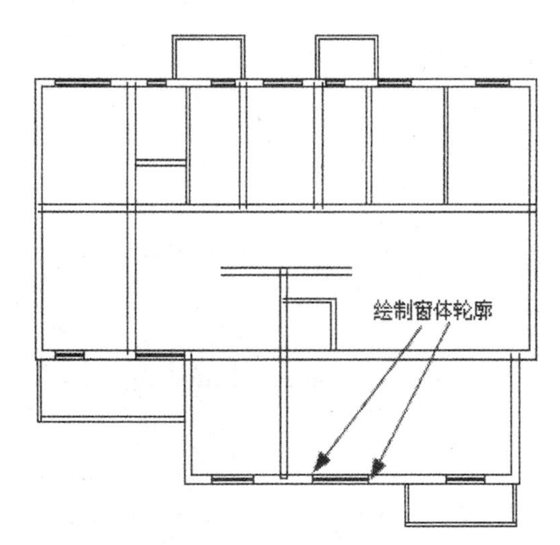

图 7-40　绘制窗体轮廓

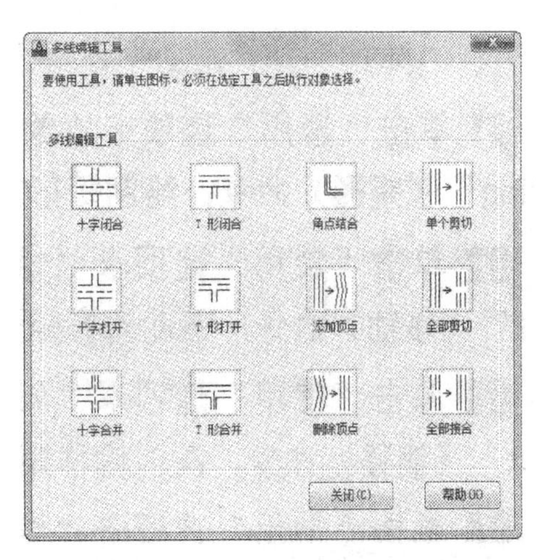

图 7-41“多线编辑工具”对话框

第十三步：执行菜单栏中的“修改”→“对象”→“多线”命令，或者输入“mledit”命令，弹出“多线编辑工具”对话框，单击其中的“T 形打开”图标，编辑非承重墙与承重墙之间的交叉位置，如图 7-43 所示。

十字打开

第十四步：单击“常用”选项卡“绘图”面板中的 （直线）按钮，或者在命令行中输入“line”（直线）命令，在图中绘制出门的轮廓，如图 7-44 所示。

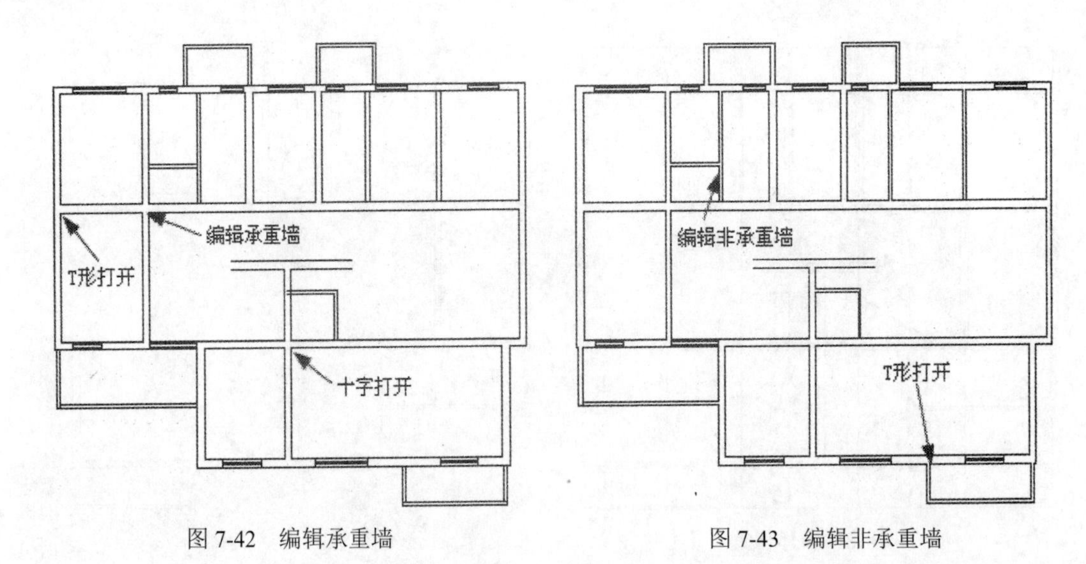

图 7-42　编辑承重墙　　　　图 7-43　编辑非承重墙

第十五步：单击“常用”选项卡“修改”面板中的（修剪）按钮，或者在命令行中输入“trim”（修剪）命令，修剪图 7-45 中多余的轮廓线，修剪出图中的门。完成后的效果如图 7-45 所示。

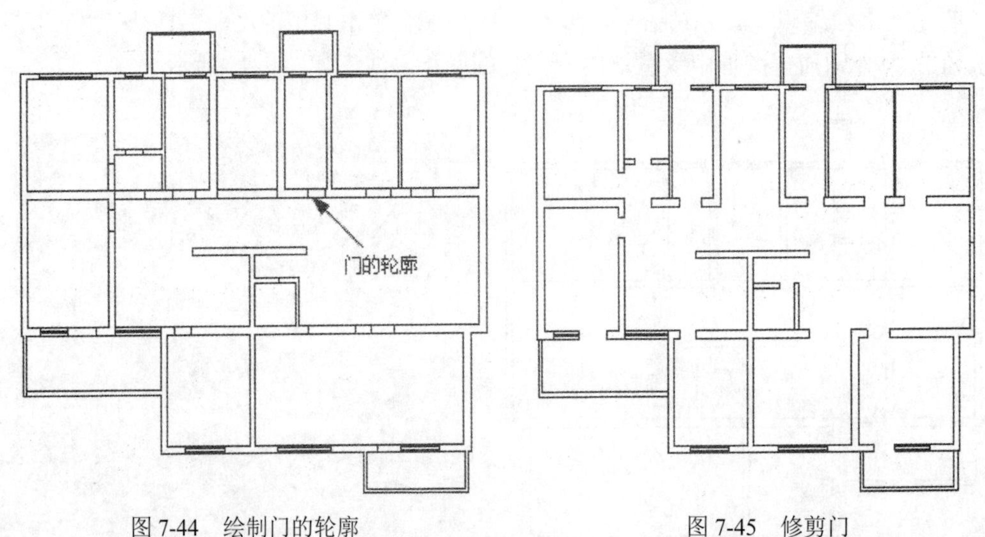

图 7-44　绘制门的轮廓　　　　图 7-45　修剪门

绘制窗户

绘制开门

（3）绘制楼梯，补全建筑平面图

楼梯在建筑平面图中是必不可少的，由直线、矩形组成，在绘制过程中会使用“矩形”“直线”“阵列”“修剪”“延伸”等命令，绘制步骤如下。

第一步：单击“常用”选项卡“绘图”面板中的（矩形）按钮，或者在命令行中输入“rectang”（矩形）命令，绘制矩形，尺寸如图 7-46 所示。

第二步：单击“常用”选项卡“修改”面板中的（移动）按钮，或者在命令行中输入“move”（移动）命令，移动对齐矩形，对齐尺寸如图 7-46 所示。

第三步：单击“常用”选项卡“修改”面板中的（偏移）按钮，或者在命令行中输入

“offset”（偏移）命令，向内偏移矩形，偏移尺寸如图 7-46 所示。

第四步：单击“常用”选项卡“绘图”面板中的 （直线）按钮，或者在命令行中输入“line”（直线）命令，绘制直线，如图 7-47 所示。

第五步：单击“常用”选项卡“修改”面板中的 （矩形阵列）按钮，或者在命令行中输入“array”（阵列）命令，阵列对象、阵列尺寸如图 7-47 所示。

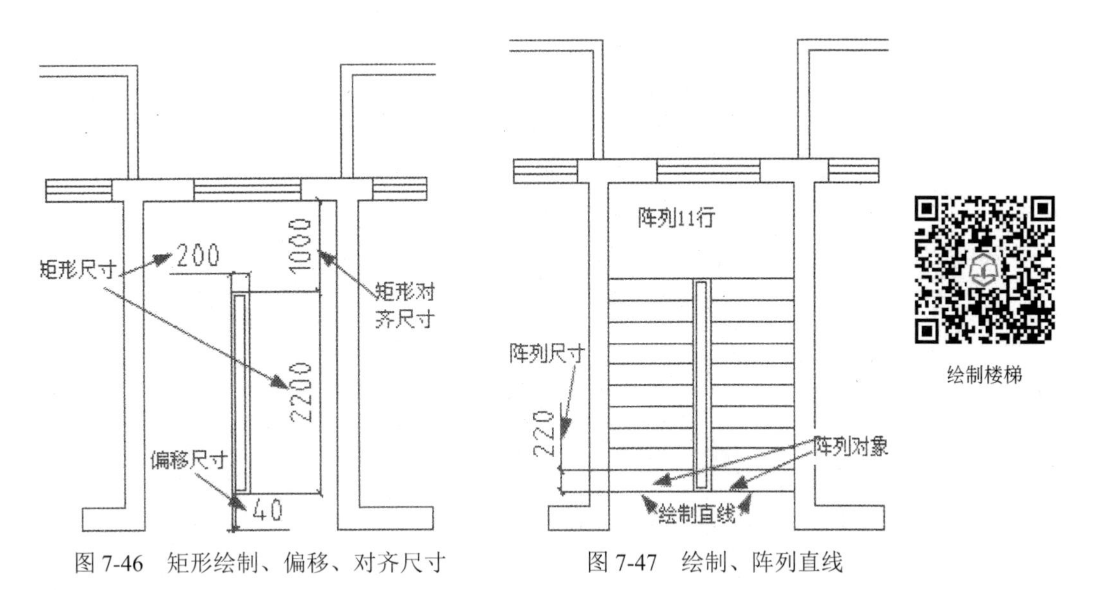

图 7-46　矩形绘制、偏移、对齐尺寸　　图 7-47　绘制、阵列直线

第六步：单击“常用”选项卡“绘图”面板中的 （直线）按钮，或者执行菜单栏中的“绘图”→“直线”命令，绘制直线，尺寸如图 7-48 所示。

第七步：单击“常用”选项卡“绘图”面板中的 （直线）按钮，或者在命令行中输入“line”（直线）命令，绘制断面线，形状如图 7-49 所示，绘制完成的建筑平面图如图 7-50 所示。

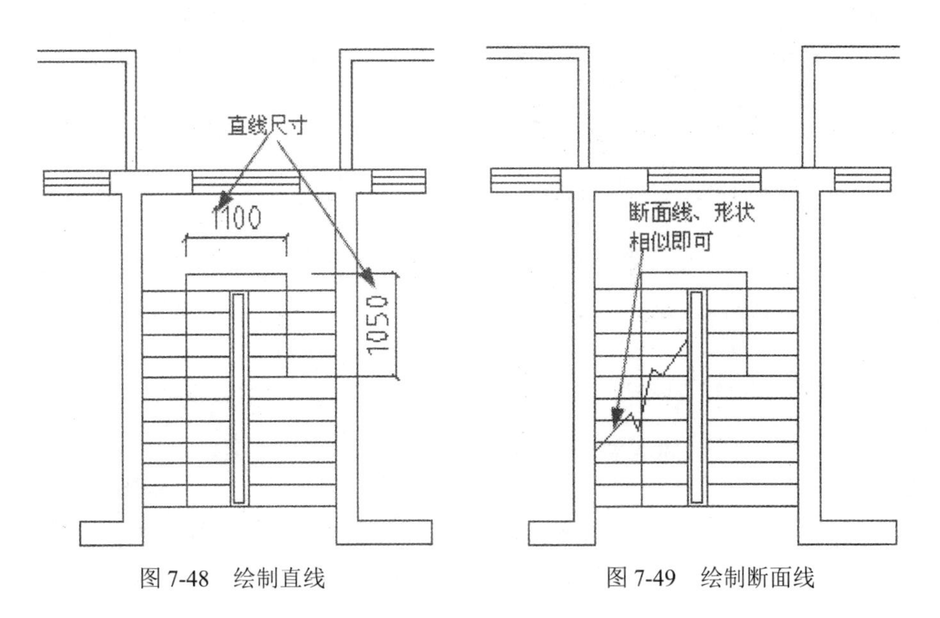

图 7-48　绘制直线　　图 7-49　绘制断面线

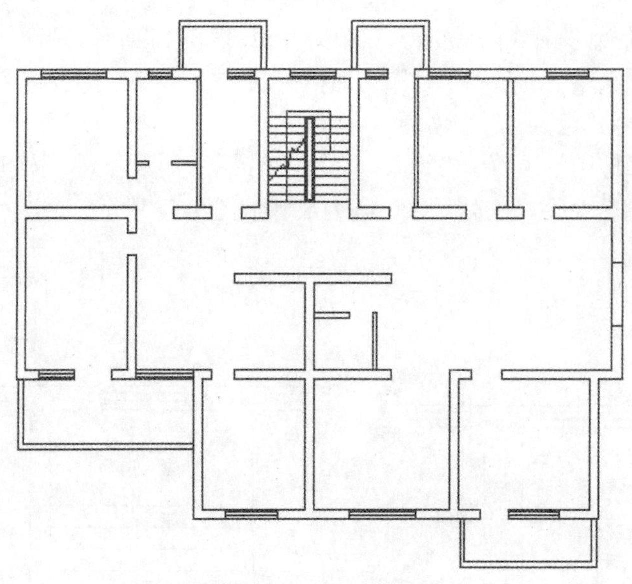

图 7-50　建筑平面图

7.2.2　插入电气元件

第一步：单击“插入”选项卡“块”面板中的 （插入）按钮，或者执行菜单栏中的“插入”→“块”命令，旋转插入明装插座，插入位置如图 7-51 所示。

第二步：旋转插入暗装插座，插入位置如图 7-52 所示。

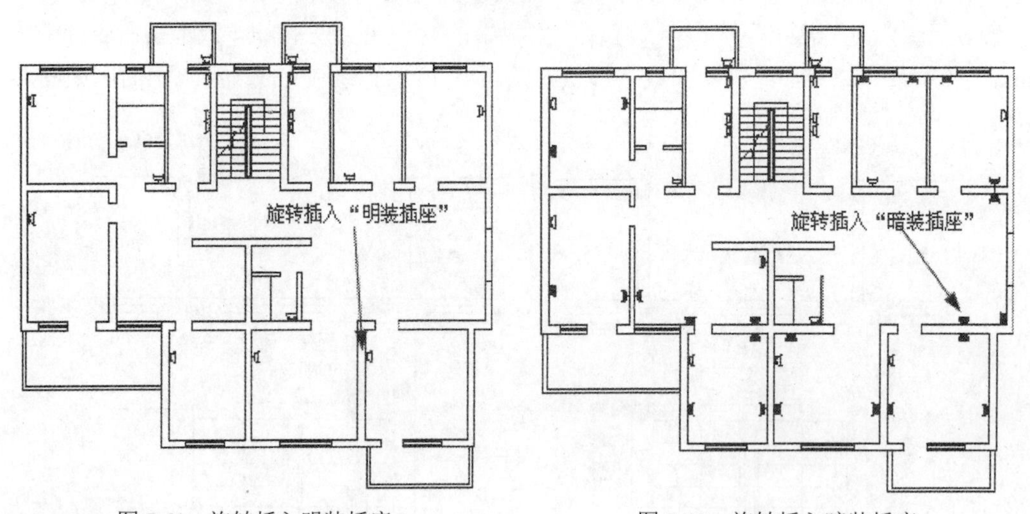

图 7-51　旋转插入明装插座　　　　图 7-52　旋转插入暗装插座

插入元器件

第三步：插入单极开关，插入位置如图 7-53 所示。

第四步：插入双极开关和智能开关，插入位置如图 7-54 所示。

第五步：插入壁灯和白炽灯，插入位置如图 7-55 所示。

第六步：插入球形灯和荧光灯，插入位置如图 7-56 所示。

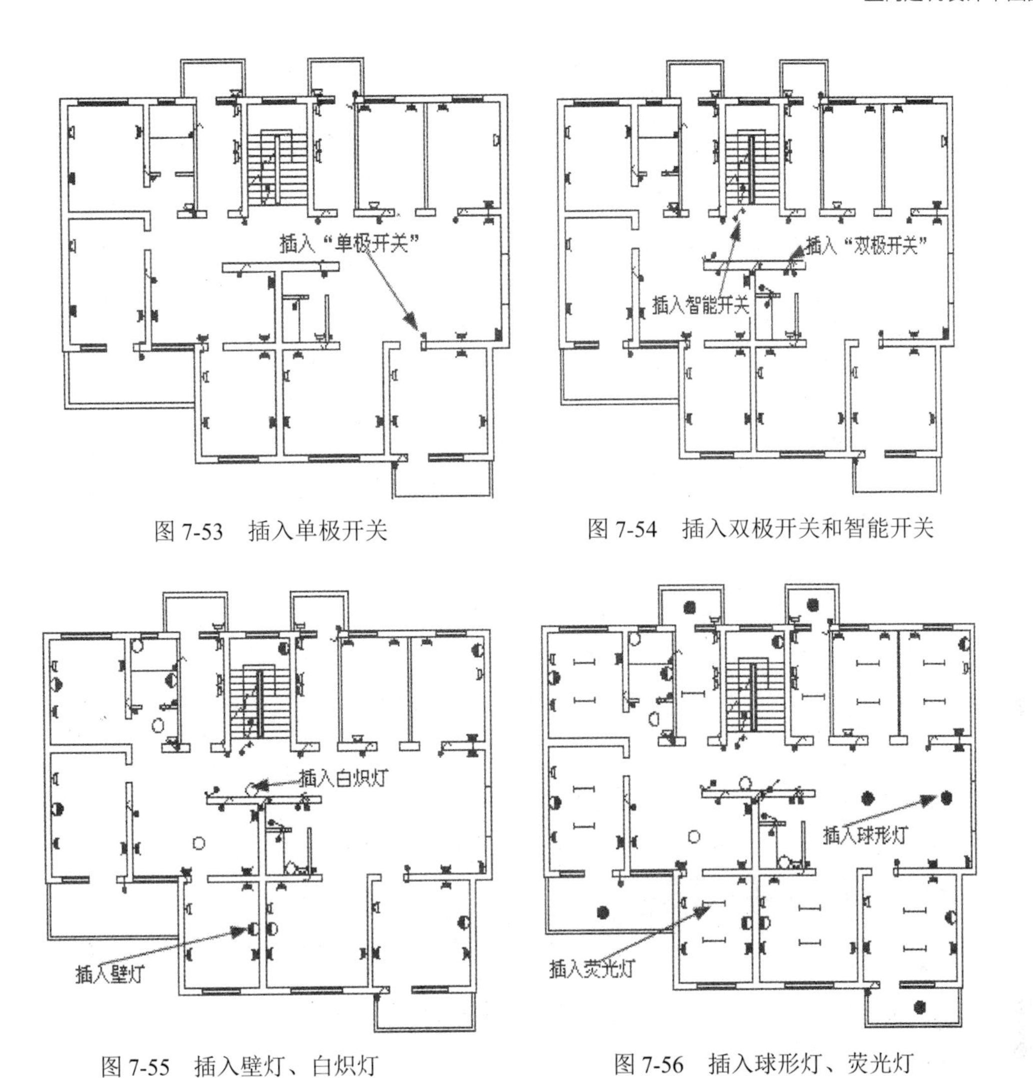

图 7-53 插入单极开关

图 7-54 插入双极开关和智能开关

图 7-55 插入壁灯、白炽灯

图 7-56 插入球形灯、荧光灯

第七步：插入风扇、排风扇和暗装配电箱，插入位置如图 7-57 所示。

第八步：插入对讲门铃和壁灯灯座，插入位置如图 7-58 所示，完成后的效果如图 7-59 所示。

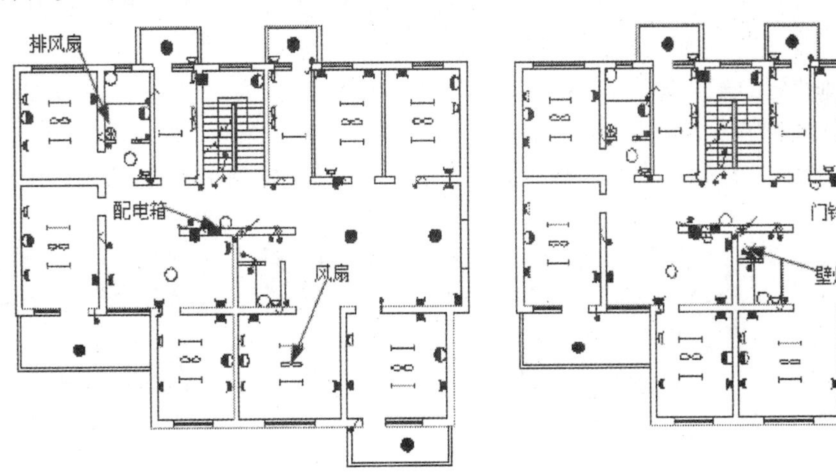

图 7-57 插入风扇、排风扇、暗装配电箱

图 7-58 插入对讲门铃、壁灯灯座

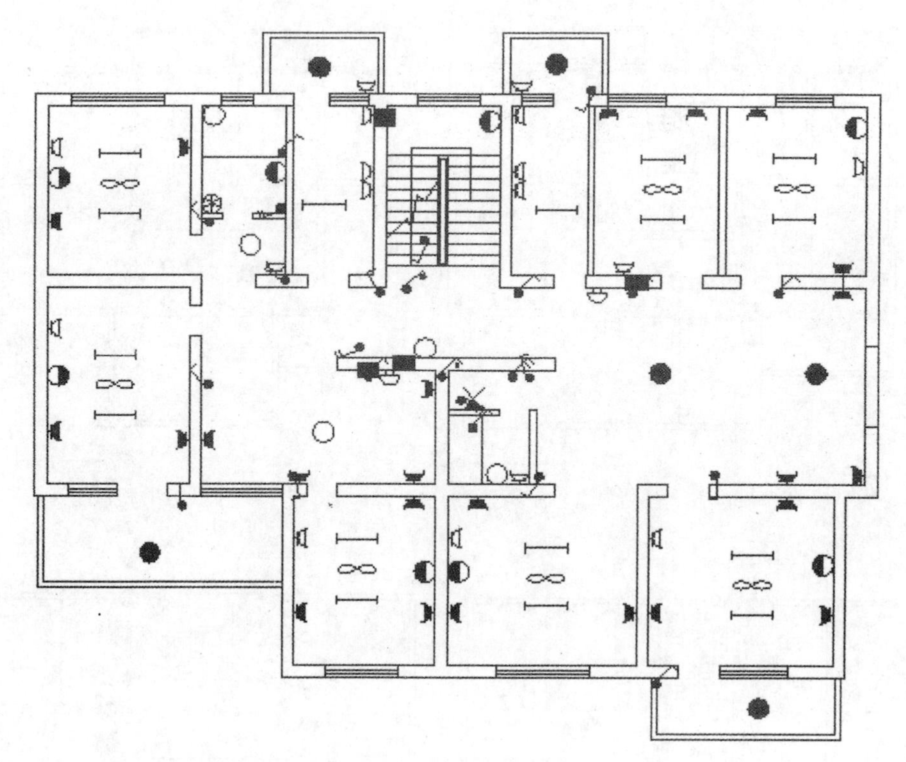

图 7-59 完成电气元件的插入

7.2.3 连接导线

连接导线之前，新建一个图层“导线”层，设置线型为 Continuous，线宽为 0.3（为了突出电气部分，导线采用 0.3mm 的粗实线）。

在连接导线时，为了便于连接，不至于产生不易读懂的电气接线，需要对原图中电气元件的位置做一些调整。在“图层”面板的“图层”下拉列表框中设置“导线”层为当前层。

第一步：单击“插入”选项卡“块”面板中的 （插入）按钮，或者执行菜单栏中的“插入”→“块”命令，在三相连接处插入三根导线连接符号。

第二步：在垂直通过配线处，插入垂直通过配线连接符号，完成后的效果如图 7-60 所示。

第三步：单击“常用”选项卡“绘图”面板中的 （直线）按钮，或者在命令行中输入“line”（直线）命令，连接图中各元器件之间的导线，完成后的效果如图 7-61 所示。

7.2.4 添加图形注释，完成图形绘制

本小节将完成图形的注释和标注，需要标出各房间的名称、照明平面图的尺寸以及各轴号等，绘制步骤如下。

第一步：单击“注释”选项卡“文字”面板中的 A （多行文字）按钮，设置字体为“仿宋_GB2312”，大小为 200，对齐为“正中”，在图中标注出各房间名称。

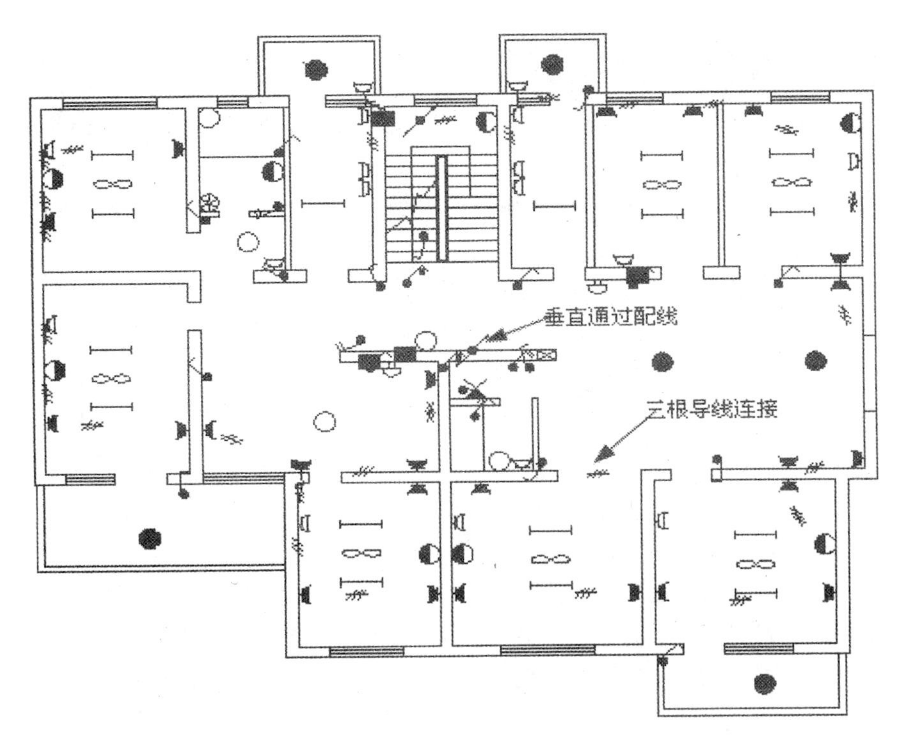

图 7-60　插入导线连接符号

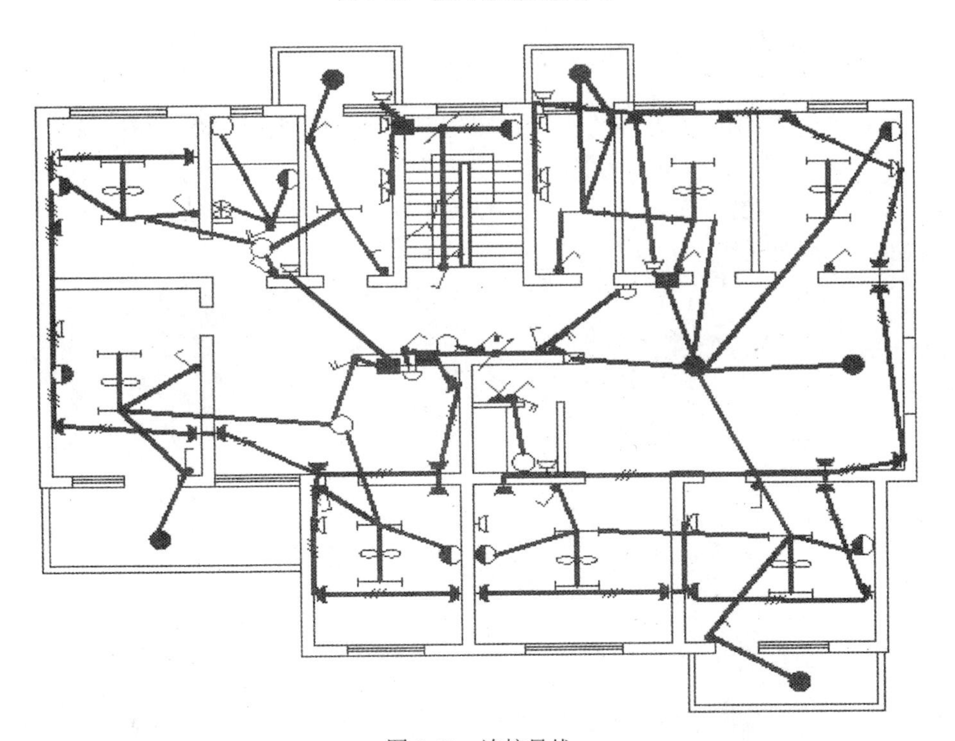

图 7-61　连接导线

第二步：执行菜单栏中的“标注”→“标注样式”命令，打开“标注样式管理器”，选择 ISO-25，单击右侧的“新建”按钮，输入新样式名“建筑”，单击“继续”按钮，在弹出对话框的“符号和箭头”选项卡下修改“箭头”为“建筑标记”，修改“箭头大小”为 250；

在“文字”选项卡下，修改“文字高度”为200，修改“从尺寸线偏移”为100，单击“确定”按钮，返回“标注样式管理器”对话框，单击“置为当前”按钮，接着关闭对话框。

第三步：单击“注释”选项卡“标注”面板中的 （线性）按钮，或者在命令行中输入“dimlinear”（线性标注）命令，在图中标注各定位轴线之间的距离。

第四步：单击“常用”选项卡“绘图”面板中的 （圆）按钮，或者在命令行中输入“circle”（圆）命令，在屏幕上绘制半径为300的圆。

第五步：单击“常用”选项卡“绘图”面板中的 （直线）按钮，或者在命令行中输入“line”（直线）命令，捕捉第四步中绘制的圆的底部象限点，向下拖动鼠标，绘制长度为900的铅直直线，完成后的效果如图7-62所示。

第六步：单击“插入”选项卡“块定义”面板中的 （创建块）按钮，或者在命令行中输入“block”命令，在弹出的“块定义”对话框中输入块名称“标注轴号”，指定图7-62中的A点为基准点，选择轴号标注为块定义对象，设置“块单位”为“毫米”，将绘制的轴号标注存储为图块，以便调用。

第七步：单击“插入”选项卡“块定义”面板中的 （块编辑器）按钮，弹出“编辑块定义”对话框，选择“标注轴号”，单击“确定”按钮，进入“块编辑器”选项卡。

第八步：单击“插入”选项卡“块定义”面板中的 （定义属性）按钮，弹出“属性定义”对话框，在“模式”选项组中选中“锁定位置”复选框，在“属性”选项组的“标记”文本框中输入1，“提示”文本框中输入“定位轴号”，在“文字设置”选项组的“对正”下拉列表框中选择“居中”，“文字高度”文本框中输入300，单击“确定”按钮，然后在“标注轴号”的圆中单击鼠标。

第九步：单击“常用”选项卡“修改”面板中的 （移动）按钮，或者在命令行中输入“move”（移动）命令，将第八步中定义的文字移动到圆心位置。

第十步：单击“块编辑器”选项卡“打开/保存”面板的保存块按钮，保存对“标注轴号”图块的修改，然后关闭块编辑器，完成后的效果如图7-63所示。

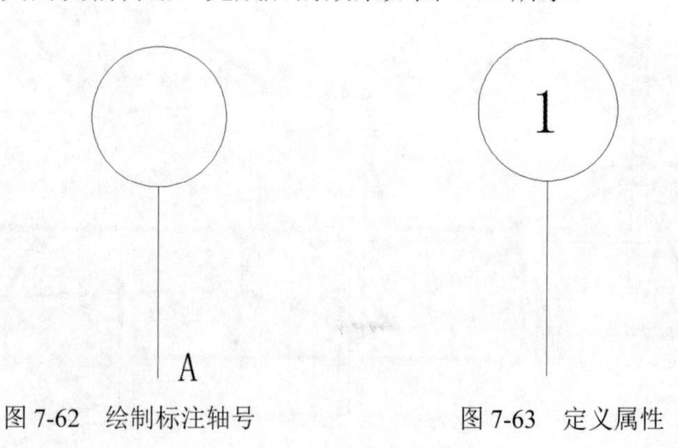

图7-62　绘制标注轴号　　　　图7-63　定义属性

第十一步：单击“插入”选项卡“块”面板中的 （插入）按钮，或者执行菜单栏中的“插入”→“块”命令，弹出“插入”对话框，在“名称”下拉列表框中选择“标注轴号”，捕捉插入到定位轴线1～8的端点，依次输入编号值1～8。

第十二步：单击“插入”选项卡“块”面板中的 （插入）按钮，或者执行菜单栏中的“插入”→“块”命令，弹出“插入”对话框，在“名称”下拉列表框中选择“标注轴号”，设置“旋转角度”为 90°，捕捉插入到定位轴线 A～F 的端点，依次输入编号值 A～F，完成后的效果如图 7-64 所示。

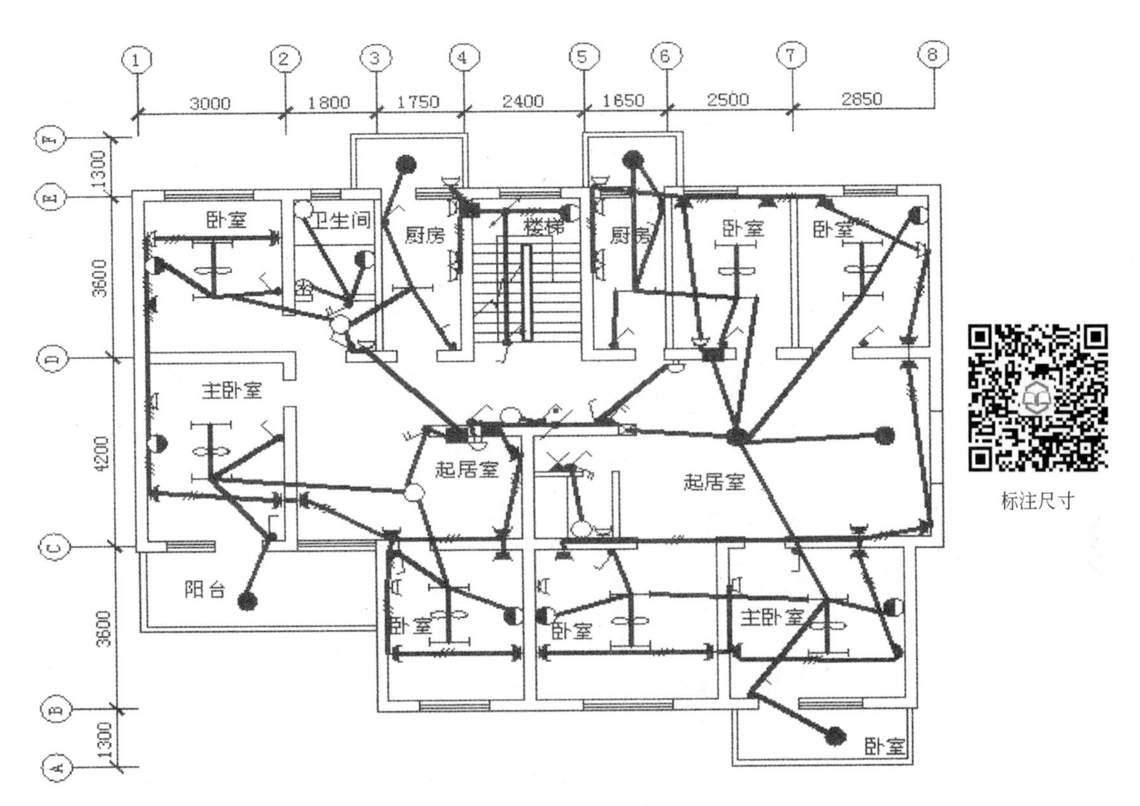

图 7-64　建筑照明平面图

标注尺寸

第十三步：在命令行中输入“wblock”（写块）命令，弹出“写块”对话框，在“源”选项组中选择“块”，选择之前创建的块，将其保存到建筑电气常用图块文件中，以便其他文件调用。

7.2.5　保存建筑照明平面图

单击（另存为）按钮，或者执行菜单栏中的“文件”→“另存为”命令，将图形另存为“建筑照明平面图.dwg”，将绘制完成的图形进行保存。

项目 8

液压动力滑台系统图的设计

电液控制技术是随着液压传动技术的发展、应用而发展起来的新型液压控制技术。电液控制系统由电气的信号处理部分与液压的功率放大和输出部分构成，它可以组成开环或闭环系统。电液系统综合了电气和液压两方面的优点，其控制精度和响应速度远远高于普通的液压传动，因而在现代工业生产中被广泛采用。

本案例以液压动力滑台的液压系统图为例介绍设计绘制电液控制系统图的方法和技巧。

（1）项目效果预览

液压动力滑台由滑台、滑座和油缸 3 部分组成。在液压动力滑台中，油缸拖动滑台在滑座上移动。液压滑台是典型的液压传动系统，它是通过电气控制电路控制液压系统实现自动工作循环的。

从液压动力滑台液压系统图可以看出，液压系统图是由液压动力元件、液压执行元件和液压控制元件通过代表油路的细实线连接起来的。所以设计液压系统图，可以先将各液压元件图绘制出来，再将其摆放在适当的位置，最后用细实线连接起来。绘制完成的液压动力滑台系统设计图如图 8-1 所示。

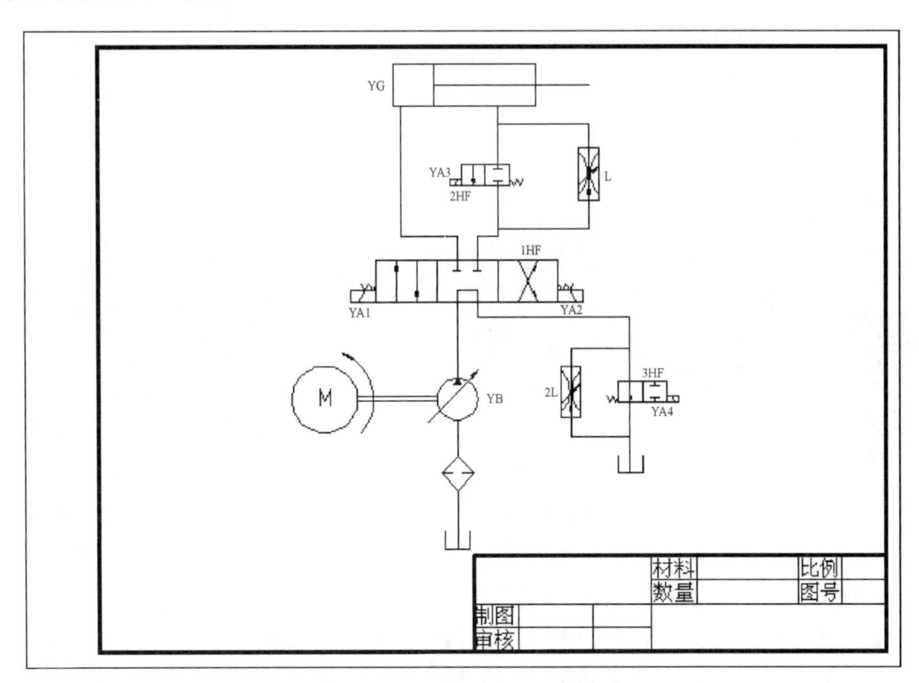

图 8-1　液压动力滑台系统设计图

（2）本项目绘制步骤

① 绘制液压动力滑台液压系统的相关元件、创建图块；

② 绘制连接线；

③ 添加文字注释；

④ 保存液压动力滑台系统图。

任务 8.1 液压元件的绘制并创建图块

8.1.1 绘制调速阀

第一步：绘制长为 12.5、宽为 5 的矩形，并分解，如图 8-2 所示。

第二步：单击【常用】选项卡下【绘图】面板中的【多段线】按钮，以激活“pline”命令，并通过命令行操作，绘制多段线，如图 8-3 所示。具体的命令行操作如下。

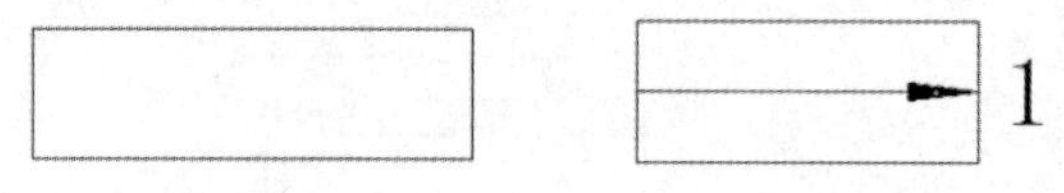

图 8-2 绘制矩形　　图 8-3 绘制多线段

命令：_pline

指定起点：单击选取矩形右侧竖直边 1 的中点。

绘制调速阀

指定下一个点或［圆弧（A）/半宽（H）/长度（L）/放弃（U）/宽度（W）］：输入“W”，按【Enter】键确认。//设置多段线的宽度

指定起点宽度<0.0000>：输入“0”按【Enter】键确认。//输入起点宽度

指定端点宽度<0.0000>：输入“0.6”按【Enter】键确认。//输入端点宽度

指定下一个点或［圆弧（A）/半宽（H）/长度（L）放弃（U）/宽度（W）］：输入“@-2.5，0”，按【Enter】键确认。//输入多段线终点的相对坐标

指定下一个点或［圆弧（A）/半宽（H）/长度（L）/放弃（U）/宽度（W）］：输入“W”，按【Enter】键确认。//设置多段线的宽度

指定起点宽度<0.0000>：输入“0”，按【Enter】键确认。　//输入起点宽度

指定端点宽度<0.0000>：输入“0”，按【Enter】键确认。　//输入端点宽度

指定下一个点或［圆弧（A）半宽（H）/长度（L）/放弃（U）/宽度（W）］：输入“@-10，0”，按【Enter】键确认。//输入多段线终点的相对坐标

指定下一个点或［圆弧（A）/闭合（C）半宽（H）/长度（L）/放弃（U）/宽度（W）］：

按【Enter】键确认。// 完成多段线绘制

第三步：单击【常用】选项卡下【绘图】面板中的【三点】按钮。运用三点圆弧命令，在多段线的上部绘制圆弧，如图 8-4 所示。

第四步：单击【常用】选项卡下【修改】面板中的【镜像】按钮，以激活“mirror”命令，并通过命令行操作，以箭头为镜像线，对圆弧进行镜像，如图 8-5 所示。具体的命令行操作如下。

命令：_mirror

选择对象：选择圆弧。

选择对象：按【Enter】键确认。

指定镜像线的第一点：捕捉箭头上的任意一点。

指定镜像线的第二点：捕捉箭头上除了第一点外的任意另外一点。

是否删除源对象？［是（Y）/否（N）］<N>：按【Enter】键确定。// 不删除原来的对象

第五步：单击【常用】选项卡下【绘图】面板中的【多段线】按钮，以激活“pline”命令，并通过命令行操作，绘制多段线，如图 8-5 所示。具体的命令行操作如下。

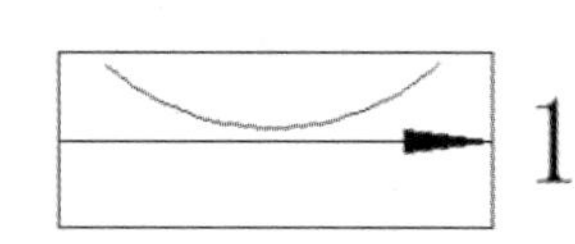

图 8-4　绘制圆弧

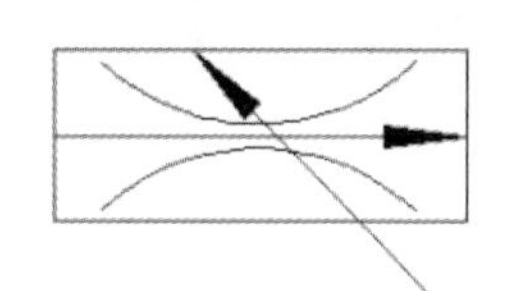

图 8-5　镜像圆弧、绘制多段线

命令：_pline

指定起点：在矩形的上侧水平边上适当的位置单击选取一点。

指定下一个点或［圆弧（A）/半宽（H）/长度（L）/放弃（U）/宽度（W）］：输入“W”，按【Enter】键确认。// 设置多段线的宽度

指定起点宽度<0.0000>：输入“0”按【Enter】键确认。// 输入起点宽度

指定端点宽度<0.0000>：输入“0.6”按【Enter】键确认。// 输入端点宽度

指定下一个点或［圆弧（A）/半宽（H）/长度（L）放弃（U）/宽度（W）］：输入“@2.5<-45”，按【Enter】键确认。// 输入多段线终点的相对坐标

指定下一个点或［圆弧（A）/半宽（H）/长度（L）/放弃（U）/宽度（W）］：输入“W”，按【Enter】键确认。// 设置多段线的宽度

指定起点宽度<0.0000>：输入“0”，按【Enter】键确认。// 输入起点宽度

指定端点宽度<0.0000>：输入“0”，按【Enter】键确认。// 输入端点宽度

指定下一个点或［圆弧（A）半宽（H）/长度（L）/放弃（U）/宽度（W）］：输入“@10<-45”，按【Enter】键确认。// 输入多段线终点的相对坐标

指定下一个点或［圆弧（A）/闭合（C）半宽（H）/长度（L）/放弃（U）/宽度（W）］：按【Enter】键确认。// 完成多段线绘制

第六步：单击【常用】选项卡下【修改】面板中的【修剪】按钮，以激活“trim”命令，并通过命令行操作，以矩形的下边线为修剪边，修剪掉矩形以外的多段线，如图 8-6 所示。具体的命令行操作如下。

命令：_trim

当前设置：投影=UCS，边=无

选择剪切边…

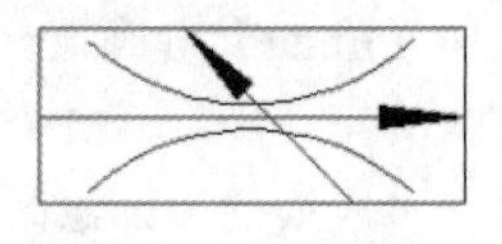
图 8-6 修剪直线

选择对象<全部选择>：按【Enter】键确认。

选择对象：选择矩形的下边。

选择要修剪的对象，或按住【Shift】键选择要延伸的对象，或［栏选（F）/窗交（C）/投影（P）边（E）/删除（R）/放弃（U）］：选择矩形以外的直线。

选择要修剪的对象，或按住【Shift】键选择要延伸的对象，或［栏选（F）/窗交（C）/投影（P）边（E）/删除（R）/放弃（U）］：按【Enter】键确认。

第七步：单击“插入”选项卡“块定义”面板中的（创建块）按钮，或者在命令行中输入“block”命令，在弹出的“块定义”对话框中输入块名称“调速阀”，指定图中的 A 点为基准点，选择调速阀为块定义对象，设置“块单位”为“毫米”，将绘制的调速阀存储为图块，以便调用。

8.1.2 绘制二位二通电磁换向阀 2HF

第一步：绘制长为 12、宽为 5 的矩形，并分解，如图 8-7 所示。

第二步：单击【常用】选项卡下【绘图】面板中的【直线】按钮，以激活“line”命令，并通过命令行操作，绘制一条通过矩形中心的竖直直线，如图 8-8 所示。具体的命令行操作如下。

命令：_line

指定第一点：捕捉矩形上边线的中点。

指定下一点或［放弃（U）］：输入“@0，-5”，按【Enter】键确认。 //输入下一点的相对坐标

指定事一点或［放弃（U）］：按【Enter】键确认。 //完成直线的绘制

绘制二位二通电磁换向阀

图 8-7 绘制矩形

图 8-8 绘制直线

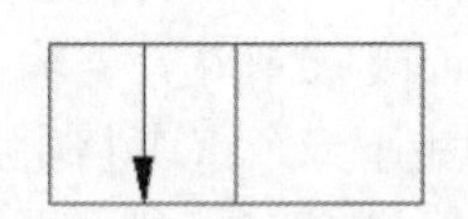
图 8-9 绘制多段线

第三步：单击【常用】选项卡下【绘图】面板中的【多段线】按钮，以激活“pline”命令，并通过命令行操作，绘制多段线，如图 8-9 所示。具体的命令行操作如下。

命令：_pline

指定起点：输入“from”，按【Enter】键确认。

基点：捕捉左侧小矩形的左下角。

<偏移>：打开【正交】模式，将十字光标移动到基点的右侧，输入“3”，按【Enter】键确认。 //输入偏移距离

指定下一个点或［圆弧（A）/半宽（H）/长度（L）/放弃（U）/宽度（W）］：输入“W”，按【Enter】键确认。// 设置多段线的宽度

指定起点宽度<0.0000>：输入“0”按【Enter】键确认。// 输入起点宽度

指定端点宽度<0.0000>：输入“0.6”按【Enter】键确认。 // 输入端点宽度

指定下一个点或［圆弧（A）/半宽（H）/长度（L）放弃（U）/宽度（W）］：输入“@0，1.5”，按【Enter】键确认。// 输入多段线终点的相对坐标

指定下一个点或［圆弧（A）/半宽（H）/长度（L）/放弃（U）/宽度（W）］：输入“W”，按【Enter】键确认。// 设置多段线的宽度

指定起点宽度<0.0000>：输入“0”，按【Enter】键确认。 // 输入起点宽度

指定端点宽度<0.0000>：输入“0”，按【Enter】键确认。 // 输入端点宽度

指定下一个点或［圆弧（A）半宽（H）/长度（L）/放弃（U）/宽度（W）］：输入“@0，3.5”，按【Enter】键确认。// 输入多段线终点的相对坐标

指定下一个点或［圆弧（A）/闭合（C）半宽（H）/长度（L）/放弃（U）/宽度（W）］：按【Enter】键确认。// 完成多段线绘制

第四步：单击【常用】选项卡下【绘图】面板中的【直线】按钮，以激活“line”命令，并通过命令行操作，绘制直线，如图 8-10 所示。具体的命令行操作如下。

命令：_line

指定第一点：输入“from”，按【Enter】键确认。

基点：捕捉右侧小矩形的右上角。

<偏移>：打开【正交】模式，将十字光标移动到左边，输入“3”，按【Enter】键确认。// 输入偏移距离

指定下一个点或［放弃（U）］：输入“@0，-1”，按【Enter】键确认

指定下一个点或［放弃（U）］：输入“@1，0”，按【Enter】键确认

指定下一个点或［放弃（U）］：输入“@-2，0”，按【Enter】键确认

指定下一个点或［放弃（U）］：按【Enter】键确认。 // 完成直线的绘制

第五步：单击【常用】选项卡下【修改】面板中的【镜像】按钮，以激活“mirror”命令，并通过命令行操作，进行镜像操作，如图 8-11 所示。具体的命令行操作如下。

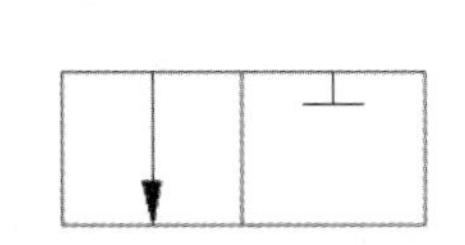

图 8-10 完成偏移、直线绘制

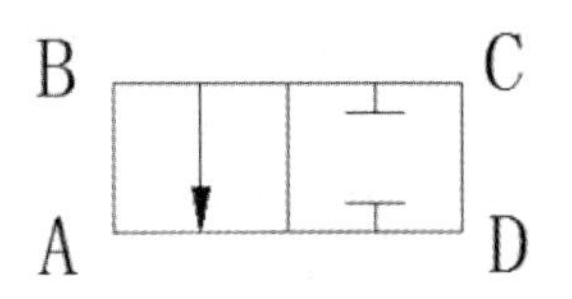

图 8-11 完成镜像

命令：_mirror

选择对象：选择上一步骤所画的两条直线。

选择对象：按【Enter】键确认。

指定镜像线的第一点：捕捉直线 AB 的中点。

指定镜像线的第二点：捕捉直线 CD 的中点。

是否删除源对象？［是（Y）/否（N）］<N>：按【Enter】键确定。// 不删除原来的对象

第六步：单击【常用】选项卡下【绘图】面板中的【直线】按钮，以激活“line”命令，并通过命令行操作，绘制直线，如图 8-12 所示。具体的命令行操作如下。

命令：_line

指定第一点：捕捉矩形左下角。

指定下一个点或［放弃（U）］：<正交 开>打开【正交】模式，将十字光标移动到左边，输入“2.7”按【Enter】键确认。// 输入偏移距离 2.7

指定下一个点或［放弃（U）］：将十字光标移动到上方，输入“1.3”按【Enter】键确认。// 输入偏移距离 1.3

指定下一个点或［放弃（U）］：将十字光标移动到右方，输入“2.7”按【Enter】键确认。// 输入偏移距离 2.7

指定下一个点或［放弃（U）］：按【Enter】键确认。 // 完成直线的绘制

第七步：按【Enter】键重复直线命令，完成图 8-13 所示的弹簧图形的绘制。

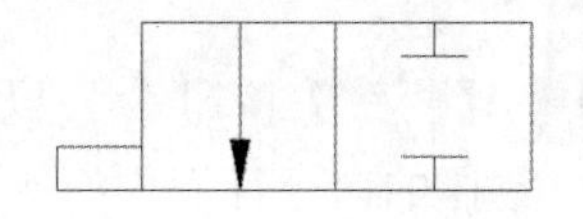

图 8-12　完成偏移、直线绘制

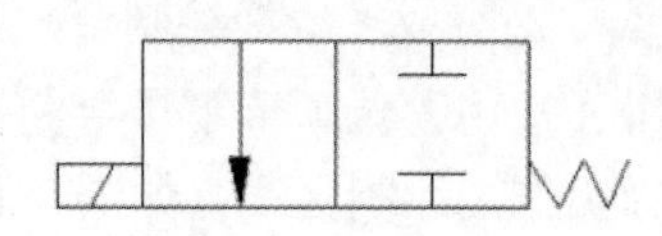

图 8-13　绘制弹簧

第八步：单击“插入”选项卡“块定义”面板中的（创建块）按钮，或者在命令行中输入“block”命令，在弹出的“块定义”对话框中输入块名称“二位二通电磁换向阀 2HF”，指定图中的 A 点为基准点，选择二位二通电磁换向阀为块定义对象，设置“块单位”为“毫米”，将绘制的二位二通换向电磁阀 2HF 存储为图块，以便调用。

8.1.3　绘制二位二通电磁换向阀 3HF

第一步：依照 8.1.2 二位二通电磁换向阀 2HF 的前 5 个步骤绘制图 8-11。

第二步：单击【常用】选项卡下【绘图】面板中的【直线】按钮，以激活“line”命令，并通过命令行操作，绘制直线，如图 8-14 所示。具体的命令行操作如下。

命令：_line

指定第一点：捕捉矩形右下角。

指定下一个点或［放弃（U）］：<正交 开>打开【正交】模式，将十字光标移动到右边，输入“2.7”按【Enter】键确认。// 输入偏移距离 2.7

指定下一个点或［放弃（U）］：将十字光标移动到上方，输入“1.3”按【Enter】键确认。// 输入偏移距离 1.3

指定下一个点或［放弃（U）］：将十字光标移动到左方，输入“2.7”按【Enter】键确认。// 输入偏移距离 2.7

指定下一个点或［放弃（U）］：按【Enter】键确认。 // 完成直线的绘制

第三步：按【Enter】键重复直线命令，完成如图 8-15 所示的弹簧图形的绘制。

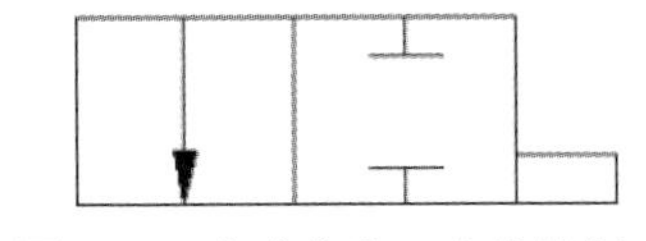

图 8-14　完成偏移、直线绘制

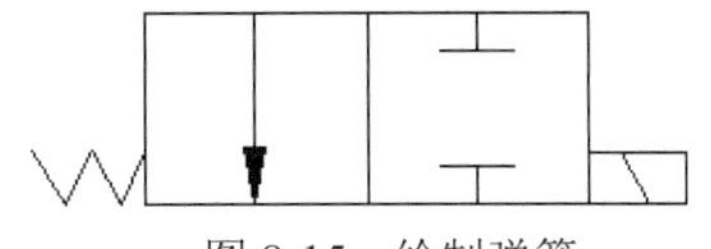

图 8-15　绘制弹簧

第四步：单击“插入”选项卡“块定义”面板中的（创建块）按钮，或者在命令行中输入“block”命令，在弹出的“块定义”对话框中输入块名称“二位二通电磁换向阀 3HF”，指定图中的 A 点为基准点，选择二位二通电磁换向阀为块定义对象，设置“块单位”为“毫米”，将绘制的二位二通换向电磁阀 3HF 存储为图块，以便调用。

8.1.4　绘制单向变量泵的主体部分

绘制单向变量泵的主体部分

第一步：单击【常用】选项卡下【绘图】面板中的【圆心，半径】按钮，以激活“circle”命令，并通过命令行操作，绘制半径为 8 的圆，如图 8-16 所示。具体的命令行操作如下。

命令：_circle

指定圆的圆心或［三点（3P）/两点（2P）/相切、相切、半径（T）］：在适当的位置单击选取圆的圆心点。

指定圆的半径或［直径（D）］：输入“8”，按【Enter】键确认。//输入圆的半径，完成圆的绘制

第二步：单击【常用】选项卡下【绘图】面板中的【直线】按钮，以激活“line”命令，并通过命令行操作，绘制水平直线，如图 8-17 所示。具体的命令行操作如下。

命令：_line

指定第一点：捕捉圆心。

指定下一个点或［放弃（U）］：<正交 开>打开【正交】模式，将十字光标移动到右边，输入“32.5”按【Enter】键确认。//输入偏移距离 32.5

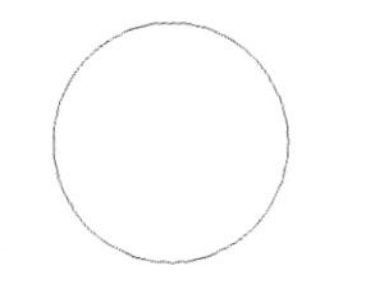

图 8-16　绘制圆形

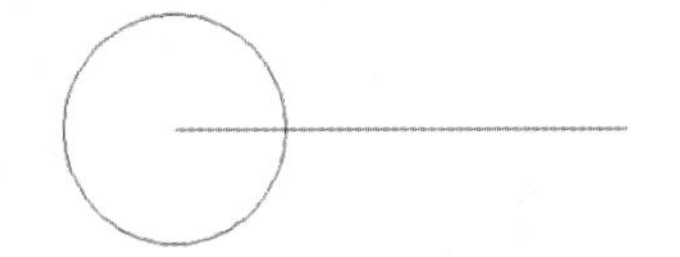

图 8-17　利用偏移绘制直线

第三步：单击【常用】选项卡下【绘图】面板中的【圆心，半径】按钮，以激活“circle”命令，并通过命令行操作，绘制半径为 5 的圆，如图 8-18 所示。具体的命令行操作如下。

命令：_circle

指定圆的圆心或［三点（3P）/两点（2P）/相切、相切、半径（T）］：捕捉直线的右端点。

指定圆的半径或［直径（D）］：输入“5”，按【Enter】键确认。//输入圆的半径，完成圆的绘制

第四步：单击【常用】选项卡下【绘图】面板中的【多边形】按钮，以激活“polygon”命令，并通过命令行操作，绘制一个等边三角形，如图 8-19 所示。具体的命令行操作如下。

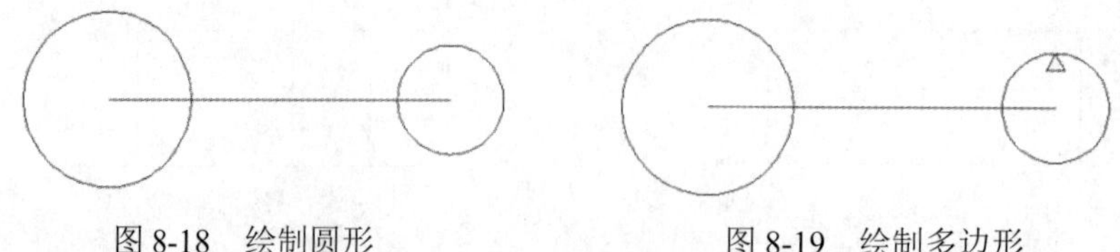

图 8-18　绘制圆形　　　　图 8-19　绘制多边形

命令：_polygon

输入边的数目<3>：输入“3”，按【Enter】键确认。　　//输入边数 3

指定正多边形的中心点或［边（E）］：在绘图区域适当的位置单击选取一点。

输入选项［内接于圆（I）/外切于圆（C）］<I>：输入“I”按【Enter】键确认。//选择内接于圆

指定圆的半径：输入“1”，按【Enter】键确认。//输入半径

第五步：单击【常用】选项卡下【修改】面板中的【移动】按钮，以激活“move”命令，并通过命令行操作，捕捉圆的上象限点。具体的命令行操作如下。

命令：_move

选择对象：选择三角形。

选择对象：按【Enter】键确认。　//完成对象的选择

指定基点或［位移（D）］<位移>：捕捉三角形的上顶点。

指定第二个点或<使用第一个点作为位移>：<正交 关>关闭【正交】模式，捕捉圆的上象限点。

第六步：选择【常用】选项卡下【绘图】中的图案填充按钮，打开【图案填充创建】选项卡，然后单击【图案】面板中的【图案填充图案】按钮，在弹出的列表中选择【SOLID】选项，如图 8-20 所示。

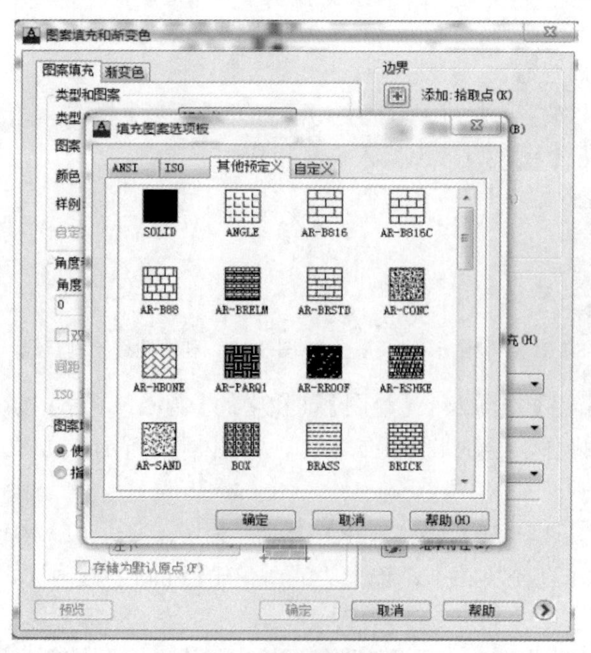

图 8-20　图案填充界面

第七步：单击三角形内部，按【Enter】键确认，完成如图 8-21 的绘制。

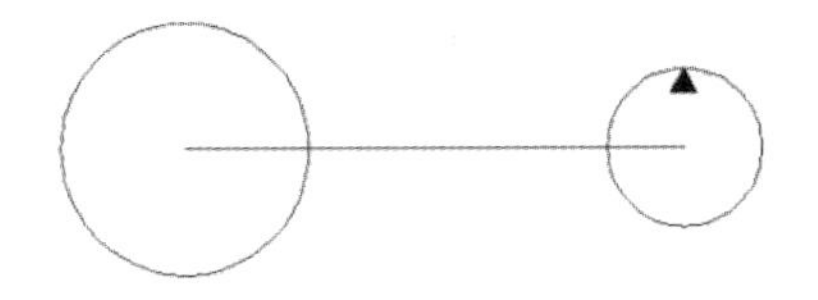

图 8-21　填充图案

8.1.5　绘制单向变量泵的其他部分

第一步：单击【常用】选项卡下【修改】面板中的【偏移】按钮，以激活“offset”命令，并通过命令行操作，完成直线段的偏移，如图 8-22 所示。具体的命令行操作如下。

绘制单向变量泵的其他部分

命令：_offset

指定偏移距离或［通过（T）］<通过>：输入 “0.5”，按【Enter】键确认。//输入偏移距离

选择要偏移的对象，或［退出（E）/放弃（U）］<退出>：选择连接两圆圆心的直线。

指定点以确定偏移所在一侧：单击直线的上侧。

选择要偏移的对象，或［退出（E）/放弃（U）］<退出>：选择连接两圆圆心的直线。

指定点以确定偏移所在一侧：单击直线的下侧。

选择要偏移的对象<退出>：按【Enter】键确认。　//完成直线的偏移

第二步：选择连接两圆圆心的直线，在右键快捷菜单中选择【删除】菜单项，完成后如图 8-23 所示。

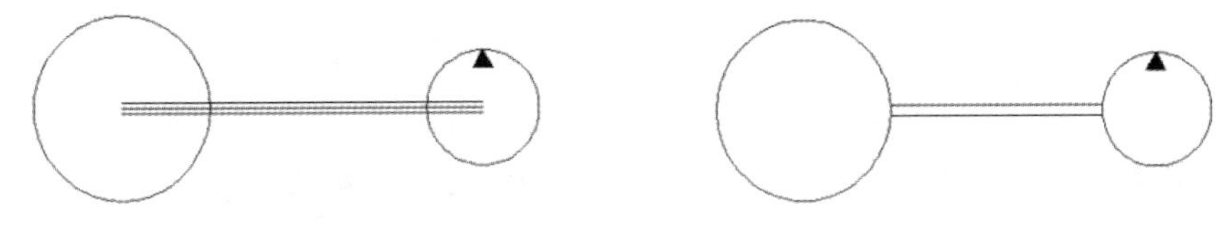

图 8-22　直线偏移　　　　图 8-23　直线修剪

第三步：单击【常用】选项卡下【修改】面板中的【修剪】按钮，以激活“trim”命令，并通过命令行操作，以两圆为剪切边，修剪多余的线，如图 8-23 所示。具体的命令行操作如下。

命令：_trim

选择剪切边…

选择对象<全部选择>：选择两圆。

选择对象<全部选择>：按【Enter】键确认。

选择要修剪的对象，或按住【Shift】键选择要延伸的对象，或［栏选（F）/窗交（C）/投影（P）边（E）/删除（R）/放弃（U）］：选择圆内的直线。

选择要修剪的对象，或按住【Shift】键选择要延伸的对象，或［栏选（F）/窗交（C）/投影（P）边（E）/删除（R）/放弃（U）］：按【Enter】键确认。　//完成修剪

第四步：单击【常用】选项卡下【绘图】面板中的【多段线】按钮，以激活“pline”命令，并通过命令行操作，完成箭头的绘制，如图 8-24 所示。具体的命令行操作如下。

命令：_pline

指定起点：在绘图区域单击选取一点。

指定下一个点或［圆弧（A）/半宽（H）/长度（L）/放弃（U）/宽度（W）］：输入“W”，按【Enter】键确认。// 设置多段线的宽度

指定起点宽度<0.0000>：输入“0”按【Enter】键确认。// 输入起点宽度

指定端点宽度<0.0000>：输入“0.6”按【Enter】键确认。 // 输入端点宽度

指定下一个点或[圆弧(A)/半宽(H)/长度(L)放弃(U)/宽度(W)]：输入“@2.5<-135”，按【Enter】键确认。// 输入多段线终点的相对坐标

指定下一个点或［圆弧（A）/半宽（H）/长度（L）/放弃（U）/宽度（W）］：输入“W”，按【Enter】键确认。// 设置多段线的宽度

指定起点宽度<0.0000>：输入“0”，按【Enter】键确认。 // 输入起点宽度

指定端点宽度<0.0000>：输入“0”，按【Enter】键确认。 // 输入端点宽度

指定下一个点或[圆弧(A)半宽(H)/长度(L)/放弃(U)/宽度(W)]：输入“@10<-135”，按【Enter】键确认。// 输入多段线终点的相对坐标

指定下一个点或［圆弧（A）/闭合（C）半宽（H）/长度（L）/放弃（U）/宽度（W）］：按【Enter】键确认。

第五步：右击多段线，选择【移动】菜单命令，如图 8-25 所示。

命令：_move

指定基点或［位移（D）］<位移>：捕捉多段线上的一点。

指定第二个点或<使用第一个点作为位移>：将多段线放置到圆内如图 8-25 所示的位置。

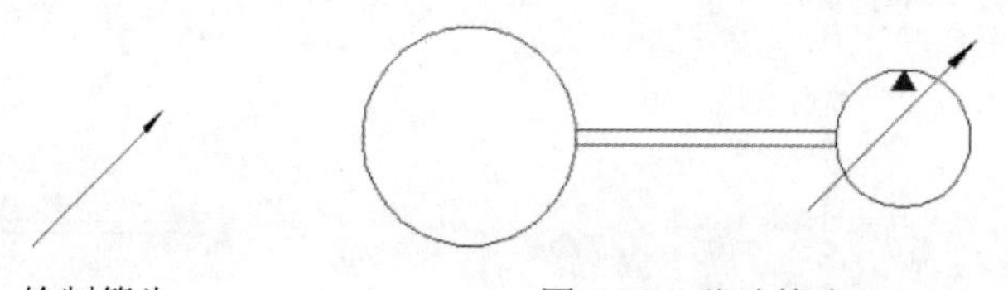

图 8-24 绘制箭头　　　　图 8-25 移动箭头

第六步：单击【常用】选项卡下【绘图】面板中的【多段线】按钮，以激活“pline”命令，并通过命令行操作，完成圆弧箭头的绘制，如图 8-26 所示。具体的命令行操作如下。

命令：_pline

指定起点：在大圆外右下角处适当的位置单击选取一点。

当前线宽为 0.0000。

指定下一个点或［圆弧（A）/半宽（H）/长度（L）/放弃（U）/宽度（W）］：输入“A”，按【Enter】键确认。

指定圆弧的端点或［角度（A）/圆心（CE）/方向（D）/半宽（H）/直线（L）/半径（R）/第二个点（S）/放弃（U）/宽度（W）］：输入“CE”，按【Enter】键确认。

指定圆弧的圆心：捕捉大圆圆心。

指定圆弧的端点或［角度（A）/长度（L）］：输入“A”，按【Enter】键确认。

指定包含角：输入“100”，按【Enter】键确认。 // 输入圆弧的包含角

指定圆弧的端点或［角度（A）/圆心（CE）/闭合（CL）/方向（D）/半宽（H）/直线（L）/半径（R）/第二个点（S）/放弃（U）/宽度（W）］：输入“W”，按【Enter】键确认。//设置多段线的宽度

指定起点宽度<0.0000>：输入“0.6”按【Enter】键确认。//输入起点宽度

指定端点宽度<0.0000>：输入“0”按【Enter】键确认。 //输入端点宽度

指定圆弧的端点或［角度（A）/圆心（CE）/闭合（CL）/方向（D）/半宽（H）/直线（L）/半径（R）/第二个点（S）/放弃（U）/宽度（W）］：输入“CE”，按【Enter】键确认。

指定圆弧的圆心：捕捉大圆圆心。

指定圆弧的端点或［角度（A）/长度（L）］：输入“L”，按【Enter】键确认。

指定弦长：输入“2.5”，按【Enter】键确认。 //输入箭头长度

指定下一个点或［圆弧（A）/闭合（C）/半宽（H）/长度（L）/放弃（U）/宽度（W）］：按【Enter】键确认。

第七步：单击【常用】选项卡下【注释】面板中的【多行文字】按钮A，打开【文字编辑器】选项卡，将文字样式设置为“standard”，字高设置为“4”，在文本框中输入“M”，然后单击【关闭文字编辑器】按钮，完成后图形如图 8-27 所示。

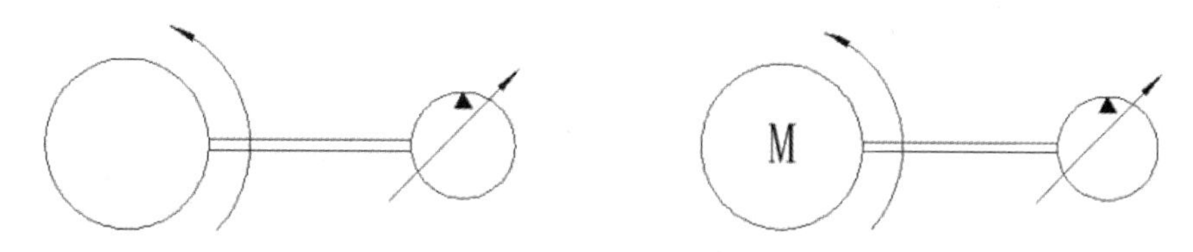

图 8-26 绘制圆弧箭头　　图 8-27 文字输入

第八步：单击“插入”选项卡“块定义”面板中的（创建块）按钮，或者在命令行中输入“block”命令，在弹出的“块定义”对话框中输入块名称“单向变量泵”，指定图中的大圆圆心，选择单向变量泵为块定义对象，设置“块单位”为“毫米”，将绘制的单向变量泵存储为图块，以便调用。

8.1.6 绘制过滤器

绘制过滤器

第一步：单击【常用】选项卡下【绘图】面板中的【多边形】按钮，以激活“polygon”命令，并通过命令行操作，绘制一个四边形，如图 8-28 所示。具体的命令行操作如下。

命令：_polygon

输入边的数目<3>：输入“4”，按【Enter】键确认。 //输入多边形的边数

指定正多边形的中心点或［边（E）］：在绘图区域适当的位置单击选取一点。

输入选项［内接于圆（I）/外切于圆（C）］<I>：输入“I”按【Enter】键确认。//选择内接于圆

指定圆的半径：输入“4”，按【Enter】键确认。//输入半径

第二步：选择四边形，在右键快捷菜单中选择【旋转】菜单项，如图 8-29 所示。

命令：“rotate”

UCS 当前的正角方向：ANGDIR=逆时针 ANGBASE=0

指定基点：捕捉四边形的左下角。

指定旋转角度，或［复制（C）/参照（R）］<45>：输入“45”，按【Enter】键确认。//输入旋转角度

第三步：选择“虚线层”为当前图层。

第四步：单击【常用】选项卡下【绘图】面板中的【直线】按钮，以激活“line”命令，并通过命令行操作，绘制一条水平虚线，如图 8-30 所示。具体的命令行操作如下。

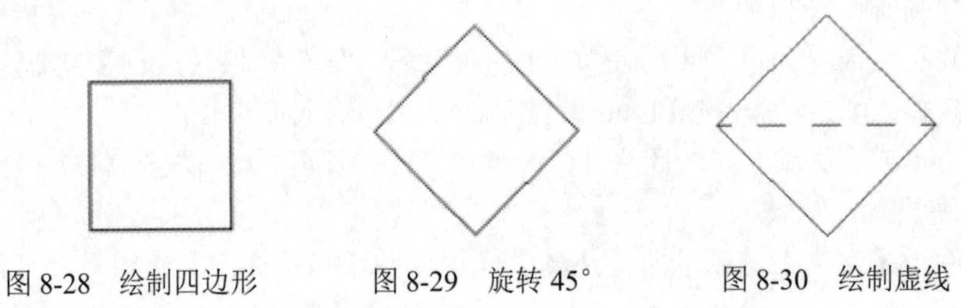

图 8-28　绘制四边形　　图 8-29　旋转 45°　　图 8-30　绘制虚线

命令：_line

指定第一点：捕捉多边形的左顶点。

指定下一个点或［放弃（U）］：捕捉多边形的右顶点。

指定下一个点或［放弃（U）］：按【Enter】键确认。　//完成直线的绘制

第五步：单击“插入”选项卡“块定义”面板中的（创建块）按钮，或者在命令行中输入“block”命令，在弹出的“块定义”对话框中输入块名称“过滤器”，指定图中的 A 点为基准点，选择过滤器为块定义对象，设置“块单位”为“毫米”，将绘制的过滤器存储为图块，以便调用。

任务 8.2
绘制液压动力滑台系统图

8.2.1　绘制连接线

在任务 8.1 中，绘制了液压系统中所用到的液压元件，本小节绘制连接各液压元件的连接线。

第一步：布置液压元件。通过【复制】和【旋转】命令调整液压元件，然后通过【移动】命令按照液压系统图中的相对位置关系，将各液压元件放置到图 8-31 所示的位置。

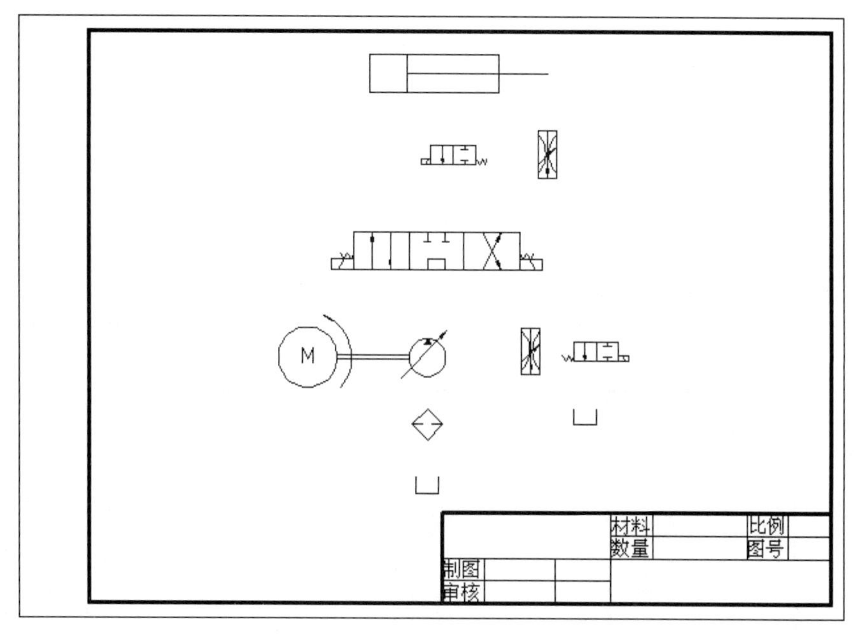

图 8-31　液压元件布置图

第二步：绘制连接线。

① 选择“辅助线层”为当前图层。

② 单击【常用】选项卡下【绘图】面板中的【直线】按钮，并通过命令行操作，绘制如图 8-32 所示的液压系统图中的连接线。

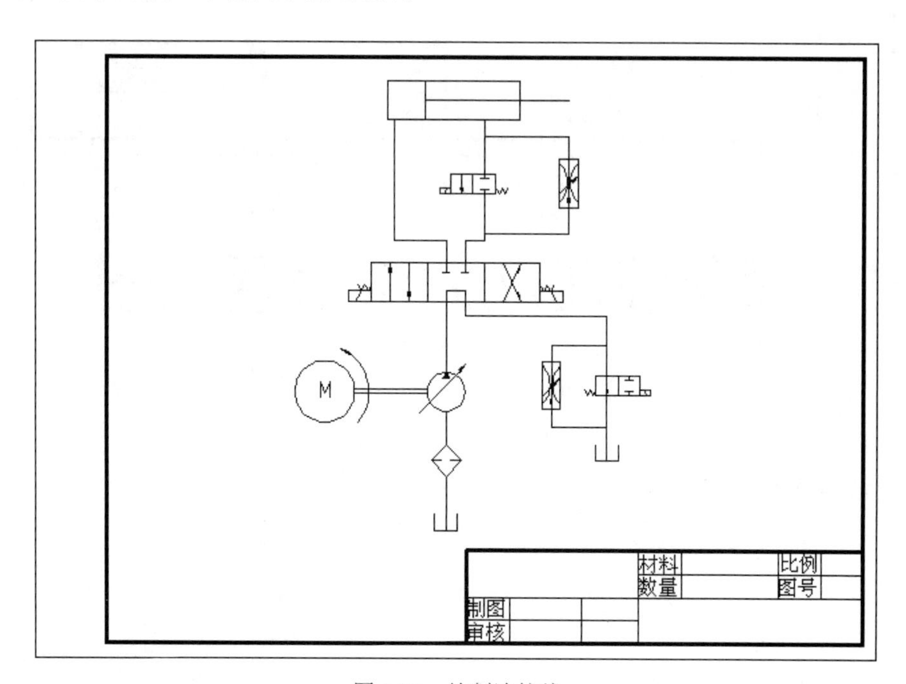

图 8-32　绘制连接线

8.2.2 添加文字注释

第一步：选择“辅助线层”为当前图层，关闭状态栏中的【对象捕捉】按钮。

第二步：单击【常用】选项卡下【注释】面板中的【多行文字】按钮 A ，打开【文字编辑器】选项卡，将文字样式设置为“standard”，字高设置为“2.5”，并在需要进行文字标注的地方框选出文字输入区域。

第三步：单击【常用】选项卡下【修改】面板中的【移动】按钮，选择上一步骤所输入的文字，将文字移动到适当的位置，完成图 8-33 所示中文字的输入。

第四步：选择【文件】→【保存】菜单命令，将文件保存为“液压系统图.dwg”。

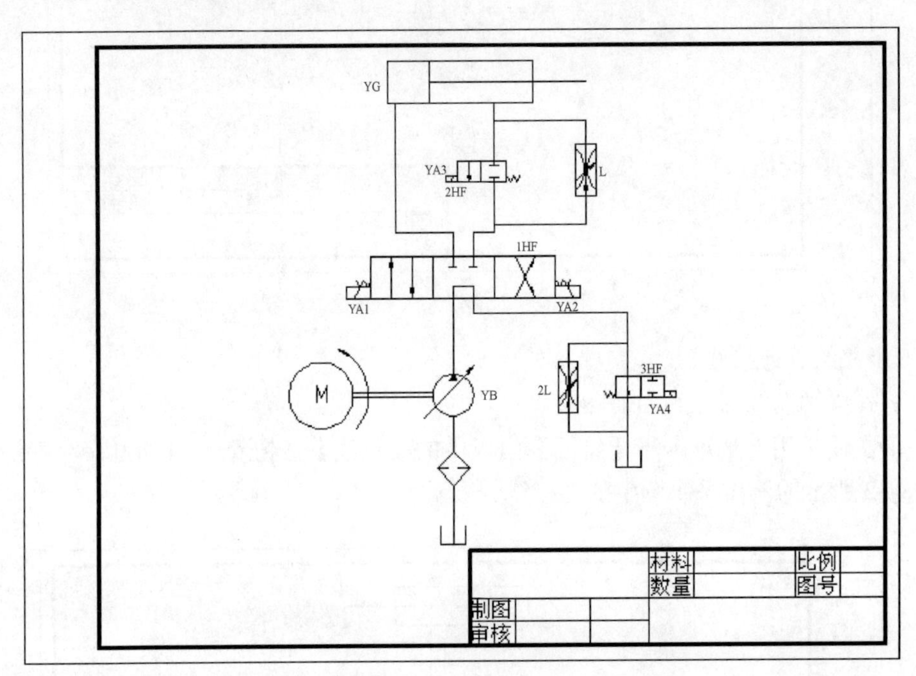

图 8-33 添加文字注释

8.2.3 保存液压动力滑台系统图

单击（另存为）按钮，或者执行菜单栏中的“文件” →“另存为”命令，将图形另存为“液压动力滑台系统图.dwg”，将绘制完成的图形进行保存。

至此完成了系统图的绘制。

项目 9

电气控制柜与标准件设计基础

电气控制柜主要是实现一些控制功能，里面一般有开关、继电器或 PLC 之类的元器件或产品。电气控制柜从字面意思也不难理解，就是作为电气控制作用的电柜。电气控制柜有传统的继电器和 PLC 控制。比较简单的控制可以用继电器来控制，复杂的控制一般采用 PLC 控制，PLC 控制柜就是可编程序逻辑控制器。而电气控制柜是根据不同的需要，采用不同的控制。根据被控制设备的多少、大小选择不同的电气元件组合成一个柜。电气控制柜组成一般包括电动机、熔断器、接触器、热保护元件、启动按钮、停止按钮、指示灯等。如图 9-1 所示。

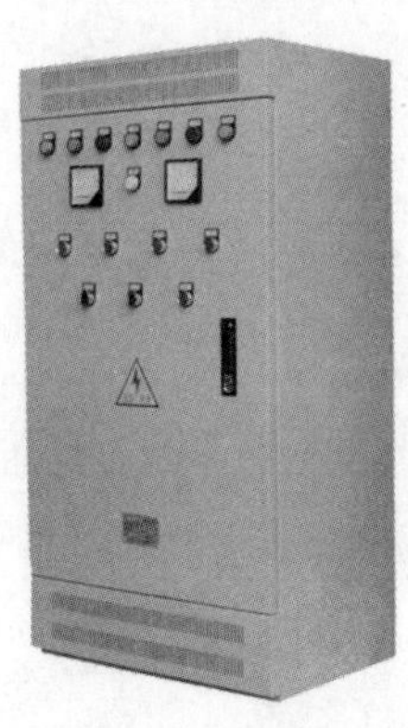
图 9-1　电气控制柜

在电气控制柜等地点进行接线时，经常用到螺栓、螺母等紧固件。利用螺纹起连接和紧固作用的零件成为螺纹紧固件。常用的螺纹紧固件有螺栓、双头螺柱、螺钉、螺母和垫圈等。

任务 9.1 电气控制柜的绘制

绘制电气控制柜

9.1.1 项目效果预览

① 标注原则：图样上的尺寸是电气控制柜的实际尺寸，与比例、准确度无关。图样上的尺寸以毫米（mm）为单位。 图样上的尺寸是所示元件完工后的尺寸，否则应另加说明。 一个尺寸只能标注一次。尺寸线用细实线绘制，不能用其他图线代替，一般也不得与其他图线重合或画在其延长线上。标注线性尺寸时，尺寸线必须与所标注的线段平行；当有几条互相平行的尺寸线时，大尺寸要注在小尺寸外面，以免尺寸线与尺寸界线相交。在圆或圆弧上标注直径或半径尺寸时，尺寸线一般应通过圆心或延长线通过圆心。

② 指引线：指引线的线型应按 GB/T 17450—1998 中的有关要求绘制成细实线，并与要表达的物体形成一定的角度，不能与相邻的图线（如剖面线）平行，与所指向图线所形成的角度应大于 15°。指引线可以弯折成锐角，两条或几条指引线可以共有一个起点，指引线不能穿过其他的指引线、基准线以及诸如图形符号或尺寸数字等。

③ 文字说明：为了更好、更准确地对图纸中电气设备、电气元件、电气线路进行施工，有必要利用文字进行说明。比如说明各组成部分之间是怎样连接的，有些什么技术要求等，以便于正确编制施工预算、安排设备、材料的购置和组织施工。

电气控制柜结构图如图 9-2 所示。

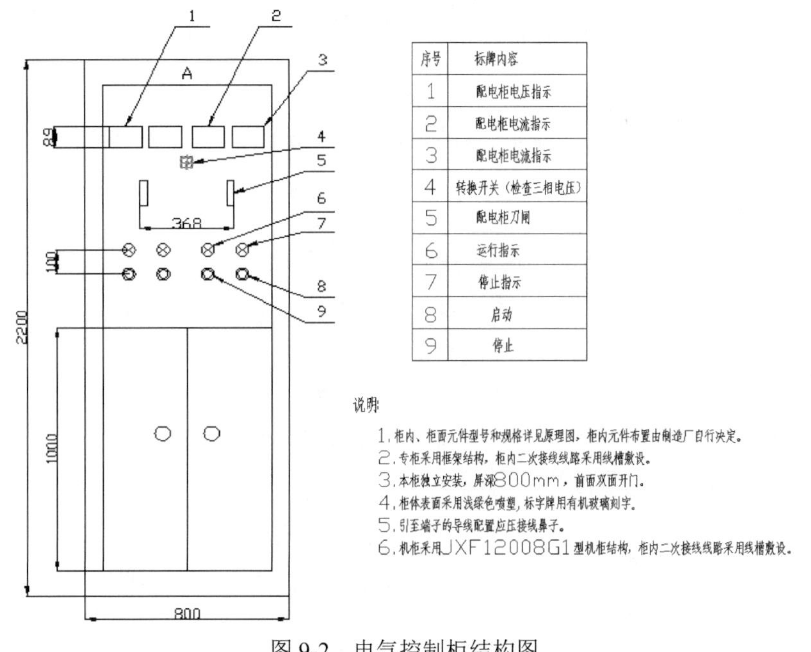

序号	标牌内容
1	配电柜电压指示
2	配电柜电流指示
3	配电柜电流指示
4	转换开关（检查三相电压）
5	配电柜刀闸
6	运行指示
7	停止指示
8	启动
9	停止

图 9-2　电气控制柜结构图

9.1.2 电气控制柜绘图

第一步：单击“常用”选项卡“绘图”面板中的 ⁄（直线）按钮，或者在命令行中输入“line”（直线）命令，绘制电气控制柜轮廓。单击状态栏中的 正交（正交）按钮。在绘图区任意指定直线第一点，让鼠标光标沿水平方向指定下一点：输入 800，按【Enter】键确认。再让鼠标光标沿垂直方向指定下一点：输入 2200，按【Enter】键确认，外框绘制完毕。再综合利用 -/-（修剪）命令绘制内框（660×1995）。绘制机柜下半部对开门（330×1000），效果如图 9-3 所示。

第二步：单击“常用”选项卡“绘图”面板中的 ⊙（圆）按钮，或者在命令行中输入“circle”（圆）命令，绘制控制柜左侧把手。再绘图区指定圆心位置，输入直径（D）60，按【Enter】键确认，如图 9-4 所示。

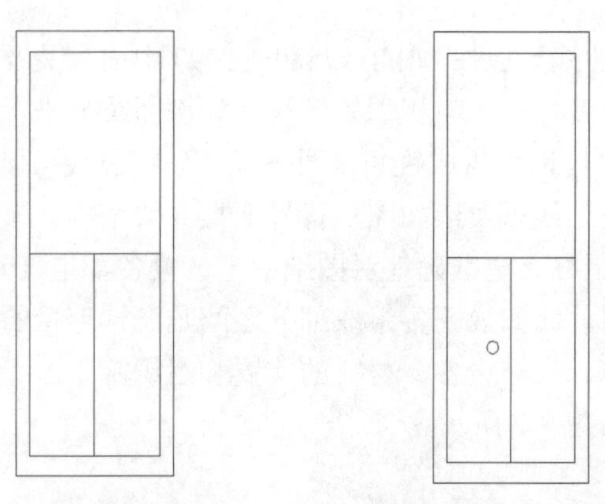

图 9-3　电气控制柜外框　　　　　　　　图 9-4　绘制左侧把手

第三步：单击“常用”选项卡“绘图”面板中的（镜像）按钮，或者在命令行中输入“mirror”（镜像）命令，绘制控制柜右侧把手，如图 9-5 所示。具体操作如下。

命令：_ mirror

选择对象：选择圆，按【Enter】键确认。

制定镜像线第一点：选择柜体中线（镜像中线）一点，按【Enter】键确认。

制定镜像线第二点：选择柜体中线（镜像中线）另一点，按【Enter】键确认。

第四步：单击“常用”选项卡“绘图”面板中的（矩形）按钮，或者在命令行中输入“rectang”（矩形）命令，绘制电气柜指示表与开关，如图 9-6 所示。

第五步：单击“常用”选项卡“绘图”面板中的（圆）按钮，或者在命令行中输入“circle”（圆）命令，绘制电气控制柜按钮，如图 9-7 所示。

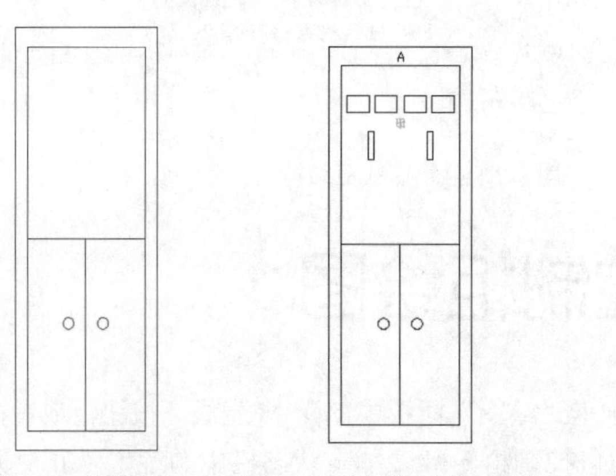

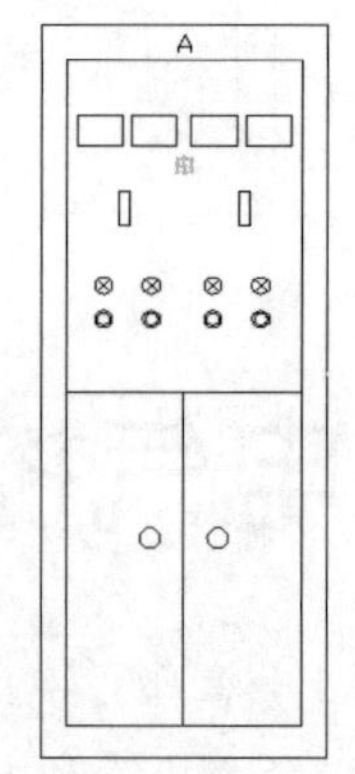

图 9-5　镜像把手　　图 9-6　绘制指示表和开关　　图 9-7　绘制按钮

第六步：单击标题栏中的“标注”—“线性”。对电气控制柜外形尺寸进行标注，如图 9-8 所示。CAD 默认的长度单位是毫米（mm），如果设计需要修改单位，单击标题栏中的“格式”—“单位”，如图 9-9 所示，在插入比例中修改主单位。

在 CAD 中进行标注，如果修改标注文字大小和箭头大小，单击标题栏中的“标注”—“标注样式”—“修改”标注，如图 9-10 所示。

第七步：单击标题栏中的“标注”—“引线”。对电气控制柜进行指引线标注。指引线是以明确的方式建立图形表达和附加的字母、数字或文本说明（如注意事项，技术要求，参照条款等）之间的联系的线，如图 9-11 所示。

第八步：单击“常用”选项卡“绘图”面板中的（直线）按钮，或者在命令行中输入“line”（直线）命令，绘制 2×10 表格，再单击“常用”选项卡“绘图”面板中的 A（多行文字）按钮，编写标题内容，如图 9-12 所示。

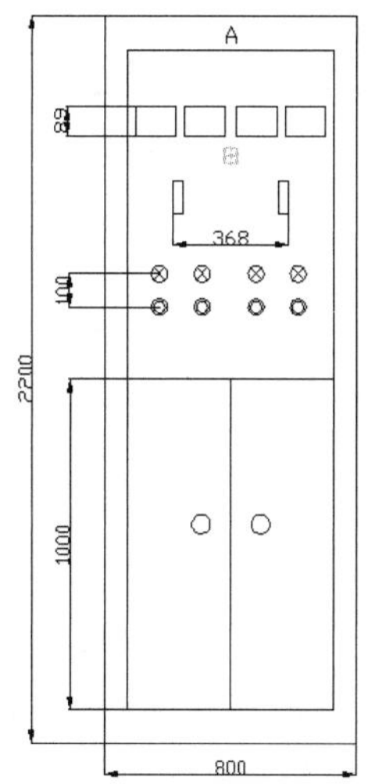

图 9-8　标注电气控制柜

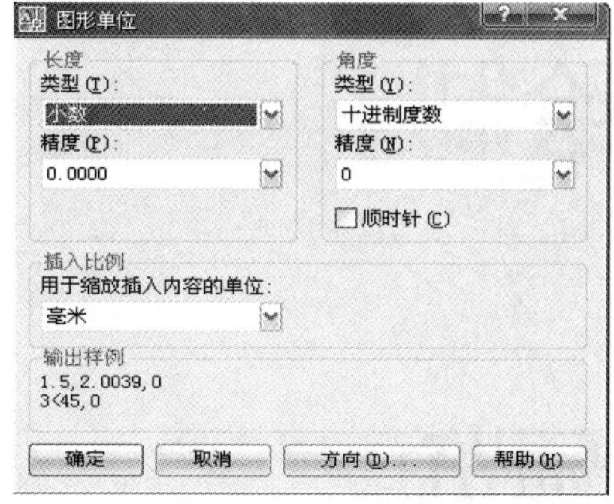

图 9-9　单位选择

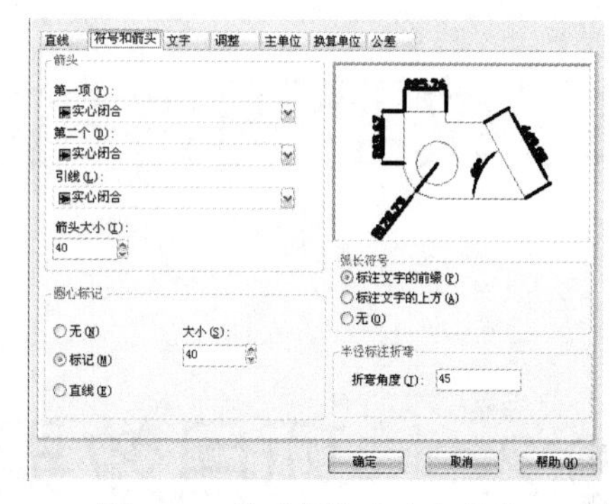

图 9-10　修改标注文字与箭头

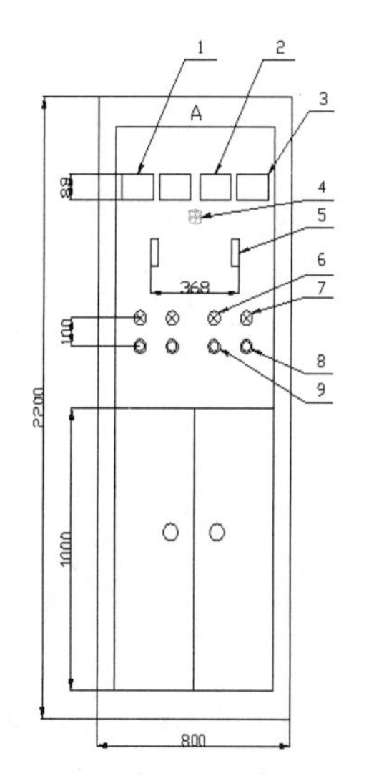

图 9-11　绘制指引线

序号	标牌内容
1	配电柜电压指示
2	配电柜电流指示
3	配电柜电流指示
4	转换开关（检查三相电压）
5	配电柜刀闸
6	运行指示
7	停止指示
8	启动
9	停止

图 9-12　编写标牌内容

说明：

1. 柜内、柜面元件型号和规格详见原理图，柜内元件布置由制造厂自行决定。
2. 专柜采用框架结构，柜内二次接线线路采用线槽敷设。
3. 本柜独立安装，屏深800mm，前面双面开门。
4. 柜体表面采用浅绿色喷塑，标字牌用有机玻璃刻字。
5. 引至端子的导线配置应压接线鼻子。
6. 机柜采用JXF12008G1型机柜结构，柜内二次接线线路采用线槽敷设。

图 9-13　电气控制柜说明

第九步：单击“常用”选项卡“绘图”面板中的A（多行文字）按钮，编写电气控制柜说明内容，说明内容用文字表述对机柜使用、安装、性能等方面要求，如图9-13所示。

任务9.2 螺纹紧固件的绘制

9.2.1 项目效果预览

螺纹结构图如图9-14所示。

绘制螺纹紧固件

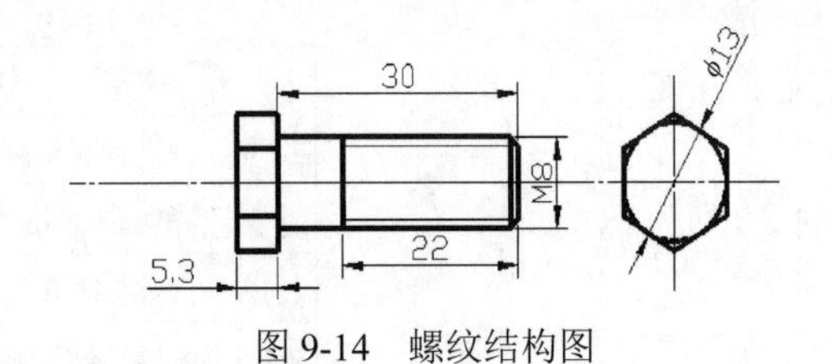

图9-14 螺纹结构图

9.2.2 三视图要点

在实际生产中，机件的形状和结构是复杂多样的，必须把机件的结构和内外形状都表达清楚才行。在《机械制图 图样画法》的国家标准中规定了视图、剖视图、断面图、局部放大图、简化和规定画法等，掌握这些方法是正确绘制和阅读机械图样的基本条件，也是清楚表达机件结构的有效方法。

国家规定，将机件放在第一分角内，使机件处于观察者与投影面之间，用正投影法将机件向投影面投影所得到的图形成为视图。视图主要用来表达机件的外部结构形状，必要时才画出不可见部分。视图分为基本视图、向视图、局部视图和斜视图。

（1）基本视图

当机件的形状结构复杂时，用3个视图是不能清楚地表达机件的右面、底面和后面的形状的。为此，国家规定，在原有3个投影面的基础上增加3个投影面组成一个正六面体，六面体的六个表面称为投影面，机件放在六面体内分别向基本投影面投影得到的视图称为基本视图。

图 9-15 为基本投影面与展开情况示意图。该图合并在一起就是正六面体。

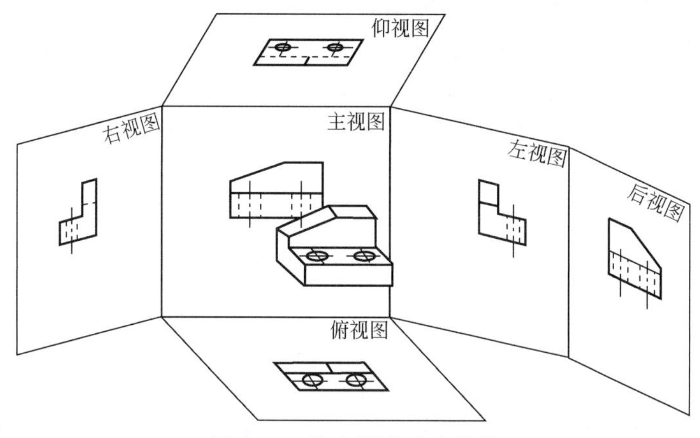

图 9-15　基本投影面示意图

① 由上向下投影所得到的视图为俯视图。
② 由左向右投影所得到的视图为左视图。
③ 由右向左投影所得到的视图为右视图。
④ 由下向上投影所得到的视图为仰视图。
⑤ 由后向前投影所得到的视图为后视图。
⑥ 由前向后投影所得到的视图为主视图。

这 6 个视图为基本视图。各视图展开后要保持“长对正、高平齐、宽相等”的投影规律。

（2）向视图

向视图是可以自由配置的视图。在实际绘图中，为了合理利用图纸和绘制特殊部位，可以不按规定位置绘制基本视图。绘图时，应在向视图上方标注“X”（“X”指某个大写拉丁字母），在相应视图的附近用箭头指明投影方向，并标注相同的字母。图 9-16 所示为向视图示意图。

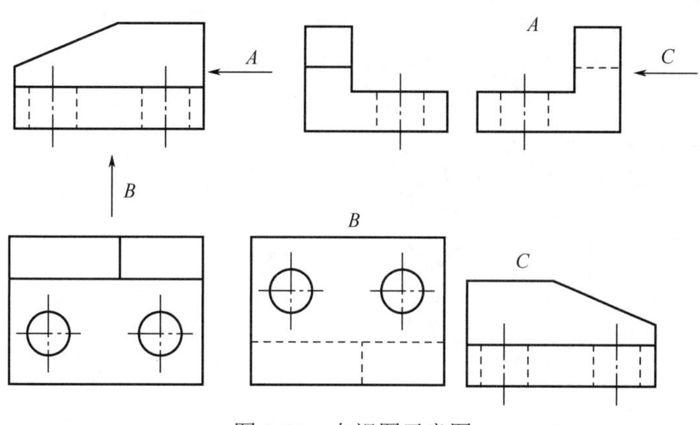

图 9-16　向视图示意图

（3）局部视图

当机件的某一部分形状未表达清楚，又没有必要画出完整的基本视图时，可以只将机件的某一部分画出，这种画法称为局部视图。局部视图是将机件的某一部分向基本投影面投影得到的视图。局部视图一般用于以下两种情况。

用于表达机件的局部形状。当局部视图按基本视图的配置形式配置时，可省略标注，如图 9-17 所示。局部视图的断裂边界用波浪线或双折线表示。当所表示的局部结构的外形轮廓是完整的封闭图形时，断裂边界可省略不画。

用于节省绘图时间和图幅。对称构件或零件的视图可只画一半或四分之一，并在对称中心线两端画出两条与其垂直的平行细实线，如图 9-18 所示。

图 9-17　局部视图 1

（4）斜视图

斜视图是物体向不平行于基本投影面的平面投影所得的视图，用于表达机件上倾斜结构的真实形状。斜视图通常按向视图的配置形式配置并标注，如图 9-19 所示。在必要时，允许将斜视图旋转配置，如图 9-20 所示。此时应在该斜视图上方画出旋转符号，表示该斜视图名称的大写拉丁字母应靠近旋转符号的箭头端，也允许将旋转角度标注在字母之后。旋转符号为带有箭头的半圆，半圆的线宽等于字体笔画宽度，半圆的半径等于字体高度，箭头表示旋转方向。

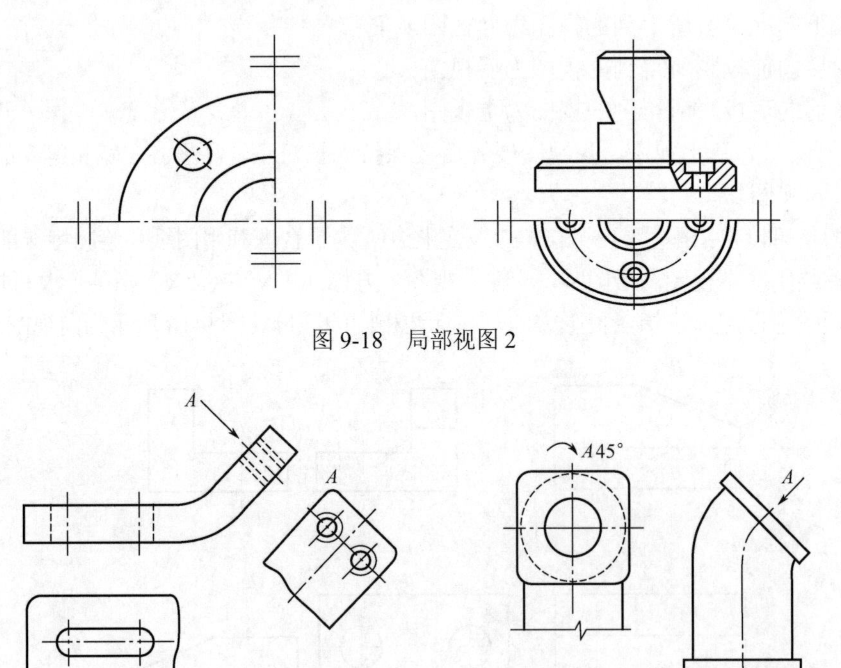

图 9-18　局部视图 2

图 9-19　斜视图 1

图 9-20　斜视图 2

9.2.3　螺栓主视图的绘制

普通螺栓的头部形状分为六角头及内六角两种，内六角多用于被连接件尺寸受限、扳手

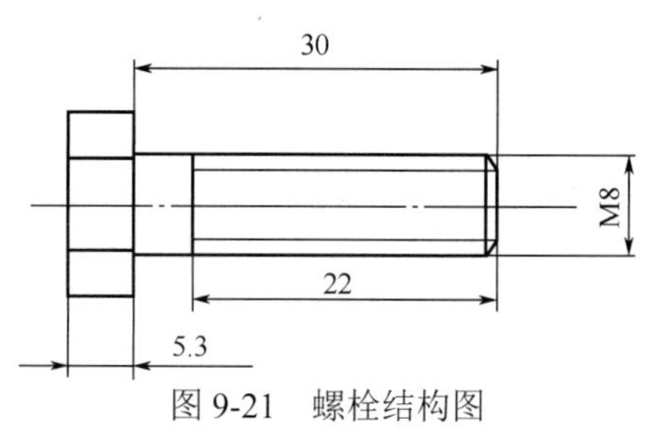

图 9-21　螺栓结构图

空间不足的情况。机械中常用的六角头螺栓又分为标准六角头、小六角头及大六角头等。

按照机械制图的规定画法绘制螺栓即可，不用绘制详细的、完整的向视图。螺纹连接中一般都是绘制剖面图，螺栓则绘制轴向视图和一个侧视图。本节以六角头螺栓 M8×30 为例说明螺栓的绘制。根据机械制图的规定画法，M8 的螺栓，头部六角边形的内切圆直径为ϕ13，厚度为 5.3，将部分尺寸标注如图 9-21 所示。

第一步：单击“格式”—“线型”如图 9-22 所示。单击“加载”可以选择“CENTER2”点画线如图 9-23 所示

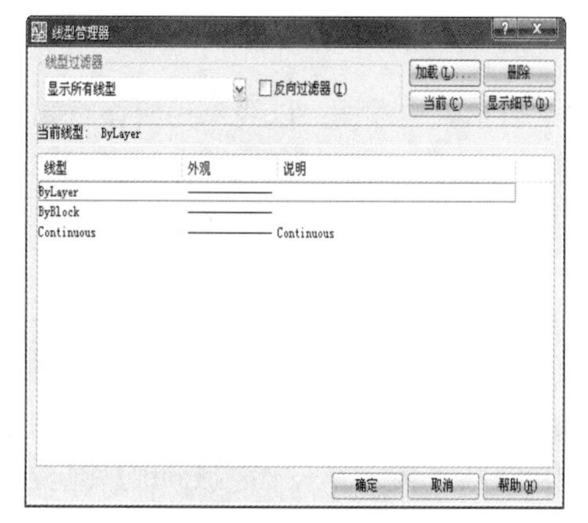

图 9-22　选择线型

图 9-23　加载线型

第二步：绘制两条相互垂直的水平和竖直点画线 1、2，交于点 1，则点 1 即为螺栓的形心，如图 9-24（a）所示。

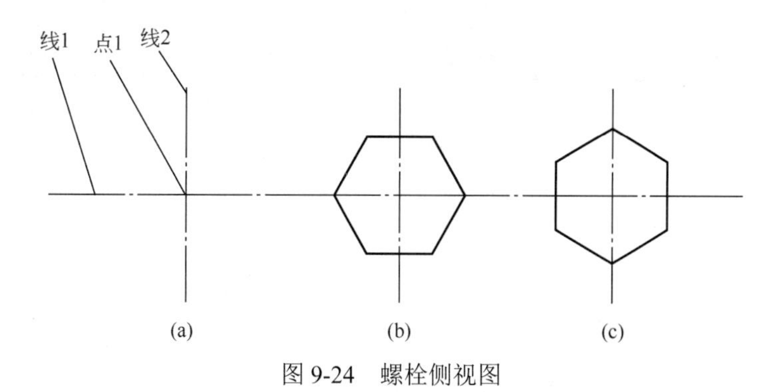

图 9-24　螺栓侧视图

第三步：用多边形命令绘制六边形，以点 1 为中心，单击⬠（多边形）按钮，按照提示选外切圆，半径输入 6.5，即可完成头部六边形的绘制，如图 9-24（b）所示。再将其以点 1 为旋转中心，单击↻（旋转）按钮，旋转 90°，顺时针或者逆时针均可，完成的效果如图 9-24（c）所示。

第四步：按照投影关系绘制螺栓的轴线 3，按照投影关系确定螺栓头部六角头的两条

投影线4、5。单击状态栏 线宽 （按钮）。单击“格式”—“线宽”，选择线宽0.4mm，如图9-25所示。

图9-25　线宽选择

第五步：如图9-26（a）所示：绘制一条线6，表示螺栓端面；以线6为偏移对象，向左偏移螺杆部分的长度30，形成线7；以线7为偏移对象，向左偏移螺栓头部的厚度5.3，形成线8，如图9-26（b）所示；线7、8剪裁掉4、5在线7右侧及线8左侧的部分如图9-26（c）所示。

第六步：以线6为偏移对象，向左偏移22，形成线9为螺纹的中直线；以线3为偏移对象，向上偏移3、4分别形成螺栓的螺纹小径线和大径线10、11，如图9-26（d）所示。

第七步：用以上线条互为修剪边，修剪多余的或干涉的线条，再在螺栓端部倒角C，单击（倒角），输入D（距离），指定第一个倒角距离，输入0.5，按【Enter】键确认，指定第二个倒角距离，输入0.5，按【Enter】完成，单击要倒角的两条直线，效果如图9-26（e）所示。

第八步：以线3为镜像线，镜像其上部分的线条至下部分，单击（镜像）按钮，圈选所绘图形，选择镜像线，按【Enter】键确认，完成整个螺栓的绘制，如9-26（f）所示。

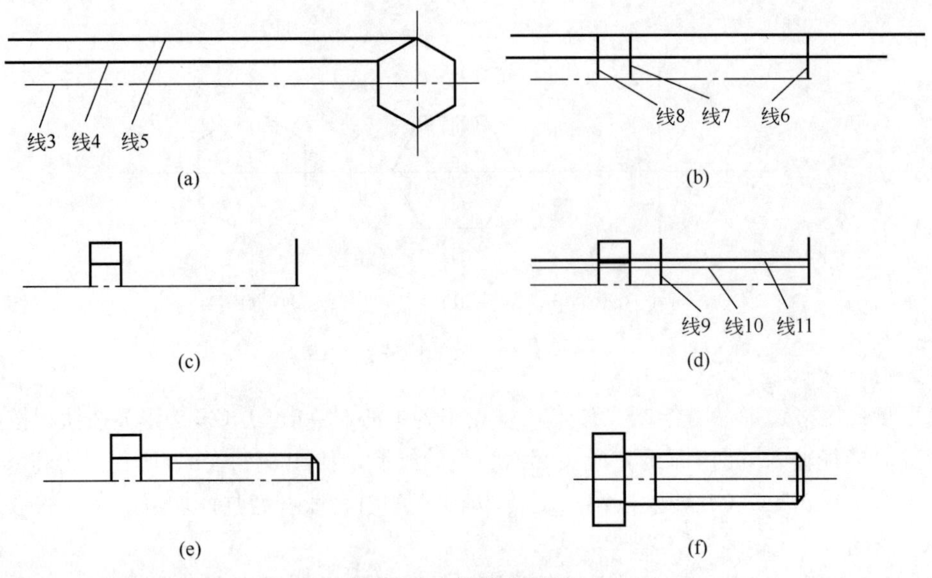

图9-26　螺栓主视图

任务 9.3 绘制二维装配图

螺栓拧入电气控制柜，需要学习简单的装配图绘制。螺纹连接由螺栓、螺母、垫圈组成。如图 9-27 所示。螺栓连接相当于被连接的两个零件厚度不大，可以钻成通孔的情况。螺栓装配图一般根据公称直径 d 按比例关系画出。绘制螺纹连接时要注意以下 3 个问题。

① 当剖切平面通过螺杆的轴线时，螺栓、螺柱、螺钉及螺母、垫圈等均按为剖切绘制。

② 螺栓的有效长度 L 应按下式估算：

$$L=\delta_1+\delta_2+0.15d(\text{垫圈厚})+0.8d(\text{螺母厚})+0.3d$$

③ 其中 δ_1、δ_2 是被连接件的厚度，$0.3d$ 是螺栓末端的伸出高度。然后根据估算出的数值查手册螺栓的有效长度 L 的系列值，选取一个与它相近的标准数值。

为了保证装配方便，被连接零件上的孔径应比螺纹螺栓上的螺纹终止线略大些，按 $1.1d$ 画出，具体值查手册。同时，螺栓上的螺纹终止线应低于通孔的顶面，以便拧紧螺母时有足够的螺纹长度。螺栓连接装配图的画法如图 9-28 所示。

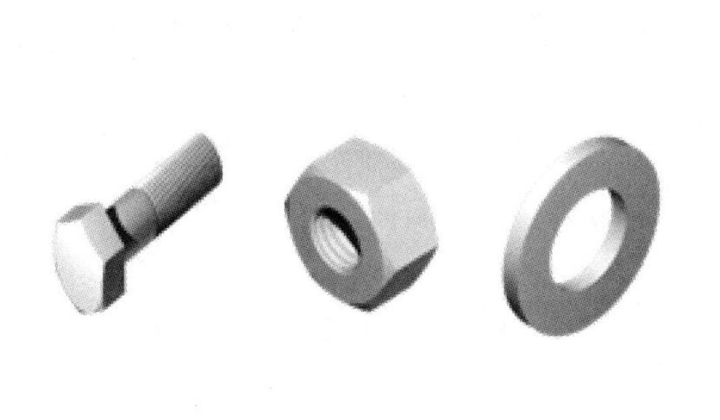

图 9-27 螺栓、螺母、垫圈

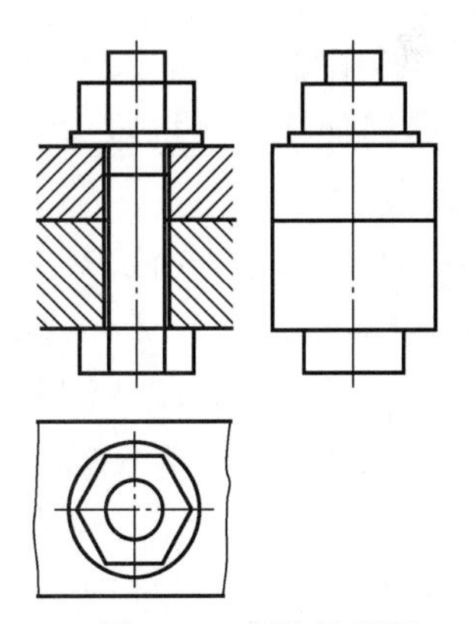

图 9-28 螺栓装配图

9.3.1 项目效果预览

联轴器装配图如图 9-29 所示。

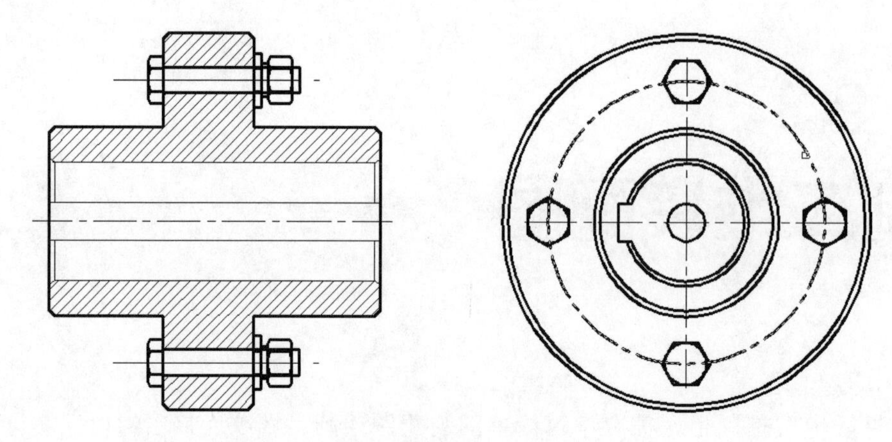

图 9-29 联轴器装配图

9.3.2 装配图要点

① 装配图的作用：装配图式用来表达机器或者部件整体结构的一种机械图样。在设计过程中，一般应先根据要求画出装配图，用以表达机器或者零部件的工作原理、传动路线和零件间的装配关系。然后通过装配图表达各组成零件在机器或部件上的作用和结构，以及零件之前的相对位置和连接方式，以便正确地绘制零件图。

在装配过程中，要根据装配图把零件装配成部件或者机器。设计人员往往通过装配图了解部件的性能、工作原理和使用方法。因此装配图式反映设计思想，指导装配、维修、使用机器以及进行技术交流的重要技术资料。

② 装配图的内容：一般情况下，设计或测绘一个机械或产品都离不开装配图，一张完整的装配图应该包括以下内容。

a. 一组装配起来的机械图样。该图样用一般表示法和特殊表示法绘制，它应正确、完整、清晰和简便地表达机器（或部件）的工作原理、零件之间的装配关系和零件的主要结构形状。

b. 几类尺寸。根据由装配图拆画零件图以及装配、检验、安装、使用机械的需要，在装配图中必须标注能反映机器（或部件）的性能、规格、安装情况、部件或零件间的相对位置、配合要求以及机器总体大小的尺寸。

c. 技术要求。在绘制装配图的过程中，如果有些信息无法用图形表达清楚，如机器（或部件）的质量、装配、检验和使用等方面的要求，可用文字或符号来标注。

d. 标题栏、零件序号和明细栏。为充分反映各零件的关系，装配图中应包含完整清晰的标题栏、零件序号和明细栏。

③ 装配图的表达方法：装配图的视图表达方法和零件图基本相同，在装配图中也可以使用各种视图、剖视图、断面图等表达方法来表达。为了正确表达机器或部件的工作原理、各零件间的装配连接关系，以及主要零件的基本形状，各种剖视图在装配图中应用极其广泛。在装配部件中，往往有许多零件时围绕一条或几条轴线装配起来的，这些轴线成为装配轴线或者装配干线。

④ 装配图的视图选择：绘制装配图时，首先要对需要绘制的装配体进行详细的分析和考虑，根据它的工作原理及零件间的装配连接关系，运用前面学过的各种表达方法，选择一组图形，把它的工作原理，装配连接关系和主要零件的结构形状都表达清楚。

a.主视图的选择。装配图中的主视图应清楚地反映出机器或部件的主要装配关系。一般情况下，其主要装配关系均表现为一条主要装配干线。选择主视图的一般原则是：能清楚地表达主要装配关系或者装配干线；尽量符合机器或者部件的工作位置。

b.其他视图的选择。仅仅绘制一个主视图，往往不能把所有的装配关系和结构表示出来。因此，还需要选择适当数量的视图和恰当的表达方法来补充主视图中未能表达清楚地部分。所选择的每一个视图或每种表达方法都应有明确的目的，要使整个表达方案达到简洁、清晰、正确。

⑤ 装配图的尺寸标注。装配图绘制完成后，需要给装配图标注必要的尺寸，装配图中的尺寸是根据装配图的作用来确定的，用来进一步说明零部件的装配关系和安装要求等信息，在装配图上应标注一下 5 种尺寸：规格尺寸、装配尺寸、外形尺寸、安装尺寸、其他重要尺寸。

⑥ 装配图的技术需要：装配图中的技术要求，一般可从几个方面来考虑：装配体装配后应达到的性能要求；装配体在装配过程中应注意的事项及特殊加工要求；装配图中的尺寸要求。不是上述内容在每一张图上都要注全，而是根据装配体的需要来确定。技术要求一般注写在明细表的上方或图纸下部空白处。如果内容很多，也可另外编写成技术文件作为图纸的附件。

⑦ 装配图中零件的序号和明细栏：在绘制好装配图后，为了阅读图纸方面，以提高图纸的可读性，做好生产准备工作和图样管理，对装配图中每种零部件都必须编写序号，并填写明细栏。在机械制图中，零件序号有一些规定，序号的标注形式有多种，序号的排列也需要遵循一定的原则，下面分别介绍这些规定和原则。装配图的标题栏可以和零件图的标题栏一样。明细栏绘制应在标题栏的上方，外框左右两侧为粗实线，内框为细实线。为方便添加零件，明细栏的零件编写顺序是从下往上。

9.3.3 螺栓装配图的绘制

机械装配图的绘制方法综合起来有直接绘制法、零件插入法和零件图块插入法 3 种。下面我们着重介绍零件插入法。

零件插入法是指首先绘制出装配图中的各种零件，然后选择其中的一个主体零件，将其他零件以此通过复制、粘贴、修剪等命令插入主体零件中，来完成绘制。下面通过绘制联轴器的装配图，来介绍使用零件插入法绘制该装配图的具体步骤。

第一步：将“轮廓线”图层设置为当前图层，单击（直线）按钮，绘制一条线宽 0.3mm 长度为 9 的水平直线。

第二步：单击（偏移）按钮，将第一步绘制的直线向其上方偏移 5、15 和 20，偏移完成后的效果如图 9-30 所示，命令行提示如下。

绘制螺帽

命令：_offset

指定偏移距离或 ［通过（T）/删除（E）/图层（L）］<通过>：5 //指定偏移量

选择要偏移的对象，或［退出（E）/放弃（U）］<退出>： //单击直线

指定要偏移的一侧上的点，或［退出（E）/多个（M）/放弃（U）］<退出>：//光标水平向上

第三步：单击（圆弧）按钮—“起点、端点、半径”命令，命令行提示如下。

命令：_arc 指定圆弧的起点或［圆心（C）］：//捕捉第二条直线的右端点

指定圆弧的第二个点或［圆心（C）/端点（E）］：_e

指定圆弧的端点：//捕捉第一条直线的右端点

指定圆弧的圆心或［角度（A）/方向（D）/半径（R）］：_r

指定圆弧的半径：5//键入圆弧半径

第四步：继续单击（圆弧）按钮—“起点、端点、半径”命令，依次绘制其他圆弧，圆弧的半径分别为 5 和 18，绘制完成后的效果图如图 9-31 所示。

第五步：单击（直线）按钮命令，以半径为 5 的圆弧的切点为端点绘制圆弧的切线，绘制完成后的效果如图 9-32 所示，以上步骤绘制了螺帽。

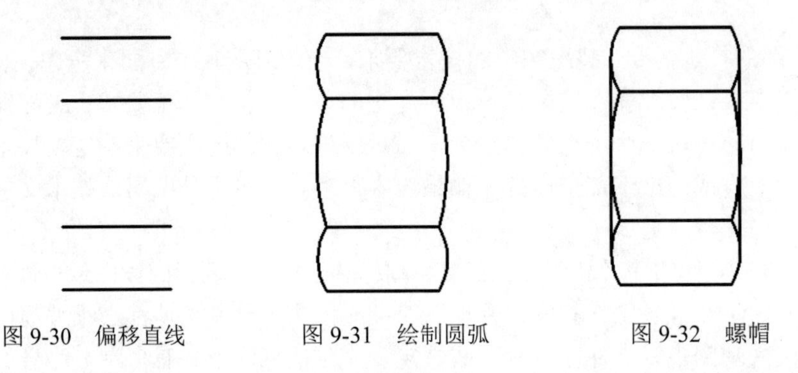

图 9-30 偏移直线　　图 9-31 绘制圆弧　　图 9-32 螺帽

第六步：按照图 9-33 所示的尺寸绘制螺杆头部。

第七步：单击（直线）按钮，打开正交功能正交，以图 9-33 所示的螺杆头部的最右边垂直直线的上端点作为起点，绘制长度为 60 的水平直线，效果如图 9-34 所示。

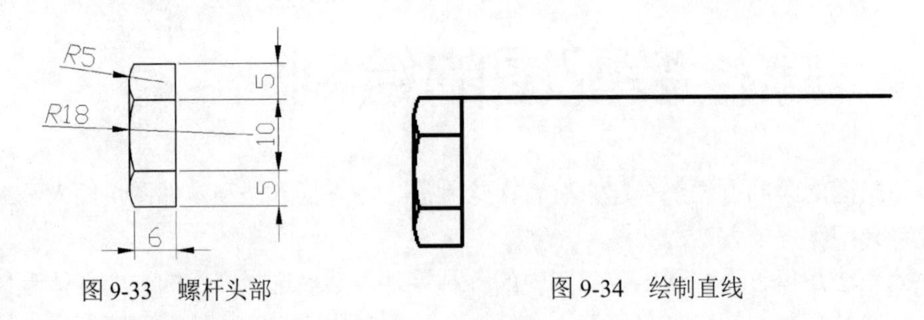

图 9-33 螺杆头部　　图 9-34 绘制直线

第八步：单击（偏移）按钮，将第七步绘制的直线向其下方依次偏移 4.5 和 15.5，偏移完成后删除第七步绘制的直线，然后单击（直线）按钮，以偏移后右侧的两条直线的端点作为直线的起点和终点，绘制完成后的效果如图 9-35 所示，以上步骤完成了螺杆的绘制。

第九步：单击（矩形）按钮，绘制长为 3，宽为 20 的矩形，第一点为空白绘图区任意一点。

第十步：综合使用“分解”“偏移”和“直线”命令，按图 9-36 所示的尺寸绘制垫圈。

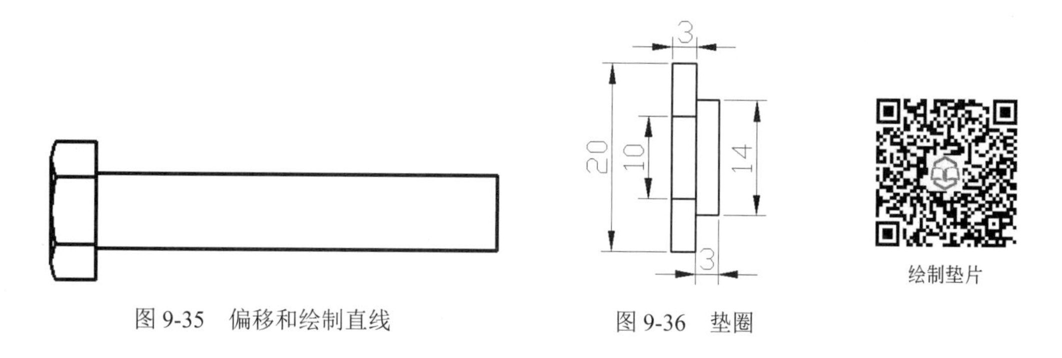

图 9-35　偏移和绘制直线　　　图 9-36　垫圈

第十一步：将“中心线”图层置为当前图层，单击（直线）按钮，命令行提示如下。

命令：_line 指定第一点：// 在绘图区单击鼠标拾取起点

指定下一点或［放弃（U）］：150 // 向右引导光标，键入移动距离

指定下一点或［闭合（C）/放弃（U）］：// 按回车键，完成直线绘制

第十二步：综合使用“直线”命令和“圆”命令，绘制其余中心线，绘制完成后的图形如图 9-37 所示。

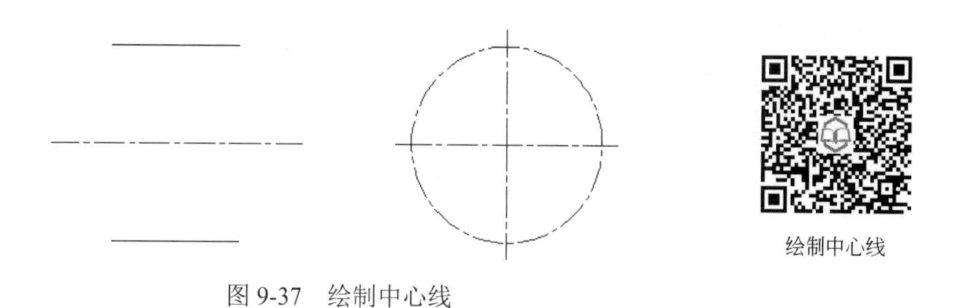

图 9-37　绘制中心线

第十三步：将“轮廓线”图层设置为当前图层，单击（直线）按钮，按图 9-38 所示的尺寸绘制连续直线。

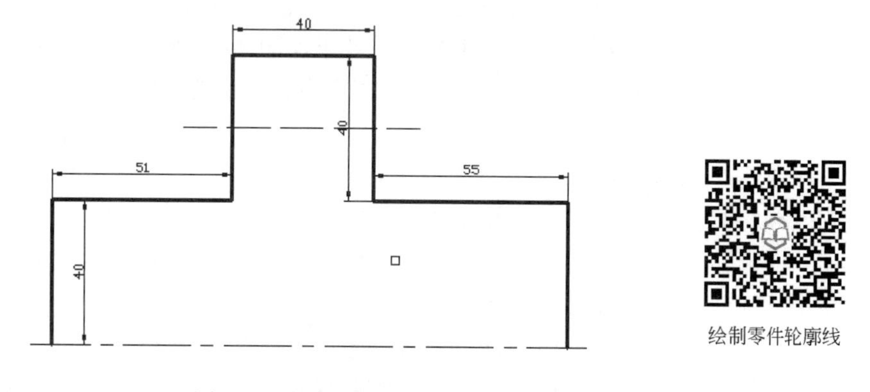

图 9-38　绘制连续直线

第十四步：单击（镜像）按钮，命令行提示如下：

命令：_mirror

选择对象：指定对角点：找到 8 个　　　　　// 选择所有绘制的连续直线

选择对象： //按回车键完成对象选取

指定镜像线的第一点： //捕捉主视图中心线的一个端点

指定镜像线的第二点： //捕捉主视图中心线的另一个端点

要删除源对象吗？［是（Y）/否（N）］：N //按回车键，完成镜像操作，效果如图 9-39 所示

第十五步：单击(倒角)按钮，对图 9-39 所示轮廓线的直线进行倒角，倒角的距离为 2.5。

命令行提示如下。

选择第一条直线或［放弃（U）/多段线（P）/距离（D）/角度（A）/修剪（T）/方式（E）/多个（M)］：D//距离倒角

指定第一个倒角距离：2//倒角距离

指定第二个倒角距离：2//倒角距离

选择要倒角的直线。

第十六步：继续单击（倒角），绘制如图 9-40 所示的其他倒角，倒角距离均为 2.5。

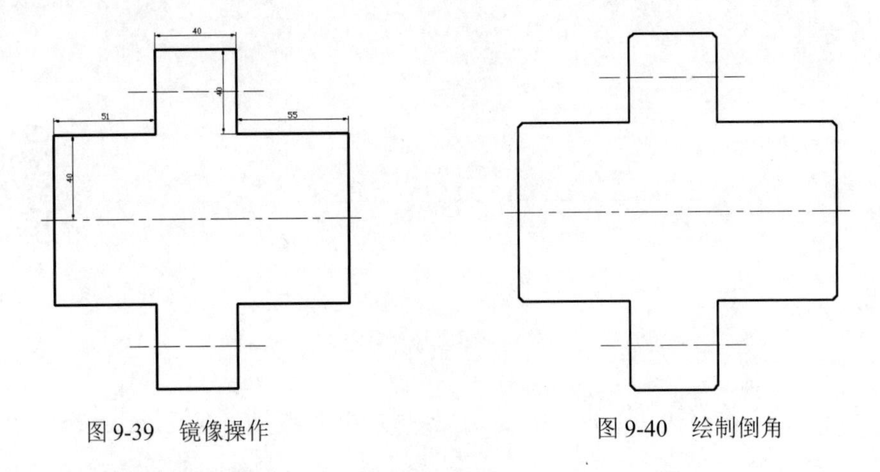

图 9-39 镜像操作 图 9-40 绘制倒角

第十七步：单击(偏移）按钮，将中心线向其上下两侧分别平移 8 和 25，将左右两侧的轮廓线向其内侧分别平移 2，偏移后的效果如图 9-41 所示。

第十八步：将偏移后的水平中心线图层匹配为“轮廓线”，单击(倒角）按钮，命令行提示如下。

命令：_chamfer

（“修剪”模式）当前倒角距离 1=2，距离 2=2

选择第一条直线或［放弃（U）/多段线（P）/距离（D）/角度（A）/修剪（T）/方式（E）多个（M)］：T //选择修剪模式

输入修剪模式选项［修剪（T）/不修剪（N)］：N //选择不修剪模式

选择第一条直线或［放弃（U）/多段线（P）/距离（D）/角度（A）/修剪（T）/方式（E）/多个（M)］：//选择右侧的垂直直线

选择第二条直线，或按住 Shift 键选择要应用交点的直线：//选择上侧偏移距离为 25 的水平线

第十九步：单击(倒角）按钮，绘制其余倒角，完成的效果如图 9-42 所示。

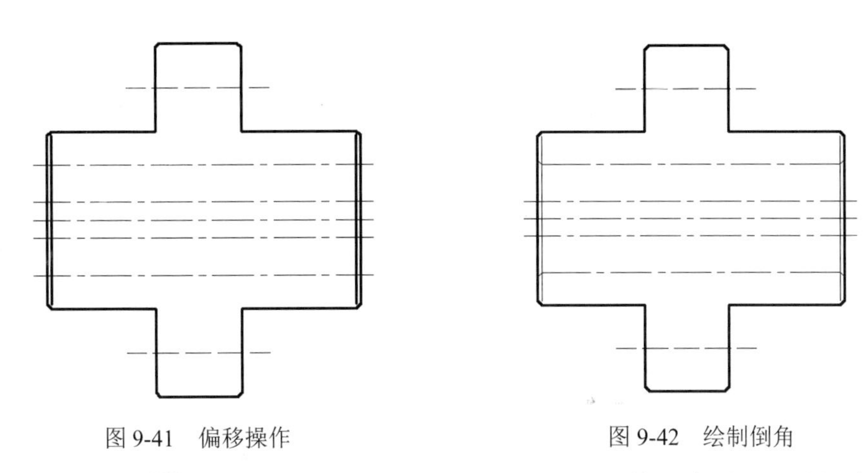

图 9-41　偏移操作　　　　图 9-42　绘制倒角

第二十步：单击 (修剪）按钮，将图 9-42 所示的图形修改为图 9-43 所示的形状。

第二十一步：装配螺杆，在绘图区选择螺杆的所有图元，然后单击鼠标右键，在弹出的快捷菜单中单击 “移动” 按钮，命令行提示如下。

命令：_move 找到 12 个

指定基点或［位移（D)]：D　//捕捉螺杆左侧第二条垂直直线的中点

指定第二个点或<使用第一个点作为位移>：<正交 关>//捕捉主视图上侧中心线与左侧垂直直线的交点，完成平移操作，效果如图 9-44 所示

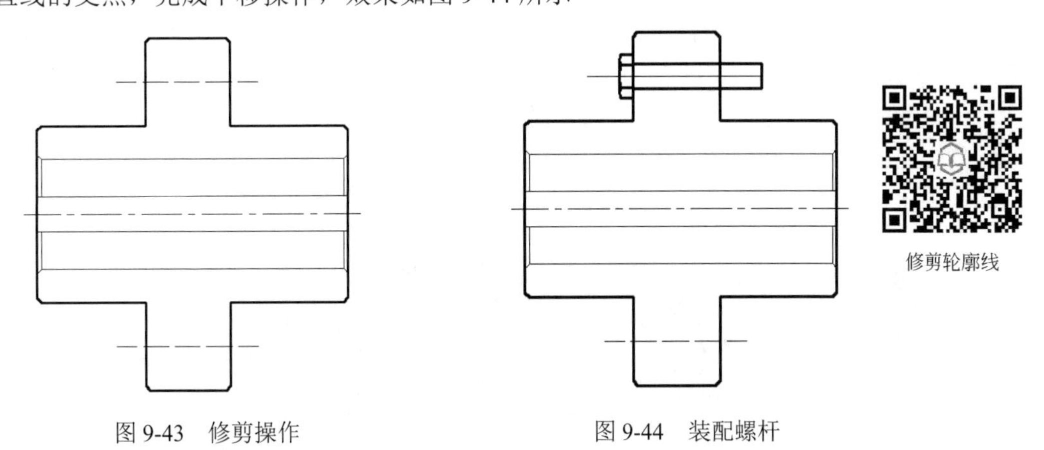

修剪轮廓线

图 9-43　修剪操作　　　　图 9-44　装配螺杆

第二十二步：继续单击 “移动” 按钮，装配螺母和垫圈，装配完成后的效果如图 9-45 所示。

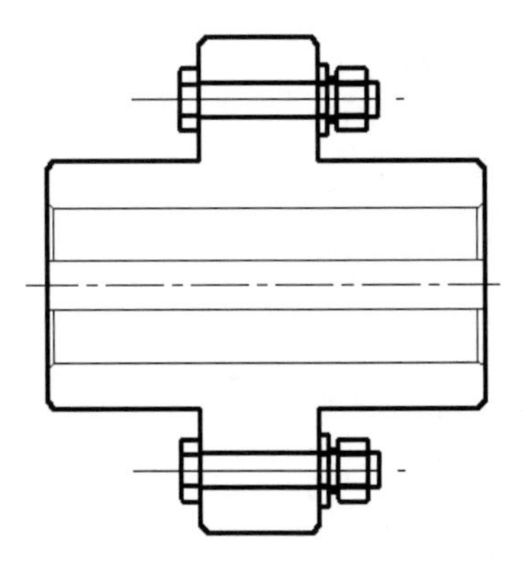

图 9-45　装配螺母、垫圈

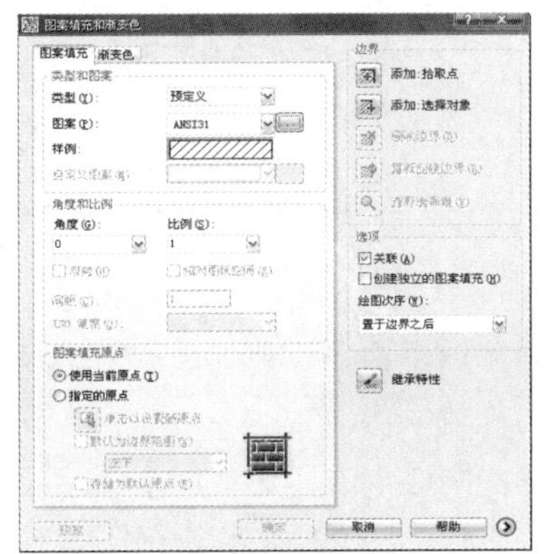

图 9-46　填充选择

零件装配

第二十三步：将“剖面线”图层设置为当前图层，选择“绘图”—“图案填充”命令，打开“图案填充和渐变色”对话框如图 9-46 所示，选择“ANS131”样例，选择如图 9-47 所示的区域进行图案填充。

第二十四步：接下来绘制装配图中的左视图。将“轮廓线”图层设置为当前图层，然后选择“绘制图”—“圆”按钮，“圆心、半径”命令，以左视图中心线的交点为圆心，绘制如图 9-48 所示的半径分别为 8、25、27、37.5、40、77.5 和 80 的圆。

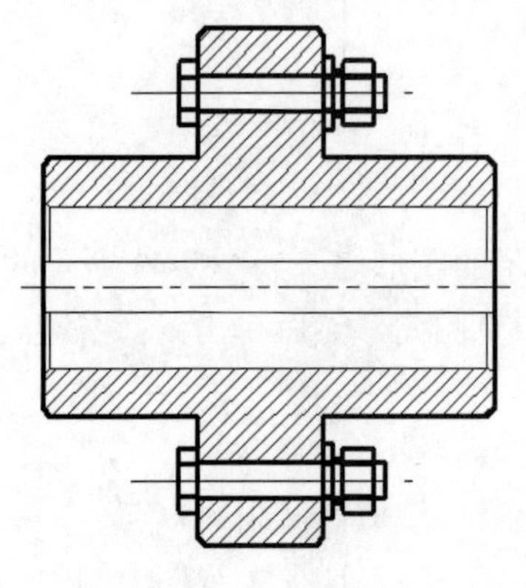
图 9-47　图案填充

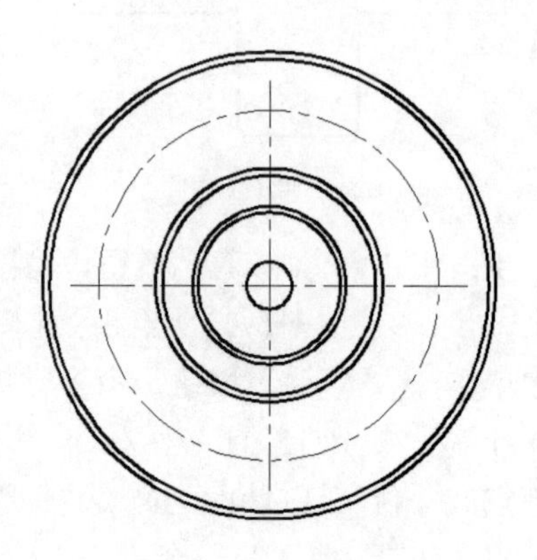
图 9-48　绘制圆

第二十五步：单击“绘制图”—（圆）按钮—“圆心、半径”命令，以左视图垂直中心线与定位圆交点为圆心，绘制半径为 9 的圆。

第二十六步：单击（阵列）按钮，打开“阵列”对话框，将第二十五步绘制的图以中心线的交点为中心进行环形阵列操作，如图 9-49 所示。单击选择对象，选择第二十五步绘制的圆，中心点为圆心，阵列后的效果如图 9-50 所示。

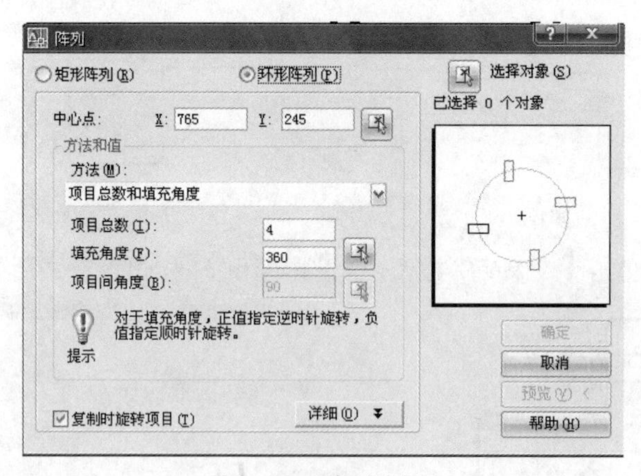

图 9-49　阵列选择

第二十七步：单击（多边形）按钮，命令行提示如下。

命令_polygon 输入侧面数<4>：6　　//键入多边形的边数

指定多边形的中心点或［边（E)］：　　//捕捉半径为 9 的圆的圆心

输入选项［内接于圆（I）/外切于圆（C)］：C　//选择外切于圆的模式

指定圆的半径：9　　　　//键入圆的半径

第二十八步：单击▦（阵列）按钮，打开“阵列”对话框，将第二十七步绘制的正六边形以中心线的交点为中心进行环形阵列操作，阵列后的效果如图 9-51 所示。

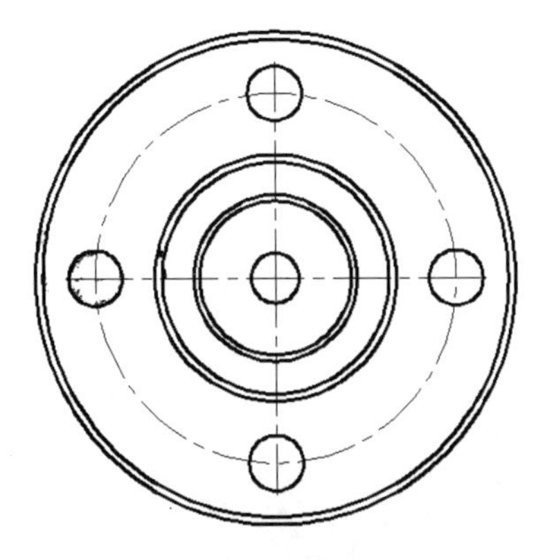

图 9-50　阵列圆

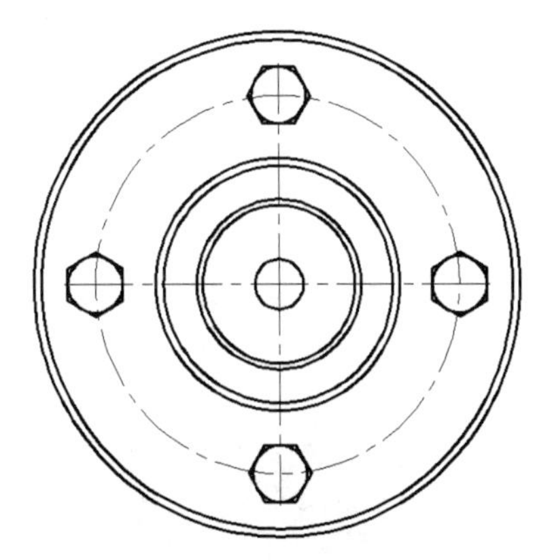

图 9-51　阵列多边形

第二十九步：单击⊆（偏移）按钮，将左视图中的垂直中心线向其左侧偏移 29.5，将水平中心线分别向其上下偏移 8，然后将偏移后的中心线匹配为轮廓线图层，效果如图 9-52 所示。

第三十步：单击-/-（修剪）按钮，将第二十八步偏移的直线进行修剪操作，修剪后的效果如图 9-53 所示。

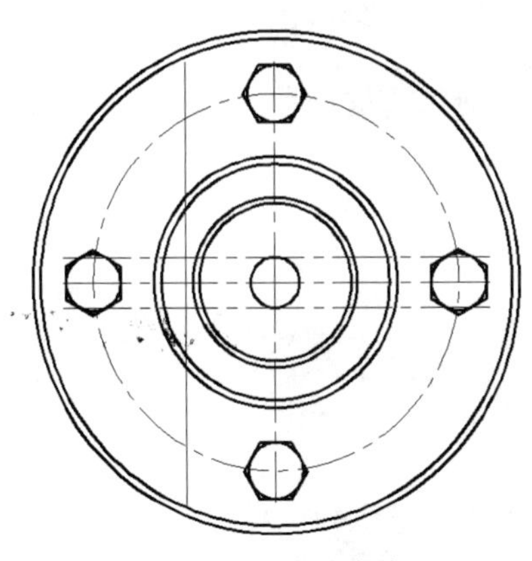

图 9-52　偏移直线

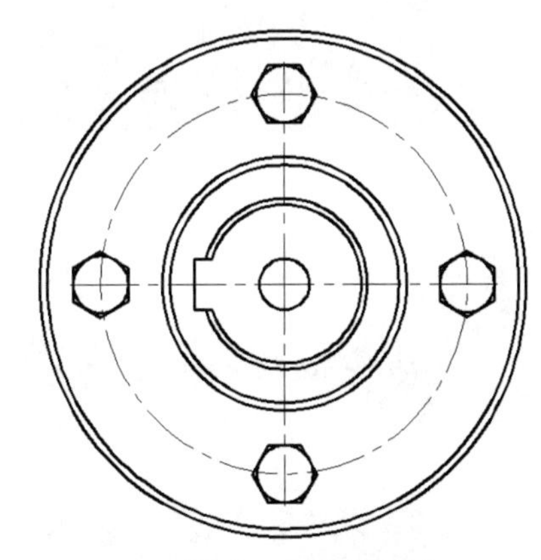

图 9-53　绘制键槽

图纸保存

通过以上步骤，完成了以零件插入法绘制装配图的操作。

9.3.4　标注图形尺寸设置

零件的大小和形状取决于工程图中的尺寸，图纸设计得是否合理与工程图中的尺寸设置，也是紧密相连的，所以尺寸标注是工程图中的一项重要内容。绘制图形的根本目的是反映对象的形状，而图形中各个对象的大小和相互位置只有经过尺寸标注才能表现出来。Auto CAD

提供了一套完整的尺寸标注命令，用户使用它们足以完成图纸中要求的尺寸标注。

① 对象的真实大小应该以图样中尺寸数值为依据，与图形的大小和绘图的准确度无关。

② 图形中的尺寸以毫米为单位时，不需要标注计量单位的代号或名称。如果用其他单位标注，则必须注明相应计量单位的代号或名称。

③ 图形中所标注的尺寸，应为该图形所表现的最后完成尺寸，否则应另加说明。

④ 对象的每一个尺寸一般只标注一次。

第一步：打开 CAD 软件，找到导航栏里面的注释选项，如图 9-54 所示。

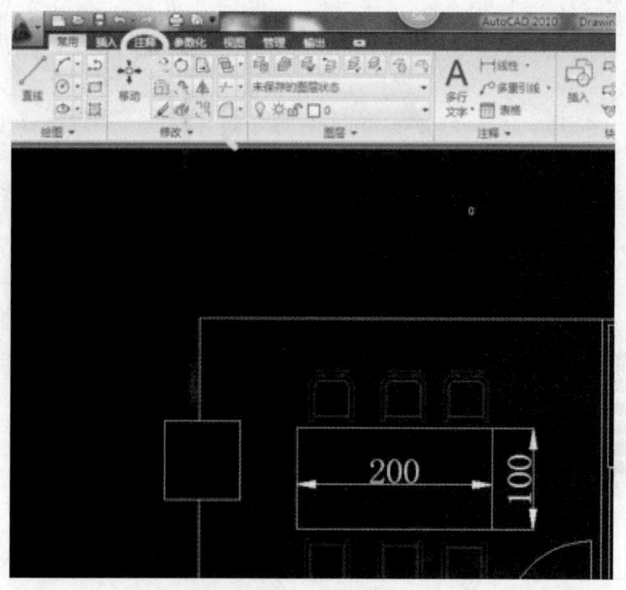

图 9-54　注释

标注图形尺寸

第二步：选择标注，就可以开始标记 CAD 尺寸了，如图 9-55 所示。

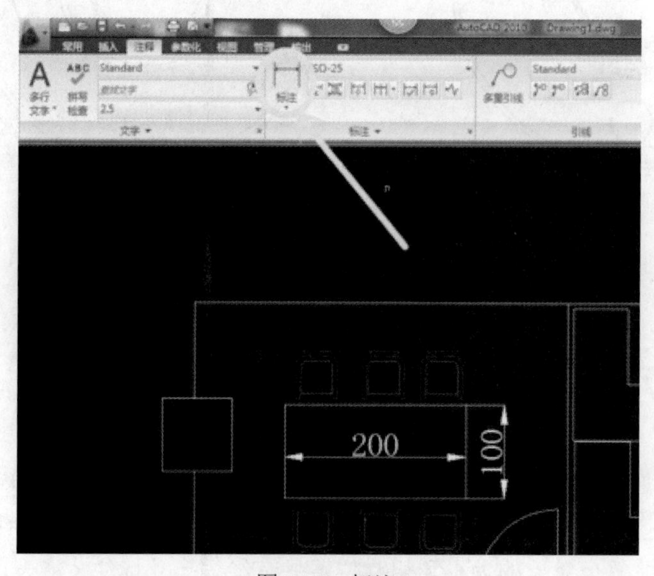

图 9-55　标注

第三步：有时候，CAD 图纸尺寸较大，标注出来的尺寸会显示得很小，看不清楚，那么我们就应该改一下显示的大小。点击标注右边的小箭头，如图 9-56 所示。

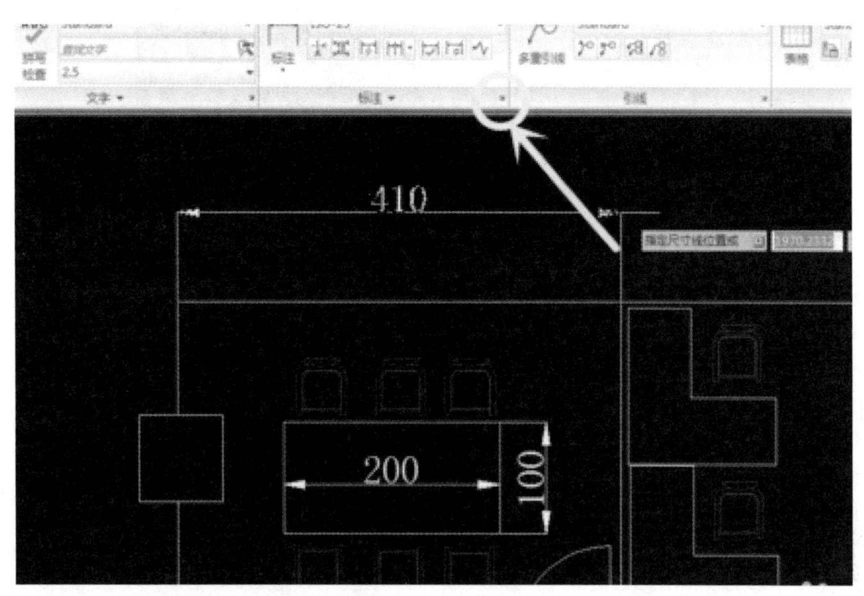

图 9-56　改变大小

第四步：选择修改这一项。弹出窗口后，点击文字，在下面找到文字高度，在这里可以修改 CAD 标注尺寸的高度，如图 9-57 所示。

图 9-57　改变文字高度

第五步：选择箭头和符号，可修改 CAD 标注箭头的大小，如图 9-58 所示。

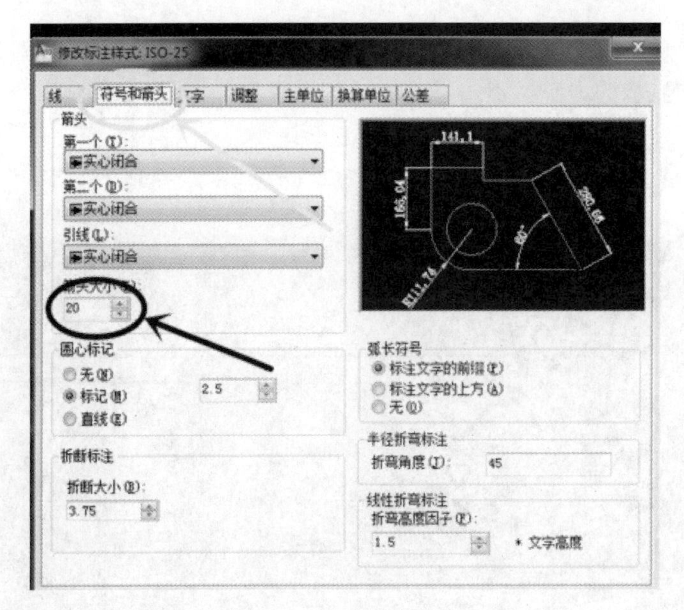

图 9-58　改变箭头大小

第六步：把 CAD 标注线的颜色改成与画图的线不同，这样可以避免颜色一样，看图出现误差，如图 9-59 所示。

图 9-59　改变标注线色

9.3.5　图纸打印设置

图纸打印

第一步：打开图纸之后，点击“文件”—“页面设置管理器”，如图 9-60 所示。

第二步：打开“页面设置管理器”—点击“新建”，如图 9-61 所示。

第三步：在打开的新建页面设置里面，对“新建页面设置”里的“新页面设置名”写成

“纵向”，点击“确定”，如图 9-62 所示。

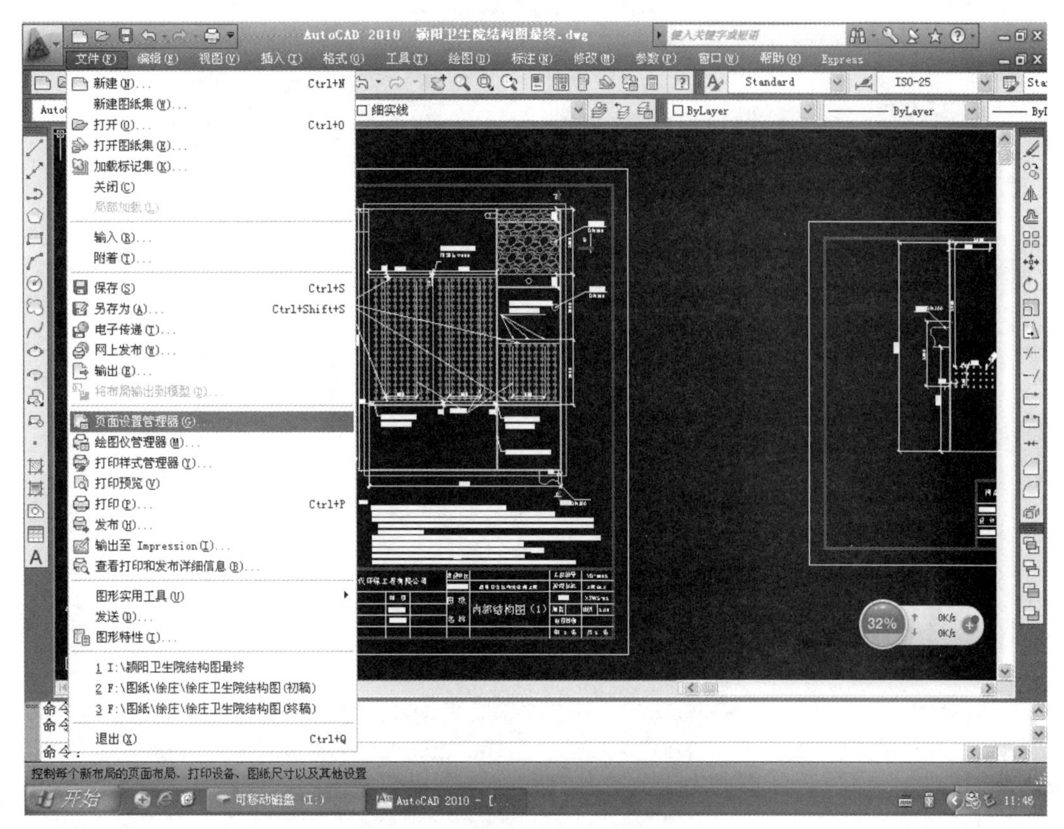

图 9-60　页面设置管理器

图 9-61　新建

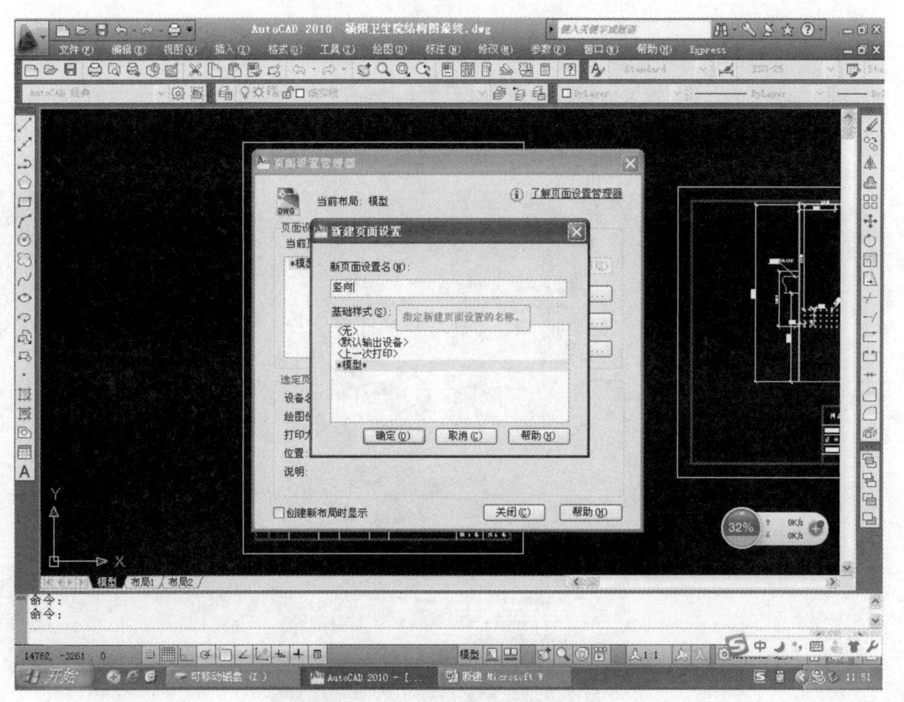

图 9-62　打印纸方向设置

第四步：在新弹出以下对话框，在“打印机名称”里面选择“Brother DCP-1510 series .pc3”—“图纸尺寸”选择“A4”—“打印样式表”选择“monochrome.ctb”—“图形方向”选择“纵向”—“打印范围”选择“窗口”—“居中打印”和“布满图纸”前面打对钩，点击确定，如图 9-63 所示。

图 9-63　打印设置

第五步：点击“新建”，“新页面设置名”为“横向”，按照以上步骤设定，其中“图纸方向”选择为“横向”，如图 9-64 所示。

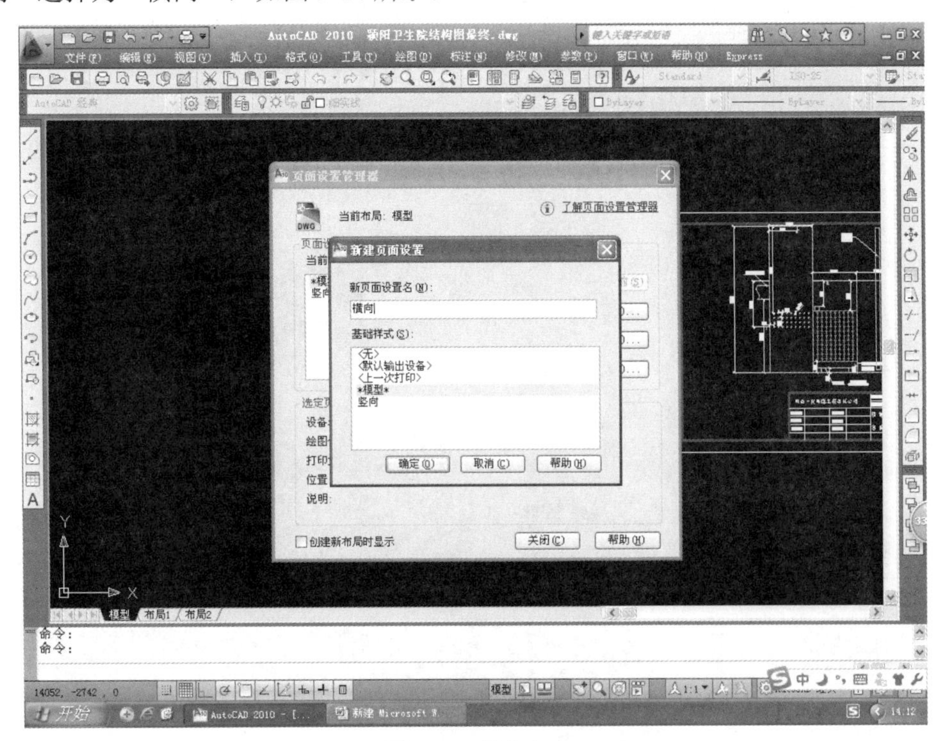

图 9-64　横向方向

第六步：点击“文件”—“打印”，如图 9-65 所示。

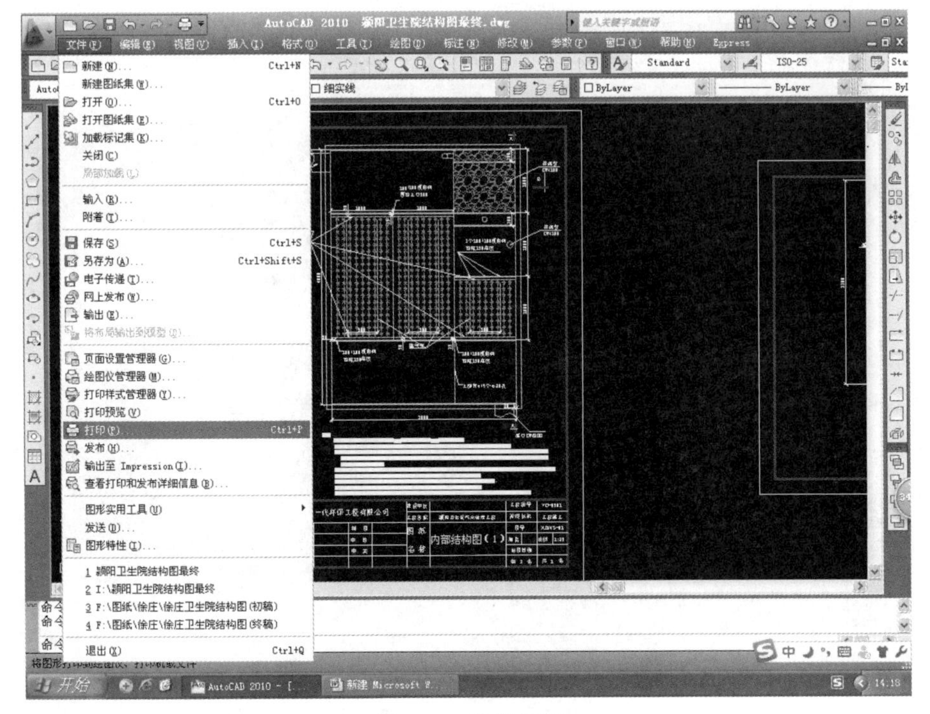

图 9-65　选择打印

第七步：在弹出的窗口里面设置，“页面设置”的名称选为“纵向”—“打印机”名称选择“Brother DCP-1510 series .pc3”，点击“窗口”，如图 9-66 所示。

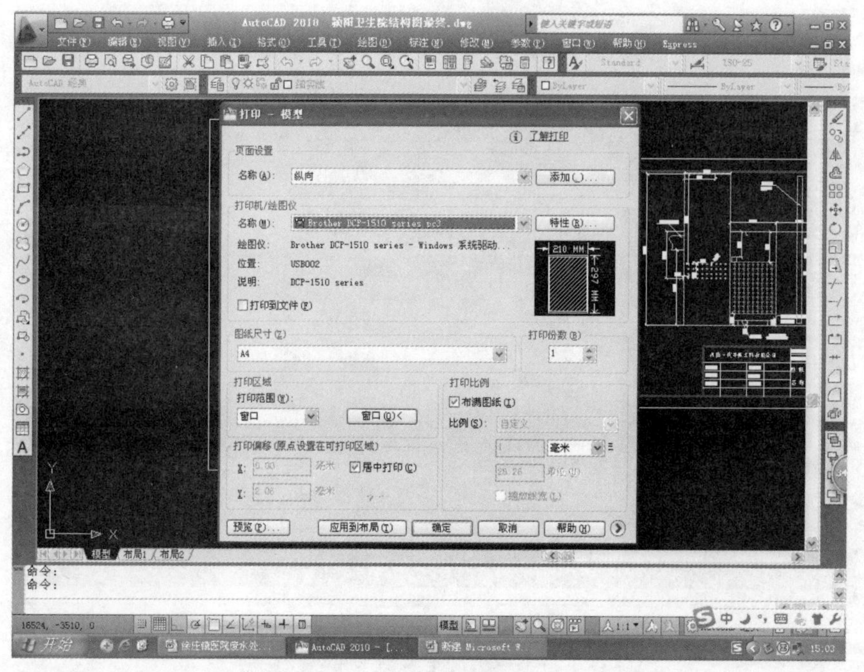

图 9-66　纵向输出设置

第八步：点击纵向图形的左上角和右下角，弹出下面窗口，点击“预览”，查看图片，如图 9-67 所示。

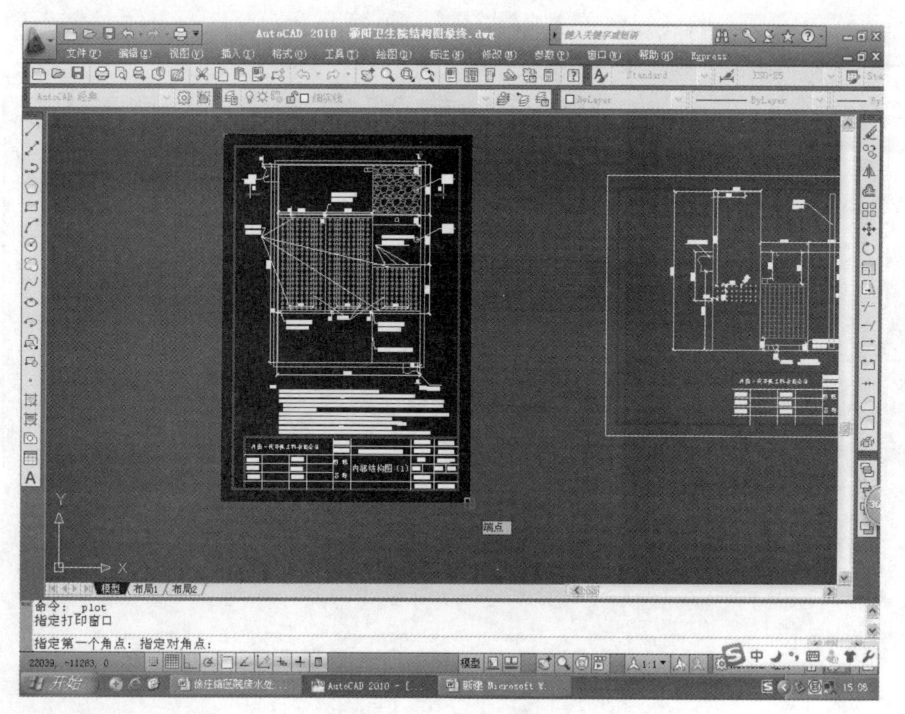

图 9-67　打印预览

第九步：右击“退出”，在出现的页面中点击“确定”，完成打印，如图 9-68 所示。

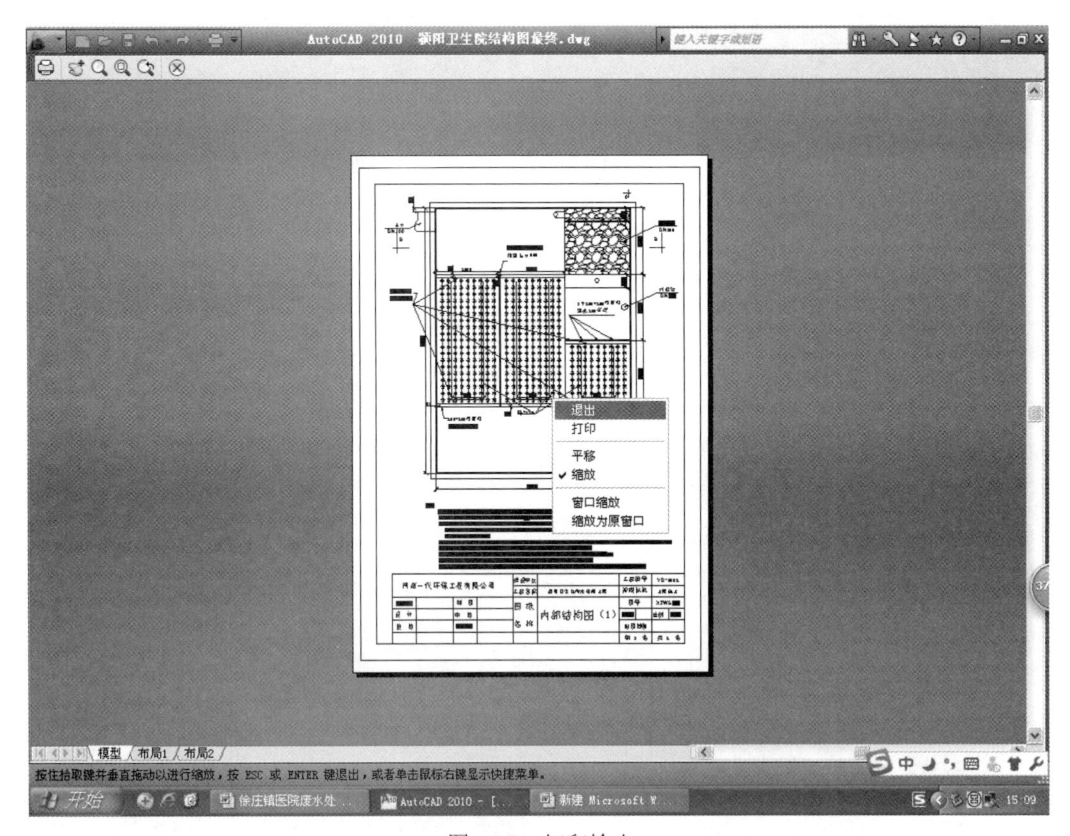

图 9-68　打印输出

第十步：横向打印，操作步骤如上，“页面设置”的名称选为“横向”，其他相同。